確率基本

確率の定義
全事象 U, すべての根元事象が同程度に確からしいとするとき,事象 A の起こる確率 $P(A)$ は
$$P(A) = \frac{n(A)}{n(U)}$$

場合の数の計算公式
n 個の異なるものから任意に r 個とって1列に並べる順列の総数 ${}_nP_r$ は
$${}_nP_r = n(n-1)(n-2)\cdots(n-r+1) \quad (n \geq r)$$
n 個の異なるものから任意に r 個とった組合せの総数 ${}_nC_r$ は
$${}_nC_r = \frac{{}_nP_r}{r \cdot (r-1) \cdots 3 \cdot 2 \cdot 1}$$

確率の計算公式
加法定理：$P(A \cup B) = P(A) + P(B) - P(A \cap B)$
乗法定理：$P(A \cap B) = P_A(B) \cdot P(A)$

事象 A,B が排反 $(A \cap B = \phi)$ のとき
$P(A \cup B) = P(A) + P(B)$

$B = \overline{A}$ とすると
$P(A) = 1 - P(\overline{A})$
（余事象の確率）

事象 A,B が互いに独立 $(P_A(B) = P(B))$ のとき
$P(A \cap B) = P(A) \cdot P(B)$

$P_A(B)$ は事象 A が起こったという条件のもとでの事象 B の条件付確率で,
$$P_A(B) = \frac{P(A \cap B)}{P(A)}$$

ベイズの定理
事象 E の起こったという条件のもとでの事象 A の起こる条件付確率は
$$P_E(A) = \frac{P(A) \cdot P_A(E)}{P(A) \cdot P_A(E) + P(\overline{A}) \cdot P_{\overline{A}}(E)}$$

確率変数と確率分布

確率変数の定義（離散型）
変数 X が $x_1, x_2, \cdots, x_n$ という値を取るとき,その確率がそれぞれ $p_1, p_2, \cdots, p_n$ となっているとする.このとき X を離散型確率変数という.

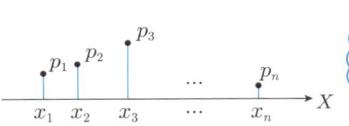

$p_1 + p_2 + \cdots + p_n = 1$
期待値 $E[X]$
$E[X] = x_1 p_1 + x_2 p_2 + \cdots + x_n p_n$
分散 $V[X]$ $(E[X] = \mu)$
$V[X] = (x_1 - \mu)^2 p_1 + (x_2 - \mu)^2 p_2 + \cdots + (x_n - \mu)^2 p_n$

確率変数の定義（連続型）
変数 X が連続な値を取るとき, X を連続型確率変数という.

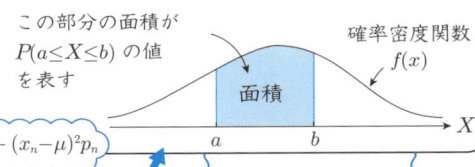

この部分の面積が $P(a \leq X \leq b)$ の値を表す

確率密度関数 $f(x)$

確率分布とは,「確率変数がどのような値をどのような確率でとるか」ということで,これを表すのに表やグラフなどを用いる.

その中で最も重要なものが正規分布

標準正規分布 $N(0,1)$ に従う確率変数の性質
$E[Z] = 0$
$V[Z] = 1$

$P(-1 \leq Z \leq 1) = 0.6826$
$P(-2 \leq Z \leq 2) = 0.9544$
$P(-3 \leq Z \leq 3) = 0.9974$

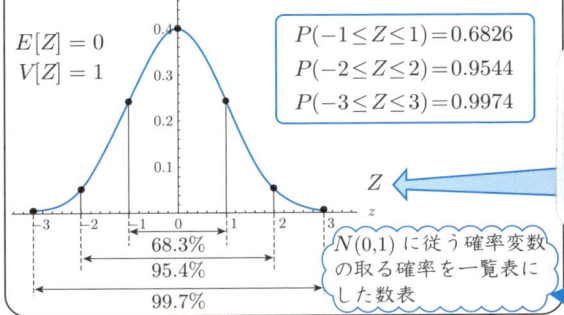

68.3%
95.4%
99.7%

$N(0,1)$ に従う確率変数の取る確率を一覧表にした数表

正規分布 $N(\mu, \sigma^2)$ に従う確率変数の性質
$P(\mu - \sigma \leq X \leq \mu + \sigma) = 0.6826$

$E[X] = \mu$
$V[X] = \sigma^2$

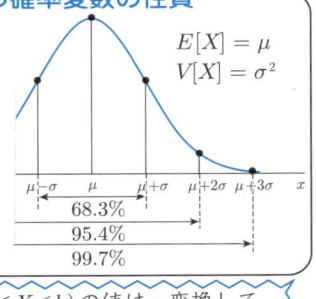

68.3%
95.4%
99.7%

X が正規分布に従うとき, $P(a \leq X \leq b)$ の値は z 変換して 正規分布表 で計算できる！

統計的推測

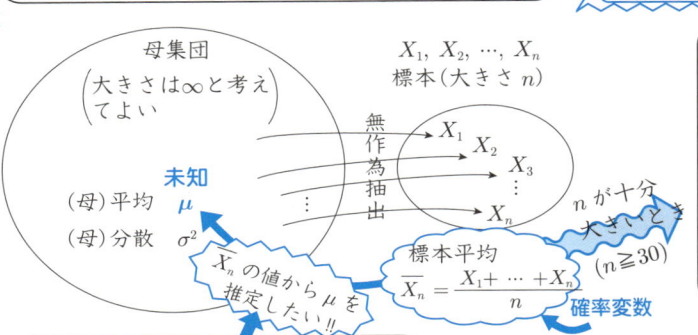

母集団（大きさは∞と考えてよい）
（母）平均 μ 未知
（母）分散 σ^2

$X_1, X_2, \cdots, X_n$
標本（大きさ n）

無作為抽出

標本平均
$\overline{X_n} = \dfrac{X_1 + \cdots + X_n}{n}$
確率変数

n が十分大きいと $(n \geq 30)$

$\overline{X_n}$ の分布は $N\left(\mu, \dfrac{\sigma^2}{n}\right)$ で近似できる！

$E[\overline{X_n}] = \mu$
$V[\overline{X_n}] = \dfrac{\sigma^2}{n}$

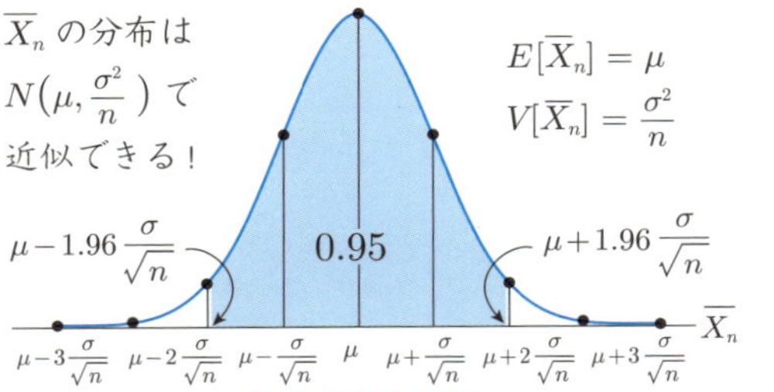

中心極限定理

$\overline{X_n}$ の値から μ を推定したい！！

標本平均の値 $\overline{x_n}$ のとき 母平均 μ の 95% 信頼区間は
$$\overline{x_n} - 1.96 \frac{\sigma}{\sqrt{n}} \text{ から } \overline{x_n} + 1.96 \frac{\sigma}{\sqrt{n}}$$

母平均の区間推定

ちょっとした発想の転換

$P\left(\mu - 1.96 \dfrac{\sigma}{\sqrt{n}} < \overline{X_n} < \mu + 1.96 \dfrac{\sigma}{\sqrt{n}}\right) = 0.95$
$\Leftrightarrow P\left(\overline{X_n} - 1.96 \dfrac{\sigma}{\sqrt{n}} < \mu < \overline{X_n} + 1.96 \dfrac{\sigma}{\sqrt{n}}\right) = 0.95$

信頼区間　　信頼度

大学生のための
役に立つ
数 学

白田由香利　橋本　隆子
市川　　収　鈴木　桜子
【著】

共立出版

まえがき

PREFACE

　長年数学を教えてきて感じることは「どうして皆さん，こんなに数学がきらいなのだろうか」ということです．多くの学生をはじめ，ほとんどの方が，数学にトラウマのような嫌な記憶をもっているのではないでしょうか．難しい，わからない，解けない，嫌いになる，という負のスパイラルによって，「自分はできない，だめだ」と，自己否定するサイクルに陥っているように感じます．たかが数学のことなのに，数学によって自己否定をすることはナンセンスだ，と著者は思います．それは，大学の講義で「数学が少しわかるようになったら，何だか数学がおもしろくなってきた．そうしたら，そんな自分に自信がもてた」という自己尊重モードに変わる学生さんを多く見てきたからです．

　たかが数学，されど数学．「学生（社会人も含めて）の皆さんの，小さいときからの数学のトラウマを取り除くことには，知識勉強の範囲を超えた深い意義があるのかもしれない」と数学教師として感じております．そして，自分を含めて，数学の先生は，もっと生徒や学生をほめて教えたほうが絶対に効果がでるのでは，と思って実践しています．小さなことでもいいのです．「数式がきれいに書けた」「対数記号の綴りと大きさ，位置が正しく書けた」でもよいのです．本に書いている式を手書きで写すだけでも効果があります．見て考えているのに比較して，手を動かすと，頭が動くようになって，わかる部分が多くなってきます．

　身近にほめてくれる人のいない読者の方は，数学に取り組んでいる前向きな自分を，自分でほめてください．特に社会人でこの本で数学の学び直しをしようという方，本を開いた自分をどうぞほめてください．

　本書の執筆の動機は，数学が苦手で困っている学生の皆さん，あるいは，数学をもう一度勉強し直したいと思う社会人の方のために，「数学は実社会で役に立つものなのだ，だから勉強しよう」と思えるようなテキストを作ることでした．

　本書は，学習院大学経済学部経営学科の講義「経営数学入門 ABCD」のテキストと教材を一冊の本にまとめたものです．本書のキーワードは"役に立つ数学"です．住宅ローン，学力偏差値，リボ払いの仕組み等々，実生活のリアルな問題を実践的に解いていきます．練習問題や章末のドリルには詳しい解答が付けられているので，一人で学習を進めることができます．本書により，高校までの数学とはまったく違う数学を学ぶことで，「数学は本当に役に立つのだ」と実感できるようになっています．

　さらに，本書と連携したグラフィクス教材を解説ビデオ付きで Web で公開して

います．このグラフィクス教材の特長は，パラメータをスライダー化して動かせるようにしてあることです．たとえば，「もし市場金利が動いたら，その積立貯金の総額はどう変わるか」，それをグラフィクスで表して，スライダーバーで金利を動かしてみる．すると，金利の変動によって，総額がどのように変化するかがよくわかります．グラフィクス教材を自分の手で動かすことで，今まで理解できなかったことも「なーんだ，図で見ればわかるじゃないか」となります．

　数学は少しわかっただけでも，とてもおもしろく感じられるようになるものです．しかも，役に立ちます．皆さん，日々の生活で数学を生かせるように，本書で楽しみながら勉強してみてください．

　最後に，イラスト作成に協力してくださった，鈴木保陽君に深く感謝申し上げます．手書きのぬくもりで，読者のみなさんの理解が深まることを期待しています．

2014 年 3 月

著者

目 次

CONTENTS

まえがき　　iii

第 1 章　はじめに　　1

1.1　本書の構成　　1
1.2　学習の進め方　　3
1.3　グラフィクス教材について　　3

第 2 章　1 次関数で予測する　　5

2.1　大学祭で 10 万円儲けたい？——直線グラフ　　5
2.2　1 次関数，値域，定義域　　7
2.3　1 次関数の方程式　　9
2.4　1 次関数の応用——外国為替　　11
2.5　1 次関数で予測　　14
2.6　2 次関数，3 次関数，4 次関数　　16

第 3 章　微分——「瞬間」を捉えて，最大値・最小値を予測する——　　21

3.1　平均速度と瞬間速度　　21
3.2　微分とは　　26
3.3　最大値・最小値を予測する　　34

第 4 章　指数関数——倍返しは 2 の n 乗——　　43

4.1　指数関数的増加とは？　　43
4.2　指数関数による将来予測　　48
4.3　金利計算　　51

第 5 章　対数関数の話　　71

　5.1　身の周りの対数関数 71
　5.2　対数関数 76
　5.3　対数を使いこなそう 78
　5.4　対数で予測する 82

第 6 章　当たる確率を計算しよう　　93

　6.1　確率の考え方 93
　6.2　余事象の確率 98
　6.3　順列と組合せ 101
　6.4　独立試行の期待値 107
　6.5　条件付き確率—ベイズの定理 109

第 7 章　確率モデルと統計的推測　　115

　7.1　偶然の法則と確率分布 115
　7.2　正規分布 119
　7.3　統計的推測 129

第 8 章　ベキ乗則　　145

　8.1　正規分布とベキ分布 145
　8.2　ベキ分布 —実例とその解説— 148
　8.3　ベキ乗関数のグラフ 150
　8.4　ベキ乗と指数関数の区別 151
　8.5　スケールの不変性 154

第 9 章　女性の人生の 15 のストーリーを数式で見る　　159

　9.1　22 歳：晴れて社会人 1 年生！ 159
　9.2　27 歳：結婚は墓場？ 160
　9.3　29 歳：第一子誕生！ 162
　9.4　30 歳：職場復帰！ 165
　9.5　33 歳：第二子出産，マンション購入！ 169
　9.6　35 歳：2 度目の職場復帰！ 171
　9.7　35 歳：1 と 2 には大きな違いがある 172
　9.8　36 歳：姉の離婚！ 173
　9.9　番外編：姉 40 歳：離婚してわかること 174
　9.10　38 歳：東日本大震災 176

9.11 40歳：長男の中学受験 178
9.12 40歳：夫の早期退職 180
9.13 41歳：管理職への道 182
9.14 47歳：死ぬまでいくら必要か？ 184
9.15 55歳：人生は微分，変化を楽しもう 185

付　録　グラフィクス教材で見る高次関数の形状　　**187**

索　引　　**197**

執筆分担

第1章「はじめに」　白田
第2章「1次関数で予測する」　橋本
第3章「微分―「瞬間」を捉えて，最大値・最小値を予測する―」　鈴木
第4章「指数関数―倍返しは2のn乗―」　市川，白田
第5章「対数関数の話」　鈴木
第6章「当たる確率を計算しよう」　白田
第7章「確率モデルと統計的推測」　鈴木
第8章「ベキ乗則」　白田
第9章「女性の人生の15のストーリーを数式で見る」　橋本，白田
付　録　「グラフィクス教材で見る高次関数の形状」　白田
公式集　鈴木
イラスト　鈴木
グラフィクス　白田，市川

CHAPTER ONE

1

はじめに

1.1 本書の構成

　本書の構成を簡単に説明します．第 2 章から第 7 章までが，基本的な数学知識の説明です．

　第 2 章では 1 次関数を説明します．身近な題材として，大学生が大学祭でアイスクリーム屋を出店する話を使います．売上個数に応じた利潤を求めたり，過去の温度から，売上個数を予想して，仕入れ個数を決めたりします．もう一つは，為替レートの問題です．同じ 20 万円をアメリカに送金した場合，為替レートが変わると何ドルになるか，見ていきます．円安が進むと，送金できるドルが少なくなります．

　第 3 章では微分の概念を説明します．「微分の計算はできるが，微分の意味がよくわからない」という人は必見です．グラフィクスやイラストを見ながら，「微小変化に対する変化量をプロットしていく，そしてその点をつなげていくと，微分係数の曲線が得られる」ことを見ていきましょう．Web のグラフィクス教材 [1] も用意してあるので，自分でスライダーを動かして変化を見ていくと，さらに納得できるかと思います．

　第 4 章は指数関数です．流行となった倍返しを関数で表すと 2 の x 乗ですから，倍返しは指数関数です．また金融で使われる複利法の考え方は，指数関数を使います．この章では，お金に関する問題を多く扱います．特に，著者の講義で学生の皆さんに好評だったのは，リボ払いの返済の仕組みと住宅ローンの返済の問題です．同じ 10 万円の買い物を 5 回，リボ払い（ウィズイン方式）で返済する場合，1 回の購入代金を返済し終わる前に我慢できなくて次の買い物をしてしまうと，大幅に返済期間（返済総額）が増加するようすをグラフィクスで説明します．また，リボ払い（ウィズイン方式）の返済期間や，ある時点での借金の残額がいくらであるのか，簡単に求める方式（これを追撃法と命名しました）を説明します．放射性物質や炭素の同位体の半減期の問題を含めました．マスコミでよく使われる用語ですが，半減期の意味をグラフィクスで納得して理解できます．

第5章では対数関数を説明します．対数関数は，人間が重さの増加をどう感じるかにも表れています．その関数は，底を1.03とする対数関数と言われています．それにより，赤ちゃんの体重が1 kg増加すると重くなったと感じますが，100 kgの人が1 kg増加してもあまり感じないのです．対数というのは，その数は底aの何乗ですか，という値を表します．この関係を理解するためには，各種のグラフィクス教材上で，そのスライダーを動かすことが役に立つでしょう．さらに本書では，対数方眼紙の使い方も説明します．経済・経営の分野では対数をよく使います．金融数学でも対数は必須です．ですから，他の経済数学系のテキストではあまりないかもしれませんが，本書では，皆さんが将来，経済物理学などを学ぶときに役立つように，対数方眼紙でのグラフの描き方を細かく説明します．

　第6章では確率を学びます．確率が生活で役に立つことを示すため，問題として，複数回受験での合格確率の上昇，今後1年間に大地震の起こる確率，コンビニの当たりクジの景品の期待値などを入れました．株価変動を将来勉強しようという人のために，非常に簡単な株価上下動の確率表現の問題も入れました．金融数学に確率は必須の概念です．本章で，順列・組合せ，確率分布などの概念をしっかり習得してください．条件付き確率のベイズの定理では，身近な例で，どういう場面で条件付き確率の考え方を使うべきかを説明しました．ぜひ，自分の生活に適用してみてください．

　第7章では統計が説明されています．統計モデルで重要なものは，正規分布です．正規分布で身につけてほしい感覚は，その事象のあり得なさは「何σ（シグマ）に相当するか？」ということです．σとは，平均からのずれを表します．その事象の起こる確率の低さはどの程度なのか，指標化する態度が重要です．統計的推測では，まず，母平均と標本平均の違いをきっちり理解しましょう．統計で最重要な定理が中心極限定理です．中心極限定理を理解すると，世の中の現象のうち正規分布となるものが多くなる理由がわかります．著者が大学で統計を教えていて感じることは，この定理をしっかり理解している人が少ないことです．本書では，グラフィクス教材のシミュレーションで，次第に正規分布になっていくようすをお見せします．これは，初めての人にもわかりやすく，すでに理解している人にとっても，さらに深い理解を与えてくれます．95%の信頼度の推定区間，これもなかなか理解しづらい概念です．著者は，スプレーガンを撃って見えない目標（母平均）を目立たせていく，という例を動くグラフィクスとイラストで説明します．統計的推測上，重要な概念ですから，繰り返し見て理解してください．著者は大学の講義で，これを水鉄砲を使って実演してみせています．

　第8章に「ベキ乗則」を加えました．昨今の経済物理学の研究により，株価の大暴落の頻度，Web上の各種のランキングなど，わたしたちの興味のある確率分布の数々が，正規分布ではなく，ベキ分布であることがわかってきました．ベキ分布のほうが，平均値から離れた裾野が広いのです．つまり，正規分布で考えるよりも，実は株価の大暴落の頻度は大きかったのだ，ということがわかりました．本章では，この興味深いベキ分布の事例をあげ，その関数形を示します．ベキ乗（例：x^{-1}）と混同されやすい関数が指数関数（例：2^x）ですが，その違いがわかるように，対数方眼紙でのグラフの描き方等も教えています．今後経済物理学等を学んでいく経済・経営の大学生に必須の知識です．

第9章「女性の人生の15のストーリーを数式で見る」は，第2章から第8章までの知識を総動員して解く，文章題のコレクションです．本章は，数学が役に立つことを実感してもらうため，具体的に人生で起こりそうなことを小説仕立てで書き，その合間に関連する文章題を入れました．姉と妹がバブルの時代をはさんで，結婚，出産をし，東日本大震災を経験する中で，どのように数学を活用してお金の面などで決断をしていったか，という内容です．震災後の日本円の対ドル為替が急上昇したようすやバブル期の為替のようすも出てきます．世の中がどう変わってきて，そこで，わたしたちはどのように数学を駆使したらよいのか，その具体例が本書には書いてあります．文章題としては，住宅ローン，その住宅ローンの借り換え，学力偏差値，リボ払いの仕組み，等々があり，複利計算，統計等の知識を駆使して問題を解きます．高校までの数学とはまったく違い，「数学知識は役に立つのだ」と実感できるかと思います．

巻末付録に，「グラフィクス教材で見る高次関数の形状」を付けました．2次関数，3次関数はすぐに描けますが，6次関数となると描くのが面倒です．そこで，6次関数まで簡単に描けるグラフィクス教材を用意しました．実数解を決めて指定してやると，それを解としてもつ方程式のグラフィクスを描きます．これにより，n次方程式の形状に慣れることが目的です．

本書の見開きには公式集を載せています．イラスト入りでわかりやすく，コンパクトにまとまっています．

1.2 学習の進め方

第2章から順に読んで行ってもよいですが，株の暴落などの経済現象に興味があるのであれば，先に第8章「ベキ乗則」から読んで，わからないところだけ，戻って学ぶこともできます．効率がよいし，興味がもてるでしょう．

ほとんどの読者には，始めに，第9章「女性の人生の15のストーリーを数式で見る」にざっと目を通すことを薦めます．そのほうが，自分の問題として数学を感じてもらえるからです．その後で第2章から勉強すると，「なぜ数学を学ぶのか」を納得して，興味をもって数学に取り組めると思います．

- イラストと図を，時間をかけてじっくり観てください．

本書の中のイラストと図には，本文以上に有益な情報が豊富に詰まっています．つまり，エッセンスがここに詰まっています．図中に書いてある説明を口に出して読み上げたり，グラフを手でなぞったりしながら，時間をかけてじっくり観察しましょう．

1.3 グラフィクス教材について

- グラフィクス教材を自分の手で動かしてください．

本書のグラフィクス教材は，著者（白田）のグラフィクス教材サイト (http://www-cc.gakushuin.ac.jp/~20010570/ABC/) で公開されています．こ

のグラフィクス教材は Wolfram CDF 形式で作られているので，WolframCDF プレーヤーをインストールすることで動かせます．Wolfram CDF プレーヤーは多数のプラットフォームで動く，数学的に優れたフリーソフトです．Wolfram CDF の詳細については，[2] をご参照ください．

　グラフィクス教材の利点は「見てわかる」ことです．コンピュータによって数学プロセスの可視化（ビジュアライゼーション）を行うことで，今まで理解できなかったことも「なーんだ，図で見ればわかるじゃないか」となります．このグラフィクス教材の特長は，重要パラメータをスライダー化して動かせるようにしてあることです．たとえば，「もし市場金利が動いたら，その積立貯金の金額はどう変わるか」，それをグラフィクスで表して，スライダーバーで金利を動かしてみる．すると，金利の変動によって，金額がどのように変化するかがよくわかります．　この本の真価は，グラフィクス教材です．グラフィクス教材を使わないと学習効果が半減します．ぜひとも，公開されているグラフィクス教材サイト [1] で，スライダーを動かして見てください．ほとんどの場合，「なーんだ，こういうことだったのか」と理解できると思います．

参考文献

[1] 白田由香利：グラフィクス教材サイト, http://www-cc.gakushuin.ac.jp/~20010570/ABC/

[2] Wolfram: Wolfram CDF player サイト, http://www.wolfram.com/cdf-player/

2

CHAPTER TWO

1次関数で予測する

社会現象を数式で予測する際に,「1次関数」を利用することがあります.単純な1次関数でも,さまざまな予測にとても役に立つのです.1次関数を使った予測の問題を見ていきましょう.また,1次関数の応用として,為替の計算も扱います.

2.1 大学祭で10万円儲けたい? ——直線グラフ

まずは,問題を見ていきましょう.

練習問題 2-1:
　大学3年生のリョウ君は11月2日から4日まで3日間開催される大学祭で,所属するゼミの出店責任者になりました.彼のゼミでは,例年,大学祭でアイスクリーム屋を出店しており,平均して10万円の利益を挙げています.その利益は,ゼミ合宿やさまざまな活動のための原資となっています.今年,大学祭の責任者となったリョウ君の責任は重大です.アイスクリームは駅前のアイスクリーム屋さんから仕入れます.仕入れ値は業務用1パック5000円,1パックから100個のアイスを取り分けることができます.
　アイスは1個150円で売る予定です.10万円の利益を出すには,大学祭で何個アイスクリームを売る必要があるでしょうか?(なお,実際には,アイスクリームのカップ代,スプーン代などの経費が発生しますが,ここではそれを無視して考えることとします.)

答え:
　まず,アイスクリーム1個あたりの利益がいくらになるかを計算します.業務用アイス1パックの仕入れ値が5000円.1パックから100個のアイスを取り分けられるとのことですので,アイスクリーム1個当たりの仕入れ値は,

$$5000 \text{円}/100 \text{個} = 50 \text{円}/\text{個}$$

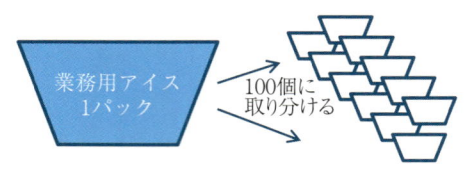

となります.

アイスクリームは 1 個あたり 150 円で売られますから,アイスクリーム 1 個あたりの利益は

$$150 \text{円} - 50 \text{円} = 100 \text{円}$$

となります.

ここから 1 次関数を使って予測をしていきます.

注目したい変数は,売れる(であろう)アイスクリームの個数と,それにより生まれる総利益です.売れる(であろう)アイスクリームの個数を x で,総利益を y として,その関係を表で表してみると次のようになります.

x(個)	0	10	100	500	1000	1500
y(円)	0	1000	10000	50000	100000	150000

皆さん,グラフを描くのは得意ですか? この本ではグラフィクスを使って説明をします.数学は,まずは自分で手を動かしてグラフや図形を描くことがとても重要なので,上記の関係を下の方眼紙に座標として点で打ってみましょう.横軸は,売れる(であろう)個数が 1500 くらいにまで描けるように,目盛を決めます.

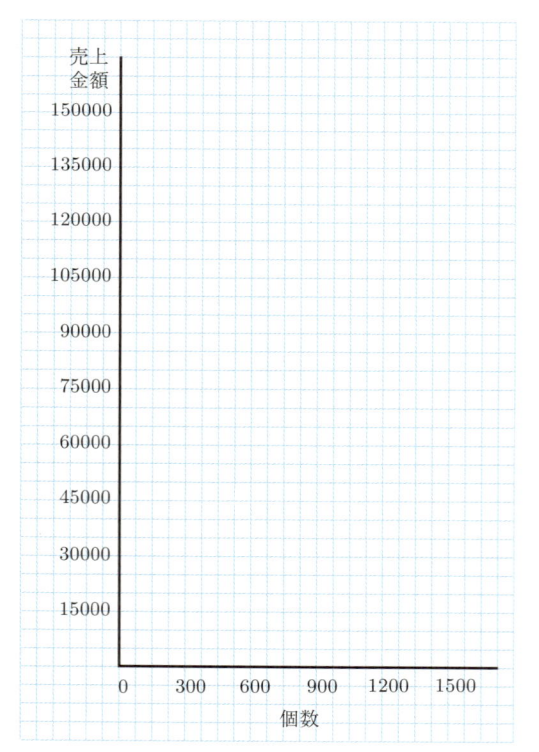

図 **2.1** グラフ用紙

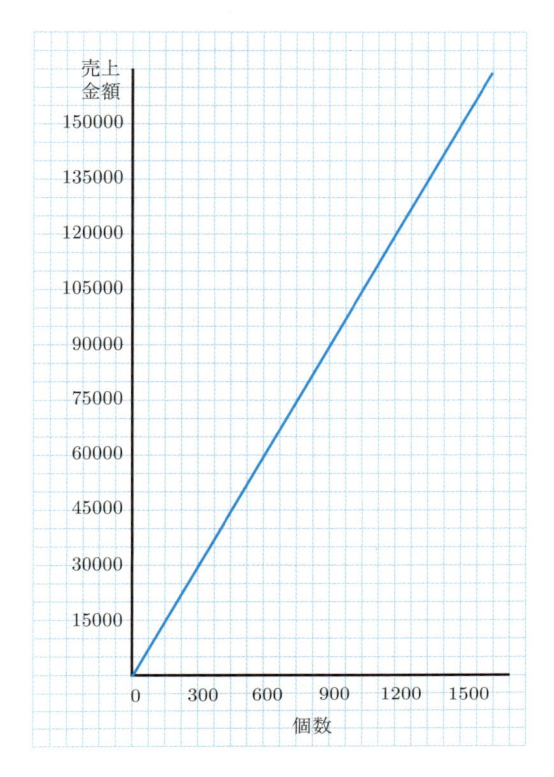

図 2.2 $y = 100 \cdot x$ のグラフ（$y \geqq 0$ の部分のみ）

きちんとグラフが描けましたか？　図 2.2 のような感じで描ければ正解です．
　アイスクリームの個数 x が増えれば，比例して利益が上がっていきますね．利益の点がアイスクリームの個数に比例して直線状に並んでいることに気づきましたか？　10 万円儲けるためには，大学祭で 1000 個のアイスクリームを売る必要があります．答えは 1000 個となります．リョウ君は大変ですね．大丈夫でしょうか‥‥．一方，1000 個を超えて売ることができれば，利益は 10 万円を超えていきます．責任者のリョウ君の面目躍如となりますね．　　　　　　　　　　□

この内容をグラフィクスでも見てみましょう（図 2.3）．これは $y = 100 \cdot x$ のグラフです．グラフで描くと，傾きが 100 で，y 切片が 0 の直線です．

2.2　1 次関数，値域，定義域

前節の問題で，x が決まれば，y の値が決まりました．この関係は以下のように書けます．

$$y = 100 \cdot x$$

このように，2 つの変数 x と y があって，x の値が決まればただひとつの y の値が決まるようになっているときに **y は x の関数である**といいます．
　y が x の関数であることを $y = f(x)$ などの記号で表します．記号 f がよく使

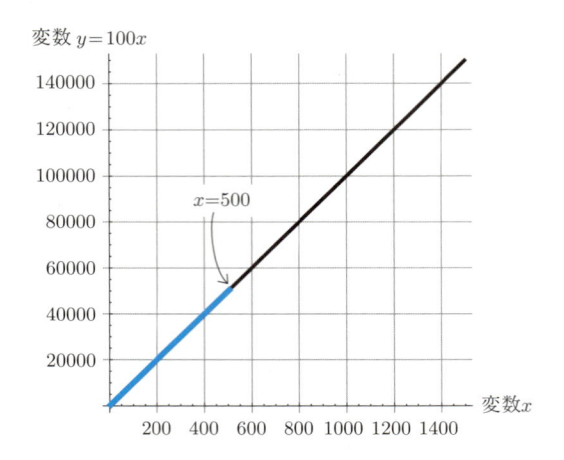

図 2.3　$y = 100 \cdot x$．変数 x の増加につれて，y が上がります．

われるのは，関数は英語で function というからです．

　この文章題での関数 $y = f(x)$ は，$f(x) = 100 \cdot x$ です．

　関数 $y = f(x)$ において，$x = a$ のときの値を $f(a)$ で表します．たとえば，アイスクリームが 100 個売れたときの利益は $f(100)$ と表せます．その値は，$f(100) = 100 \cdot 100 = 10000$ です．

　「y が x の関数である」とき，x が 2 乗であったり 3 乗であったりせず（この 2 乗や 3 乗の数字のことを次数と呼びます），次数が 1 で，x と y の対応関係が直線で表せる場合，その関数を 1 次関数 と呼びます．

　$f(x) = 100 \cdot x$ の 1 次関数は，無限に長い直線です．$x = -1$ ならば $y = -100$，$x = -1000$ ならば $y = -100000$，$x = 1000000$ ならば $y = 100000000$ となります．しかし今回の場合，x は売れる（であろう）アイスクリームの個数です．個数として考えると x は 0 以上であると考えなくてはいけません．今回 1000 個で 10 万の利益です．3 日間の文化祭で 1000 個のアイスクリームを売るというような予測は，これまで平均 1000 個を売ってきたという実績から達成不可能な数字に思われます．したがってアイスクリームの売上個数は，0 から 1500 くらいまでの値の範囲を考慮すればよいように思います．

　このように変数 x の関数 $f(x)$ において，変数 x の取り得る値の範囲を 定義域 といい，$f(x)$ がとる値の範囲を 値域 といいます．経済・経営数学では，x の性格上，x の範囲として適切な x の値全体を定義域と考えます．x が売上個数であれば，必ず x は 0 あるいは正の値をとり，負の数はとれません．その他，金利や貯金残額も 0 以上です．（非常に特殊な例外的ケースは除きます．この本で論じているごく普通の場合は，0 以上です．）

　練習問題 2-1 におけるアイスクリームの予想売上個数の動く範囲は，0 個から 1500 個である，と考えたとすると，x の定義域は $0 \leqq x \leqq 1500$ とします．この場合，値域（y がとる値，利益）は，$0 \leqq y \leqq 150000$ となります．

　一般に数学の問題では，$y = 100 \cdot x$ という式の定義域になにも制限がありませんが，経済・経営の問題となると，変数 x の表しているもの（売上個数，貯金額

など）の性質上，定義域に条件がつくことがよくあることを覚えていてください．文章題の中で，条件が書いてあるときもありますが，常識を働かせて，あるいは経済的センスを働かせて，範囲を自分で限定しなくてはいけないのです．

2.3　1次関数の方程式

練習問題 2-1 は，$y = 100000$（利益 10 万円）のとき，x（売らなくてはいけないアイスクリームの個数）はいくつになるでしょう？というタイプの問題でした．このように「1 次関数 y がある値をとるとき，x はいくつになるか」を解くことを，"1 次関数の方程式を解く"といいます．

ここでは，続けて 1 次関数の方程式を解く文章題を解いていきます．

練習問題 2-2：業務用アイスクリームは何パック仕入れるべきか

さて，練習問題 2-1 で 10 万円の利益を挙げるためには，アイスクリームを 1000 個売ればよいということがわかりました．責任者のリョウ君は，腹をくくって 1000 個分のアイスクリームを仕入れようと考えています．（もし 500 個しか売れなかったらどうするのでしょうか？心配ですね．）業務用アイスクリーム 1 パックの仕入れ値が 5000 円．1 パックから 100 個のアイスを取り分けられるとのことでした．アイスクリームは何パック仕入れなくてはいけないでしょうか？

答え：

アイスクリームのパック数を x，そこから取り分けられるアイスクリームの個数を y とすると，この問題は以下の方程式で表されます．

$$y = 100 \cdot x$$

練習問題 2-1 と同じ式になりましたが，x と y の値の意味は異なります．今回は，x は仕入れるべき業務用アイスクリームのパック数．y はそこから取り分けられるアイスクリームの個数となります．

この方程式に対して，y が 1000 のとき，x はいくつになるか，という問題を解くのです．

$$1000 = 100 \cdot x$$
$$x = 10$$

となります．

すなわち 10 パック仕入れればよいわけです． □

練習問題 2-3：とりあえず何個売れば損しないで済むか

リョウ君は業務用アイスクリームを 10 パック仕入れることに決めました．仕入れに必要なお金は，ゼミの幹事であるリョウ君とハヤタ君，シオリさんの 3 名が立て替えることにしました．

ハヤタ君は，本当はアイスクリームの仕入れに自分のお金をつぎ込みたくあり

ません．

「もし売れなかったらどうするんだよ…，俺たち損するじゃないか．」

成績優秀でいつも物事をきちんと考えるハヤタ君は，とりあえず自分が損をしないためには，何個売ればよいのかを考えることにしました．どのように考えればいいのでしょうか？

答え：

まず，業務用アイスクリームは，1 パック 5000 円．それを 10 パック仕入れるので，リョウ君とハヤタ君，シオリさんの 3 名が立て替える金額は 5000 [円/パック] · 10 パック = 50000 円となります．大学生にとっては大金です．（これは，答えとは関係ありませんが，リョウ君が 2 万円，ハヤタ君とシオリさんが 1 万 5 千円ずつ立て替えることにしました．）

とりあえず売上が 50000 円になれば，それをリョウ君とハヤタ君，シオリさんの 3 名で分けることで，立て替え分を取り戻すことができます．

アイスクリームは 1 個 150 円で売るとのことでしたので，これは以下のような 1 次関数の方程式になります．

$$y = 150 \cdot x$$

ここで x は売れたアイスクリームの個数，y は売上です．したがって，y が 50000 円になるような x を求めればよいわけです．

$$50000 = 150 \cdot x$$
$$x = 333.3333\ldots$$

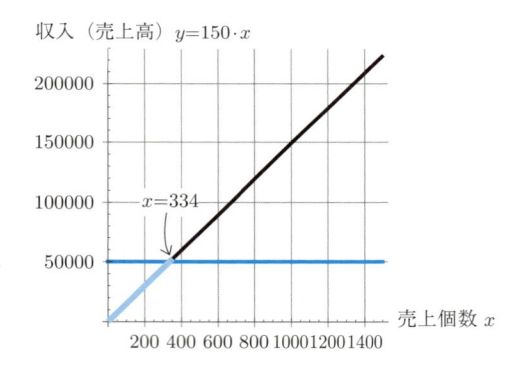

図 **2.4** 仕入 50000 円を売り上げれば，赤字でなくなる．売上個数 334 個が損益分岐点．

とりあえず 334 個売れば，赤字にはならず 3 人の立て替え分を取り戻すことができます．逆に言うと 334 個より少ないと赤字になるので，3 人は損をすることになります[1]．

---

[1] このような赤字になるか，利益が出るかといったポイントを「損益分岐点」といいます．損益分岐点の計算は，本来このように単純ではなく，各種の固定費や変動費を考慮して求めます．たとえば，文化祭の出店だとしても，光熱費，材料費など多くの費用が必要です．さらに，店を出すとなると，テナントの賃料，アルバイトの人件費など，非常に多くの費用が発生します．

「334 個…」ハヤタ君はこの数字を胸に刻みました．心配性のハヤタ君は，この個数を売りきるまでは，気が気ではありません．

「334 個より少ない個数しか売れなかったら，損はすべてリョウ君にかぶってもらおう…」とハヤタ君が思ったかどうかは不明です．

2.4 1次関数の応用――外国為替

皆さんは外国に送金したことがありますか？

通貨が異なる国の間においてお金をやりとりする際に，「通貨の交換」が行われます．たとえば，日本からアメリカにお金を送金する際，日本の円からアメリカのドルに通貨が交換されるのです．この交換の比率を外国為替レート（外国為替相場）と呼びます．この比率は，常に一定というわけではなく，社会情勢や自然災害などによって常に変動します．

ここでは1次関数の応用として，外国為替レートを取り上げます．

練習問題 2-4：お小遣いが減ってしまう？

大学2年生のミホさんは，2013年4月現在，アメリカ西海岸の大学に留学中です．2012年の9月～2014年の8月まで，約2年間の予定です．

アメリカ留学にはたくさんのお金がかかりますが，幸いなことに学費と寮費の一部は奨学金で賄うことができました．

ミホさんは，学費と寮費の口座とは別に，日々のお小遣い用に CB 銀行に口座をもっています．その口座の残高が 2000 ドルを切ると，親に連絡しお金を振り込んでもらうことにしています．CB 銀行は日本に支店があり，日本から日本円をミホさんの口座に直接振り込むことが可能です．

最後に振り込んでもらったのは 2012 年の 11 月です．そのときは日本円で 20万円（アメリカドルで約 2500 ドル）振り込んでもらいました．それから 5 か月たって，お小遣いの口座の残高が 2000 ドルを切りました．そこで，さっそく東京の両親に連絡をとりました．

ミホ：「お小遣いが減ってきたので，お金を振り込んでください．」
母：「わかりました．明日，20 万円入れておくね．」

これで安心．ところが 1 日たって，ミホさんが口座の残高を確認したとき，今回は 2020 ドルしか振り込まれていないことに気づきました．

「どうして今回は 480 ドルも少ないの？？」

節約して暮らしているミホさんにとって 480 ドルは大金です．お母さんは毎回同じ金額（20 万円）を振り込んでくれています．でもミホさんが受け取った金額は，2012 年の 11 月は 2500 ドルだったのに，2013 年の 4 月は 2020 ドルとなっていました．どうしてなのでしょう？

答え：

これが「外国為替レート」の作用です．図 2.5 に日本円の対ドル為替レートの推移を示します．

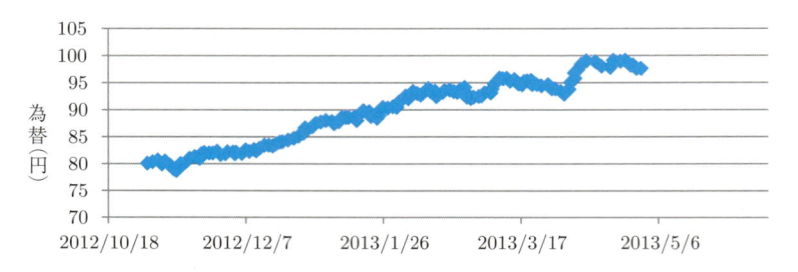

図 2.5　日本円の対ドル為替レートの推移
（データ：日本銀行主要時系列統計データ表（日次），東京市場　ドル・円　スポット　17 時時点，http://www.stat-search.boj.or.jp/ssi/mtshtml/d.html）

2012 年 11 月の時点では，1 ドル 80 円程度だった為替レートが，2013 年 4 月では，99 円近くまで変化しています．この状況の変化は，以下のような 1 次関数で示すことができます．

2012 年 11 月　円対ドル為替レート　80 円

$$y（日本円）= 80（日本円/アメリカドル）\times x（アメリカドル）$$

2013 年 4 月　円対ドル為替レート　99 円

$$y（日本円）= 99（日本円/アメリカドル）\times x（アメリカドル）$$

$y = 200000$（日本円で 20 万円）のとき，

$$2012 \text{ 年 } 11 \text{ 月：} \quad 200000 = 80 \cdot x$$
$$x = 2500$$
$$2013 \text{ 年 } 4 \text{ 月：} \quad 200000 = 99 \cdot x$$
$$x = 2020.20\cdots$$

2012 年 11 月時点では，$x = 2500$（アメリカドルで 2500 ドル）となります．一方，2013 年 4 月時点では，$x = 2020$（アメリカドル 2020 ドル）となります．
2012 年 12 月に誕生した安倍晋三内閣の経済政策「アベノミクス」により円安が進んだ結果，このような状況の変化が起こりました．

・円対ドル為替レート 80 円のときは，日本円 20 万円がアメリカドルで 2500 ドルになりました．
・円対ドル為替レート 99 円のときは，日本円 20 万円がアメリカドルで 2020 ドルにしかなりません．

対ドルに換算して，480 ドルも価値が下がってしまったのです．

これが円安の作用です．よく為替レート「対ドル 80 円」とか「対ドル 99 円」と聞くと，皆さんの中には（見た目の金額が高いので）「対ドル 99 円」のほうが円高なのではないか？と勘違いしている人がいますが，円高，円安というのは，相手通貨に対する日本通貨の価値を表現しているのです．したがって，日本円 20 万円がアメリカドルで 2500 ドルになる円対ドル為替レート 80 円のほうが，日本円

20万円がアメリカドルで2020ドルになる円対ドル為替レート99円よりも円高となります．

　チョコレート1枚を買うように，1ドル紙幣を買うと考えましょう．80円で1ドル買える場合と，99円出さなくては1ドル買えない場合と，どちらが円の力が強いでしょう．少ないお金（円）で買えたほうが，円の力が強い，つまり円高であるといえます．

　図2.6のグラフを見てみましょう．当初1ドル＝80円でしたが，アベノミクスにより円安が進み99円になりました．これによって，日本円20万円の価値が2500ドルから2000ドルに目減りしました．

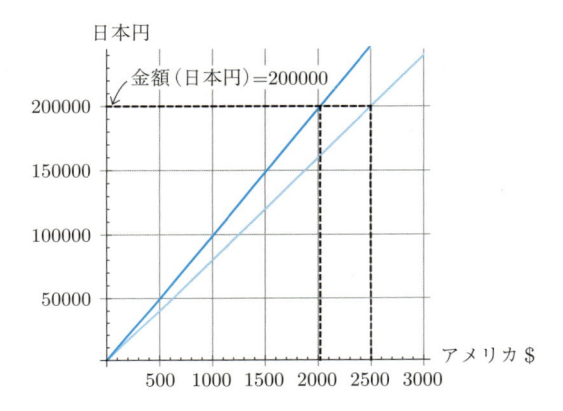

図 2.6 横軸が x ドル，縦軸が y 円を示す．為替レートは直線の傾きとなる．青線が99 [円/ドル] で，薄い青線が80 [円/ドル] のときのようすを示す．図の横線は日本円20万円の価値が2500ドルから2020ドルに目減りするようすを示している[2]．

　このように**外国為替では，円高や円安により，日本円の価値が変化します．**

数に対するセンスを養いましょう — 単位はよくよく見ること

　文章題で，1日のレストランの売上を求める問題があったとします．あなたの計算結果が，2000万円だったとしましょう．普通，1日で2000万円売り上げるということはありえませんよね．計算のとき，単位を読み間違えて金額を入力してしまったのか，単なる転記ミスかもしれません．計算をしたらその数字を自分の常識と照らし合わせて，どのくらいの量か感じてみること，そして日頃から数や金額に対するセンスを養うことが大切です．

　単位の勘違いは恐ろしい結果を招きます．洋服の生地を買うのに，センチメートルのつもりで，200と入力したら，実はメートル単位で，200メートルもの布地が送られてきた，等々．（大怪獣のマフラーを作るとしても，ちょっと長過ぎます．）証券会社でトレーダーが株式の購入個数を入れ間違えて大損害を出し，あわや懲戒免職か，という事件も実際にありました．2005年，ジェイコム株大量誤発注事件のことです．以下，毎日新聞の記事を引用します．

> 誤発注は、みずほ証券社員が 05 年 12 月 8 日、新規上場した総合人材サービス会社ジェイコム（現・ジェイコムホールディングス）の株式について、「61 万円で 1 株」の売り注文を出そうとして「1 円で 61 万株」と誤って入力して起きた。間違いに気付き、1 分 25 秒後に取り消しを試みたが東証のシステム上の不備で処理されず、その後 8 分弱で全株の売買契約が成立してしまい、400 億円超の損失が生まれた。（出典：毎日新聞 jp,「みずほ誤発注：2 審も東証に 107 億円賠償命令　東京高裁」, 2013 年 07 月 24 日 13 時 37 分.）
>
> 400 億円とは，どのくらいの金額なのか想像もつきません．この事件は社会的に大問題となりました．IT システムは便利ですが，入力を間違えたときの被害も大きくなってしまいます．被害の影響力を肝に銘じ，注意しましょう．（61 万 × 61 万 = 3721 億となりますが，買戻し処理が行われたため約 407 億円の損失ですみました．）

2.5　1 次関数で予測

経済学では，世の中の経済現象を調査して，そのデータ間の関係を数式で予測することが行われています．この数式を用いて，事象を予測することを「数式により近似する」といいます．

もう一度，リョウ君のゼミの大学祭出店（アイスクリーム屋）の話に戻りましょう．

練習問題 2-5：アイスクリームの売上数を予測する

リョウ君のゼミはここ数年，大学祭でアイスクリーム屋を出店しています．リョウ君のゼミの先生はデータ収集が大好きな先生で，大学祭期間中の各日の最高気温とアイスクリームの売行きのデータを記録しています．気温はすべての日で違っていたとします．

最高気温（度）	売上数（個）
10	200
12	228
14	256
18	312
22	368
20	340
24	396
28	452
30	480

上記のデータは図 2.7 のようなグラフで表されます．

全体的な傾向として，温度が高いと売上数も増加しています．

自分の立て替えたお金が戻ってくるか心配しているハヤタ君は，大学祭の 1 週間前に発表される週間天気予報の最高気温予測を参考に，大学祭期間中に何個く

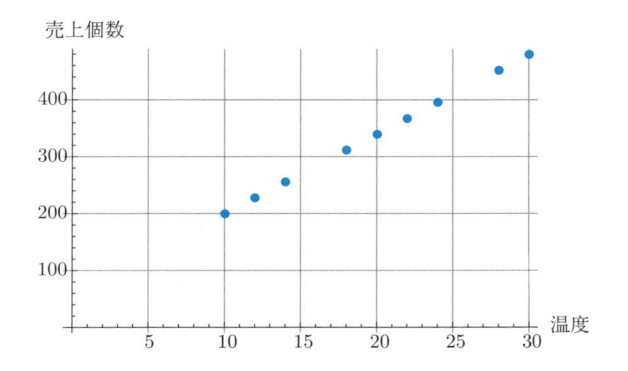

図 2.7 最高気温とアイスクリームの売上数の関係

らいアイスクリームが売れるかを予測してみることにしました．大学祭期間中の気温が高ければ，アイスクリームの売上数は増加すると予測できるので，お金の戻ってくる可能性も高くなります．

そこで，過去のデータから，最高気温と売上数の関係を示す数式を作ってみます．一番簡単な予測は，1次関数（直線）で近似することです．ハヤタ君は「最高気温とアイスクリームの売上数の関係」のグラフ上の点を結ぶ線を引いてみることにしました（図2.8）．そうすると1本の直線が引けることに気づきました．（ほとんどの場合，きれいに直線の上に乗りませんが，この例ではきれいに直線に乗りました．こうした直線近似は，表計算ソフトウェアなどで近似式を作る手法で行います．しかし，表計算ソフトがない場合もありますね．そういうときは，目の子でえいやっと，直線を引きます．）

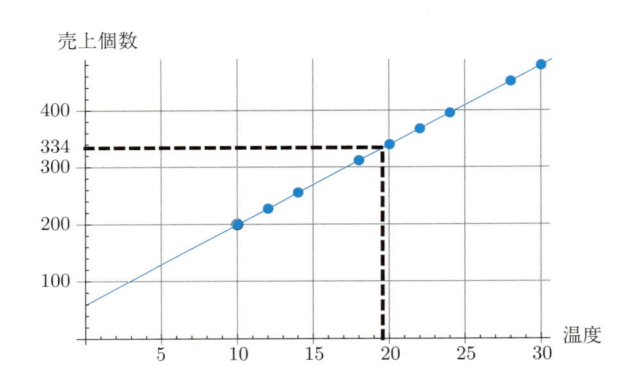

図 2.8 温度とアイスクリームの売上数の関係を 1 次関数で近似したようす

アイスクリームの売上数を y，最高気温を x とし，最高気温と売上数の一次方程式を $y = ax + b$ として式を作ってみることにします．ハヤタ君は直線上に乗っている2点を選び，その2点から $y = ax + b$ の a 値と b 値を求めることにしました．ハヤタ君の選んだ2点のデータは，10度で200個，30度で480個でした．では，「最高気温とアイスクリームの売上数の関係」を示す式を作ってみてください．

答え：

実際のデータを y と x に代入してみます．

$$200\,(個) = a \cdot 10\,(度) + b$$
$$480\,(個) = a \cdot 30\,(度) + b$$

この変数 a, b に関する連立方程式を解くと $a = 14, b = 60$ となります．すなわち

$$y = 14 \cdot x + 60$$

となります． □

この直線の式を使って，「大学祭期間中は20度まで気温が上がりそうなので，×××個の売り上げが見込めるな」というように，天気予報の明日の最高気温から売上数を予測できます．実際に温度20度を予測式に代入すると，$14 \cdot 20 + 60 = 340$ 個となります．

3日で1000個，1日あたり平均334個売上げるためには，3日間の最高気温の平均が20度を上回る必要がありそうですね．大学祭のお天気が良いことを祈りましょう！

2.6　2次関数，3次関数，4次関数

これまで，1次関数を扱ってきましたが，それでは2次関数，3次関数はどうなるのか，気になります．本節では，これら高次関数を簡単に説明して，最後の第8章で，ベキ（累乗）として体系的に説明をします．

1次関数は x の1次式で表される関数でした．2次関数は x の2次式で表される関数です．同様に3次関数，4次関数は以下のように表される関数です．

a, b, c, d, e は定数で，$a \neq 0$ とするとき

- 1次関数 $y = ax + b$
- 2次関数 $y = ax^2 + bx + c$
- 3次関数 $y = ax^3 + bx^2 + cx + d$
- 4次関数 $y = ax^4 + bx^3 + cx^2 + dx + e$

まとめて並べてみると，規則性がありますね．一般に項のうち，x の次数が最も高い項が x の n 次式で表される関数 y を，x の n 次関数といいます．そのうち，n が $2, 3, 4, 5, \cdots$，つまり自然数で，2以上の場合を高次関数といいます．

高次関数の形はどのようになっているか，感覚を掴むために，以下ではそれぞれの関数の例を描いてみました．図2.9を見てください．

* 2次関数 $y = x^2$ のグラフは，y 軸に対して対象な曲線です．たとえば，(-2) の2乗は4で，2の2乗と等しいですから y 軸に対象になります．
* 3次関数 $y = x^3 - 4x$ のグラフは，x の増加につれて，増加して減少して，また増加するという形をとります．
* 4次関数 $y = x^4 - 4x^2 + 2$ のグラフは，減少，増加，減少，増加という形をと

ります．

関数 $y = \cdots$ の形で書いた式（例：$y = x^2$）を，その曲線の方程式といいます．

練習問題 2-6：
図 2.9 で，どれがどの関数であるか，グラフ上に式を書いてみましょう．

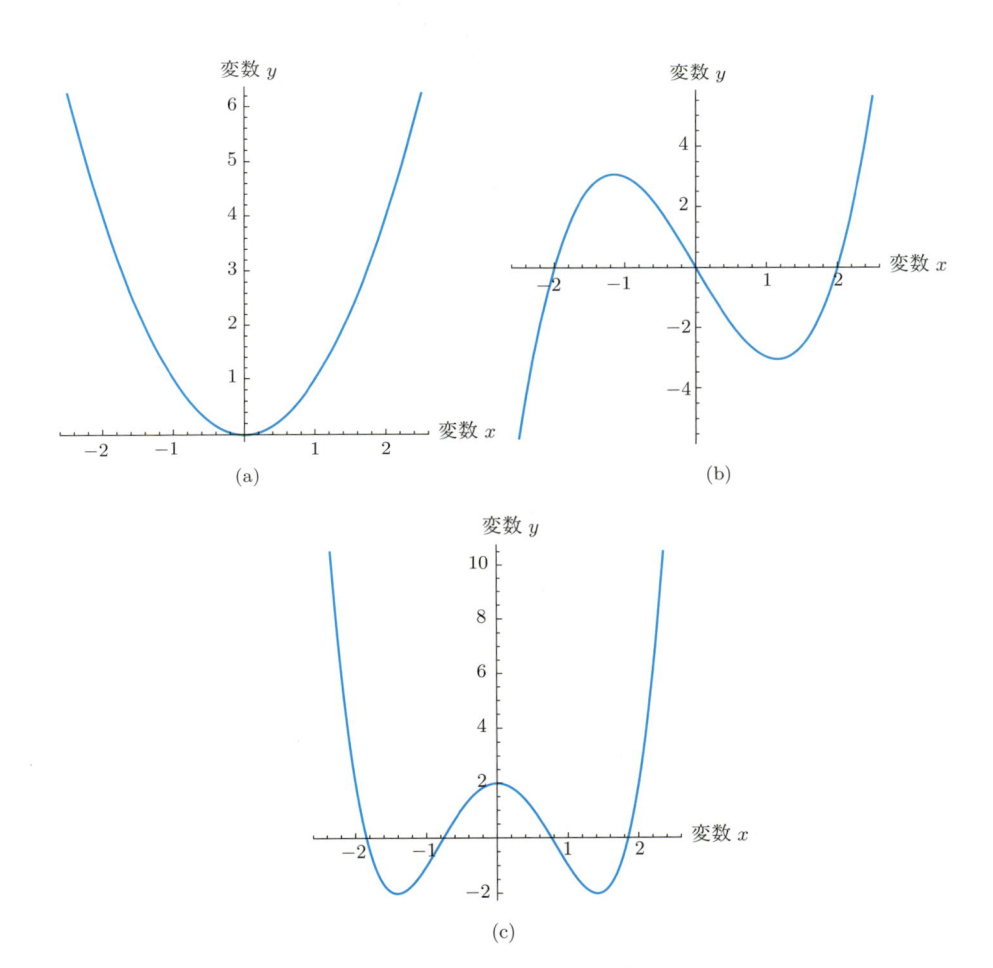

図 2.9 (a) 2 次関数 $y = x^2$，(b) 3 次関数 $y = x^3 - 4x$，(c) 4 次関数 $y = x^4 - 4x^2 + 2$ のグラフ

答え：略す

高次関数で予測する

2.4 節では，最高気温とアイスクリームの売上数の関係を 1 次関数で近似しました．最高気温を変数 x，売上数を y として考えました．

経済学でいろいろな事象を予測する場合，変数 x の変化に従って，y がどのように変化するかを調査・観察し，その結果から，最も適切な関数を作ることが重要と

なります．増加関数だとしても，1 次関数，2 次関数，3 次関数，あるいは，ルートの関数（第 4 章），指数関数（第 4 章），対数関数（第 5 章），いろいろあります．その中から，実際のデータの増加のようすを表すのに適した関数を選びます．たとえば，レモネードの売上数と温度の関係の 20 日分のデータをプロットした結果が図 2.10 のようであったとします．

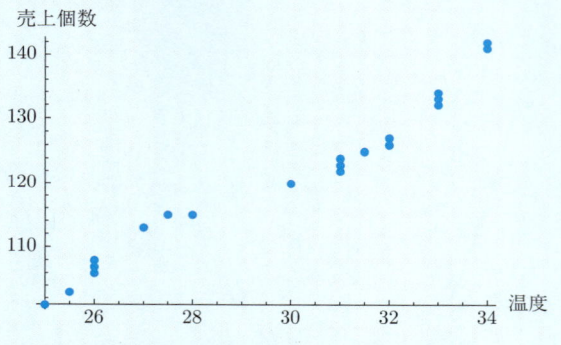

図 2.10　温度とレモネードの売上数の関係

図 2.10 のデータを 1 次関数，2 次関数，3 次関数で近似したようすを図 2.11 に示します．

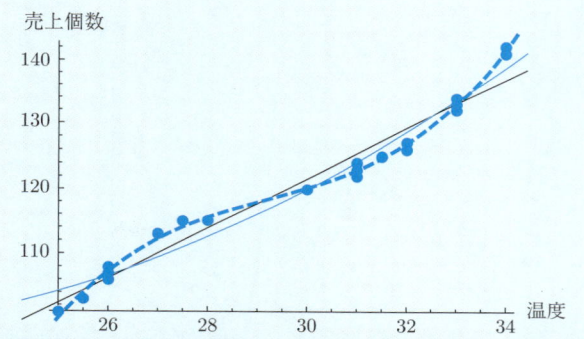

図 2.11　同じ調査データを，1 次関数，2 次関数，3 次関数で近似した例．高次式を使ったほうが，近似がよくなってくる．

図 2.11 のデータの場合，1 次関数より 2 次関数，2 次関数より 3 次関数といったように，高次関数を使ったほうが近似がよくなっています．一般に，例外的な場合を除き，高次にしたほうが，近似はよくなります．（例外的な場合とは，意味的に見て，無駄に高次関数を使っている場合などです．）

このように，どういった関数を利用して近似するかが重要です．

適切な関数を選ぶためには，関数の形を把握することが重要です．関数の形を把握するにはグラフィクスが効果的です．この本の付録に「グラフィクス教材で見る高次関数の形状」に関する説明が記載されています．ぜひ読んで，実際にグラフィクスに触れてみてください．

ドリル

ドリル 2-1：
練習問題 2-4 で，近似式として $y = 14 \cdot x + 60$ が得られました．温度が 23 度のときの，売り上げ予想は何個になりますか．

答え：382 個

ドリル 2-2：
同じく練習問題 2-4 の近似式に関する問題です．$y = 14 \cdot x + 60$ の 14 という定数の単位は何でしょうか？　ヒント：x の単位は，温度の度です．

答え：
14 の単位は [個/度] です．1 度上がると，14 個増える，という意味です．式全体を単位をつけて書いてみると，y [個] $= 14$ [個/度] $\cdot x$ [度] $+ 60$ [個] です．

ドリル 2-3：
円対ドル為替レート 79 円のときは，日本円 20 万円がアメリカドルで何ドルになりますか．

答え：
$2531.6 ≒ 2532$ ドルとなります．円高ですと，少ない円で 1 ドルが買えるので多額のドルと交換できます．

ドリル 2-4：
アメリカに住んでいるパンケーキさんは，ある日本車を買おうと計画しています．為替レートは，1 ドル 80 円のとき，2 万ドルでした．さて，円安が進み 1 ドル 100 円となりました．アメリカでのこの車の価格はいくらになるでしょうか．

答え：
車の価格を日本円で表すと 80 [円/ドル] $\times$ 2 万 [ドル] $=$ 160 万 [円]

160 万 [円] $\div$ 100 [円/ドル] $=$ 16000 [ドル]

16000 ドルとなりました．アメリカの人にとっては，円安となると，輸入品が安く買えるようになります．日本の自動車メーカーにとっては，円安のほうが，輸出しやすく，アメリカで車を販売しやすくなります．

ドリル 2-5：
インドネシアを旅行中，黒熊まどかさんは，1 万ルピアの絹のスカーフを買おうとしました．「ええと，これは日本円に換算するといくらかしら」，まどかさんは，スマホの電卓ソフトを開きました．インドネシアの通貨単位はルピアといいます．その日の，1 ルピアは 0.01 円でした．さて，1 万ルピアは日本円に換算するといくらでしょうか．

答え：1 万 [ルピア] $\times$ 0.01 [円/ルピア] $=$ 100 円

その後の話：「こんなきれいな絹のスカーフが 100 円とは安いわ」と喜んだまどかさんは，

「昨今 100 円のチョコレートをあげてもあまり喜ばれないけれど，このきれいな植物の模様のスカーフなら，皆喜ぶに違いないわ，素敵」と，お土産用に 10 本購入しました．

参考文献

[1] 竹之内脩 他：『高等学校 新編 数学 I 改訂版』，文英堂，2006.

[2] 白田由香利：グラフィクス教材サイト, http://www-cc.gakushuin.ac.jp/~20010570/ABC/

3

CHAPTER THREE

微分——「瞬間」を捉えて，
最大値・最小値を予測する——

　たとえば，あなたが民宿を経営するときには，1泊いくらに設定しよう？ということを考えるでしょう．そんなとき，1泊 x 円にしたときの利益が関数 $f(x)$ で表されたとします．一番の関心事は，どんなときに $f(x)$ が最大になるか，または最小になるかということでしょう．微分は，関数のグラフのようすを調べる有効な道具です．本章では，まず微分とは何か，微分の基本事項を具体例を見ながらじっくりと説明します．それから，微分を関数の最大・最小問題にどうやって応用するかを身近な問題を通じて楽しく学びます．

3.1　平均速度と瞬間速度

3.1.1　JR 東海道線の時刻表から

　鉄道研究会のマサオ君と物理同好会のリエさんは高校時代からの友人です．鉄道の話になるといつも夢中になってしまい周りが見えなくなるマサオ君のことを，リエさんは時に「面倒くさいなぁ」と思いつつも，暖かな心で付き合っています．

　さて，マサオ君が大きくて厚い雑誌のようなものを手にキャンパスを歩いています．B5 サイズぐらいで厚さは 4 センチ近くあります．リエさんは不思議に思い

「何それ？」と聞きました．マサオ君は，「これは時刻表さ！日本全国のJRの電車の出発・到着時刻が網羅されて1冊の雑誌になっている，僕たち『時刻表鉄』には欠かせないアイテムだよ」と嬉しそうに答えてくれました．『時刻表鉄』という言葉があることをリエさんは初めて知りました．でもそれ以上に，携帯でも時刻表検索ができるのに，なぜ分厚い雑誌にまとめなくてはならないのか，疑問でいっぱいになりました．「ふん，時刻表を眺めてエアーで旅行を計画する喜びは，君たち一般人には理解できないのだよ．」マサオ君はドヤ顔です．どれどれ，どんな情報が載っているの？とちょっとだけ興味をもったリエさんは，中身を見せてもらいました．以下は，時刻表のJR東海道線のページに書かれていたデータです．

表 3.1 JR東海道線時刻表（横浜–国府津）

営業キロ	列車番号	879M	3769M	367M	537M
0.0	横浜発	2010	2015	2021	2027
12.1	戸塚発	2020	｜	2032	2038
17.7	大船発	2030	2029	2038	2045
22.3	藤沢発	2035	2033	2042	2050
26.0	辻堂発	2039	｜	2046	2054
29.8	茅ヶ崎発	2043	2040	2050	2059
35.0	平塚発	2049	2045	2055	2105
39.0	大磯発	2053	｜	2059	2110
44.3	二宮発	2058	｜	2104	2115
48.9	国府津発	2103	2055	2115	2120

注）現在のものではありません．

　東海道線の列車ごとに，横浜駅から始まって各駅の出発時刻が記載されています．「この時刻表は，ダイヤグラムをもとにして作られるのだよ．ダイヤグラムというのは，電車の車掌がもっているグラフで，これを見れば，列車がある時刻にだいたいどこを走っているかが一目でわかるのさ．」マサオ君はまたもやドヤ顔で横浜から国府津までのダイヤグラムも見せてくれました（図3.1）．「これを見れば879Mは20:30頃，大船あたりで3769Mに追い越されるということがわかるだろう？」

　なるほど，横浜駅を始点，国府津駅を終点とした表3.2(a)のようなデータを考えれば，マサオ君が見せてくれたダイヤグラムを描くことができます．

　でもリエさんは納得がいきません．表3.1の時刻表に記載されているデータに基づいて詳細にグラフを作ると図3.2のような折れ線グラフになります．

　「マサオ君が見せてくれたダイヤグラムはいい加減じゃない？　もっとデータに基づいてちゃんとグラフを描かないと・・・．電車の速度だっていつも一定ではなくて，駅ごとに違うと思うなあ・・・」リエさんはマサオ君に言いました．

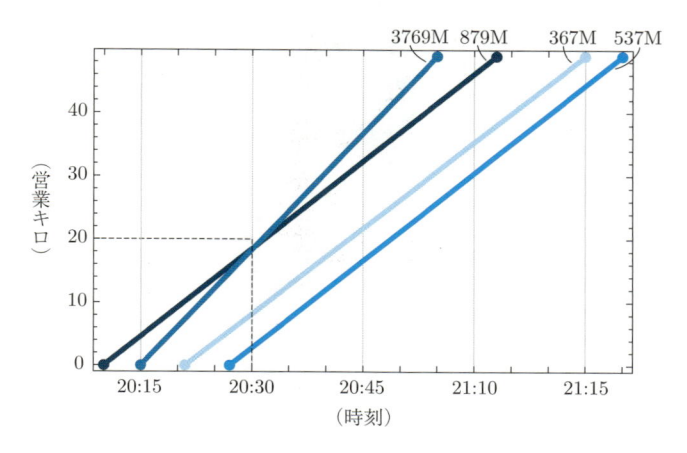

図 3.1 横浜から国府津までのダイヤグラム

表 3.2 横浜駅–国府津駅の出発時刻と速度

(a) 横浜（始点）–国府津（終点）の出発時刻

営業キロ	列車番号	879M	3769M	367M	537M
0.0	横浜発	2010	2015	2021	2027
48.9	国府津発	2103	2055	2115	2120

(b) 横浜–国府津間の速度

列車番号	879M	3769M	367M	537M
所要時間（分）	57	40	54	53
速さ（m/秒）	14.3	20.38	15.1	15.4
速さ（km/時間）	51.47	73.35	54.33	55.36

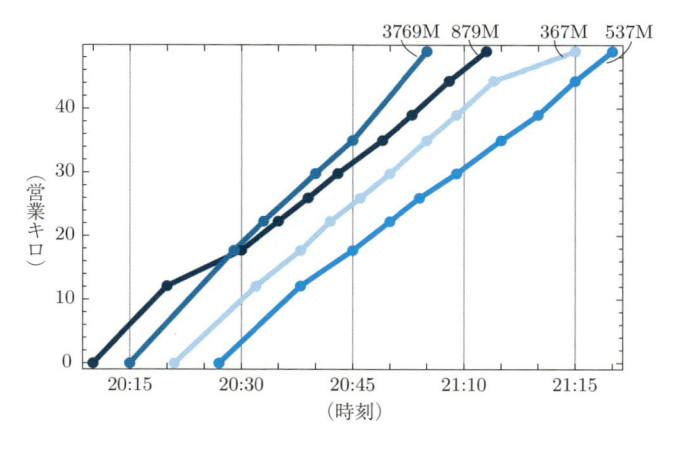

図 3.2 横浜駅から国府津駅までの表 3.1 の時刻表データに基づいた折れ線グラフ

3.1.2 瞬間ってどれくらい短いの？

マサオ君が最初に見せてくれたダイヤグラムは，列車がある区間を一定の速さで走るときの大雑把な時刻–距離グラフですから，この直線の傾き具合はある区間の平均的な速度の大小を表します．この速度のことを平均速度（時刻に対する距

離の平均変化率）といいます．

$$\text{平均速度（平均変化率）} = \frac{\Delta y}{\Delta x} \qquad (x \text{ に対する } y \text{ の変化の割合})$$

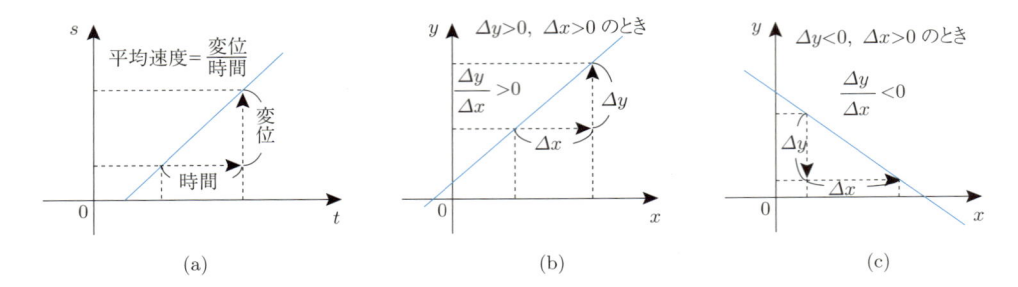

図 3.3 平均速度（平均変化率）とは，ある時間にどれだけ移動したかという変化の割合を表しています．$y = f(x)$ のグラフでは，x 軸方向の変化高を Δx，y 軸方向の変化高を Δy と表します．Δx，Δy とも負の値をとることもあります（(c) 図参照）．

細かいところが気になるリエさんは，この大雑把な計算がとても気になります．たとえば，3769M の列車が横浜駅を出発して戸塚駅を通過し大船駅で停止するまでのようすを思い浮かべてください．実際には，出発直後は加速して，ある速度に達したら一定の速さで走行します．リエさんにとって，列車の速度は走行中でも刻一刻と変化する値です．

「3769M の横浜–大船間の時刻–距離グラフはこんな感じになるのではないかしら…」とリエさんは考えます（図 3.4）．

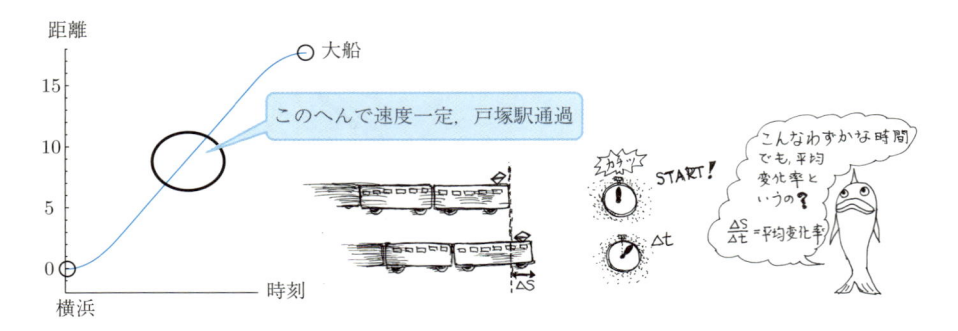

図 3.4 3769M の横浜–大船間の時刻–距離グラフ

さて，この列車は横浜を出て戸塚駅に停車することなく通過しますが，「戸塚を通過する**瞬間の速度**はどれくらいになるのだろう？」リエさんの疑問はますます深まります．

瞬間の速度は，瞬間に動いた距離を瞬間という短い時間で割ったと考えて，単純に

$$\text{瞬間の速度} = \frac{\text{瞬間に移動した距離}}{\text{瞬間という時間}}$$

という計算になりますが,「果たして瞬間とは何秒くらいのことを言うのかしら？」

たとえば，映画が普通に滑らかな運動を表現できる1コマは1/24秒だそうです．それならば，瞬間は1/24秒でしょう．一方，花の開花のような遅い運動を滑らかな動きとして観察するには，瞬間はもっと長くてよいでしょうし，蜂の羽の動きのような高速な運動を観察するには，瞬間はもっと短くしなければなりません．このように，**瞬間は相対的なもの**です．

数学では，この瞬間を理想化した**限りなく0に近い時間**と考えます．しかし，瞬間は0ではありません．0時間ということは時間が経っていないということで，運動そのものが進まないからです．何らかの運動を撮影したある時刻ピッタリには止まっていても，少しでも時間が経てば動きが現れます．この動きを浮き出させる計算法が微分法なのです．そのためには，瞬間をどう考えるかが問題になってきます．

3.1.3 瞬間を目で見る

図 3.5 のような簡単に作れる小道具を使って瞬間速度を考えてみます．小道具というのは，厚紙にスリットを入れたものと定規1本です．この厚紙を，図 3.4 の横浜駅–大船駅間の時刻–距離グラフの上に重ねれば，スリットの間からグラフの一部がチラッと見えます．このチラッと見えるグラフの一部はかなり短い直線のように見えます．ところで 3769M の列車が，戸塚駅を通過する時刻は 20:24 から 20 秒間です．20:24 のあたりにこのスリットを用いて曲線が直線に見えるくらい幅を狭くとれば，その直線の変化率（傾き具合）が，20:24 から 20 秒の間における列車の瞬間速度にかなり近いと考えられます．ある時刻における瞬間速度というのは，その時刻のまわりで時刻–距離グラフが直線になるくらい狭い区間を考

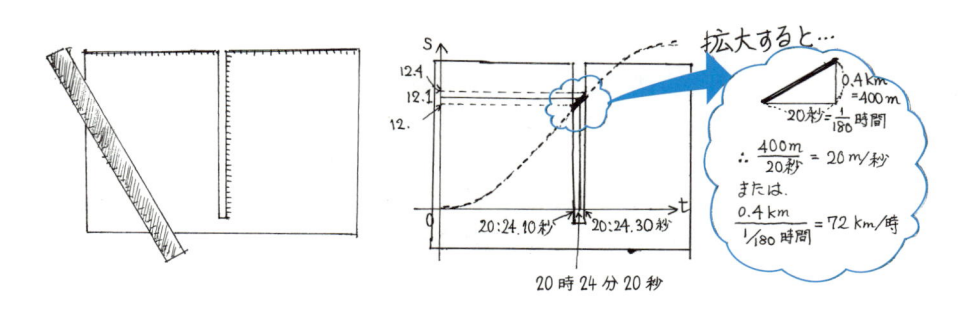

図 3.5 小道具（左図）を距離–時刻グラフに重ねて瞬間速度を観察する．

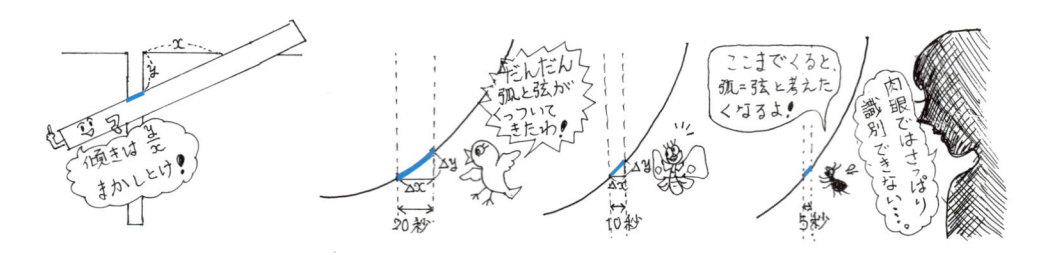

図 3.6 瞬間速度のイメージ（弧は曲線で弦は直線だが，両者が次第にくっついていく）

えたときのその直線の傾きということが言えそうです．すなわち，このスリットからチラッと見える直線の傾きが，その時刻での瞬間速度に相当すると考えられます．

数学ではこの狭い区間を理想化して，限りなく 0 に近い時間と考えます．20 秒では長すぎるので，せめて 0.01 秒くらいにしたいのですが，こうなるとグラフから肉眼で読み取るのは無理です．本当の瞬間速度は人間の直感を超えた無限小世界でのみ可能なのです．

しかし，直観の及ばない問題をも，理屈を組み立てて解決するのが数学のすばらしいところです．次節では，数学の力を借りて無限小の世界へ踏み込んでみましょう．

3.2 微分とは

3.2.1 無限小の世界へ踏み込む

リエさんが考えたとおり，電車の走行距離は時刻と共に刻一刻と連続的に変化します．物が高いところから落ちるときの落下距離にしたって，熱いコーヒーが冷めていく現象だって，物体の変化の様子は時刻に従って変化すると言えます．この関数が数式で表現されていれば，ある時刻における瞬間の変化率を正確に計算できます．

たとえば，石ころが崖から真下に落下するときの落下距離を考えてみましょう．物体の落下運動は研究し尽くされていて，空気の抵抗を無視すれば，落下距離 s [m]，落下してからの経過時間 t [秒] の間には，

$$s = 4.9 t^2 \quad (t \geq 0)$$

という関係があることは実験的にも理屈の上でもわかっています．$t = 3$ のときの落下の瞬間速度を詳しく考えてみます（図 3.7）．瞬間の幅は，0.1, 0.01, 0.001, … と小さく取れば取るほどよいのですが，キリがないので，取りあえずこの幅を Δt としておきましょう．

すると，以下のような式となります．

$$t = 3 \text{ のときの瞬間速度} = \frac{4.9 \times (3 + \Delta t)^2 - 4.9 \times 3^2}{\Delta t} = 4.9 \times (6 + \Delta t)$$

ここまで簡単な式に整理されたら，いよいよ Δt を限りなく 0 に近づけることにし

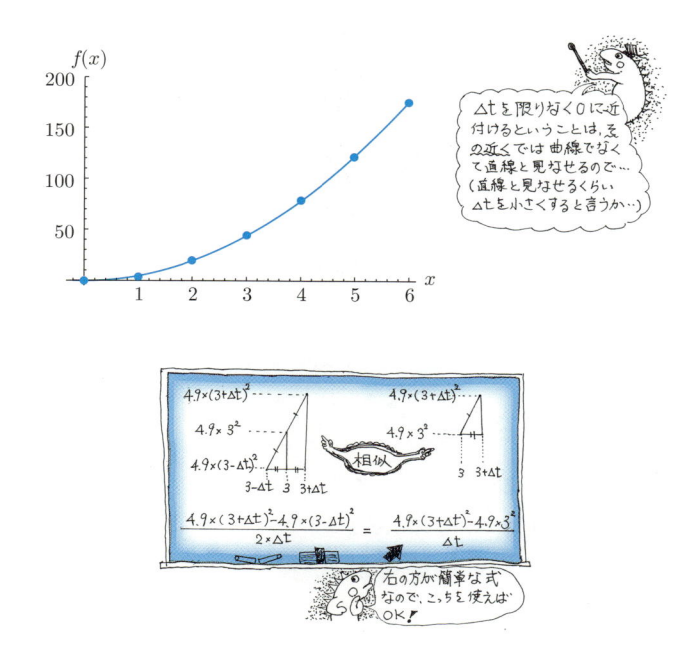

図 **3.7** 平均速度から瞬間速度へ

ましょう．この場合，$\Delta t = 0.1, 0.01, 0.001, 0.0001, 0.00001, \cdots$ と限りなく 0 に近づけていくと，$t = 3$ における瞬間速度（微小直線の傾き）は 29.89, 29.449, 29.4049, 29.40049, 29.400049, $\cdots$ というふうに 29.4 のうしろに無限個の 0 が続くことになります．つまり，実数は切れ目なく連続しているのでなだれ込むように 29.4 に落ち着いていくのです．$t = 3$ における瞬間速度は $29.4\,[\mathrm{m/秒}]$ と考えてよさそうです．

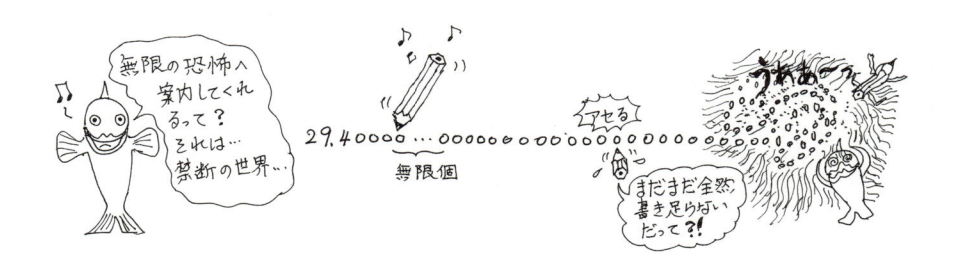

3.2.2 それが微分だ！

いまの計算を，数学では次のような書き方で表現することになっています．

$$\lim_{\Delta t \to 0} \frac{4.9 \times (3 + \Delta t)^2 - 4.9 \times 3^2}{\Delta t} = \lim_{\Delta t \to 0} \{4.9 \times (6 + \Delta t)\} = 4.9 \times 6 = 29.4$$

$\lim\limits_{\Delta t \to 0}$ という記号は，Δt を限りなく 0 近づけるということを表します．

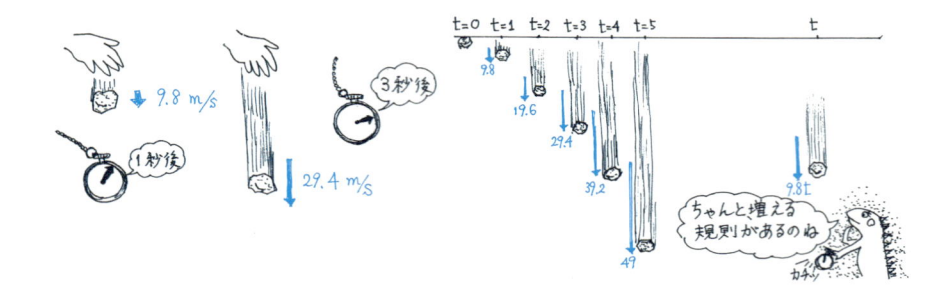

図 **3.8** 落下速度は時刻 t の関数で表される．

$\dfrac{4.9 \times (3+\Delta t)^2 - 4.9 \times 3^2}{\Delta t}$ は $t=3$ から $t=3+\Delta t$ の間の平均速度でしたから，その間の時間 Δt を限りなく 0 に近づけるということは，$t=3$ における（瞬間）速度が 29.4 であるということを意味します．

まったく同じように $t=1$ における速度だって計算できます．

$$\lim_{\Delta t \to 0} \frac{4.9 \times (1+\Delta t)^2 - 4.9 \times 1^2}{\Delta t} = \lim_{\Delta t \to 0} \{4.9 \times (2+\Delta t)\} = 4.9 \times 2 = 9.8$$

どうせ 1 とか 2 とか代入するのですから，はじめからオールマイティに t のままで計算してしまいましょう．そうすると，時刻 t における速度は次のようになります．

$$\lim_{\Delta t \to 0} \frac{4.9 \times (t+\Delta t)^2 - 4.9 \times t^2}{\Delta t} = \lim_{(\Delta t \to 0)} \{4.9 \times (2t+\Delta t)\} = 4.9 \times 2t = 9.8t$$

時刻 t における速度も，時刻 t の関数になっていますね．時刻 t における落下距離を s とすれば，$s = 4.9t^2$ という関数で表され，時刻 t における速度を v とすると，$v = 9.8t$ という関数で表されます．このとき，関数 $v = 9.8t$ をはじめの関数 $s = 4.9t^2$ の導関数といい，s' という記号で表します．導関数を求めること

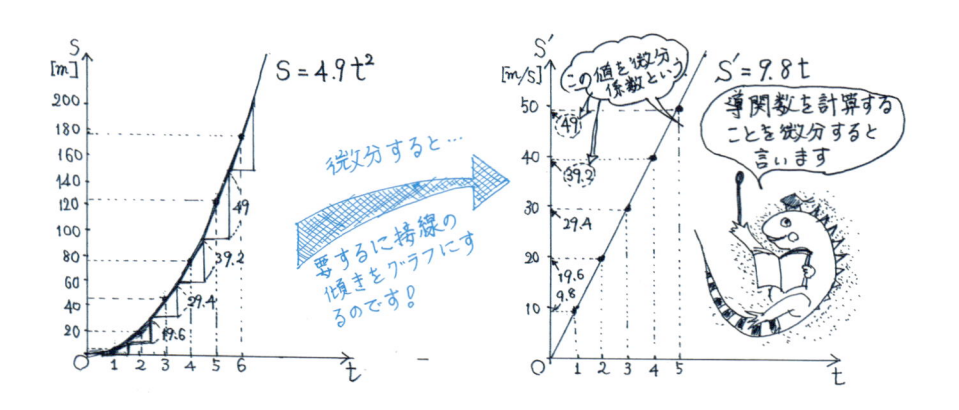

図 **3.9** 導関数と微分係数

を微分するといい，各tにおける導関数の値（tにおける速度）を微分係数といいます．

　導関数は，図 3.4 の小道具のスリットで元の関数をずーっと連続的にtを変化させてみながら，その各tの地点でグラフを直線と見たときの傾き（水平方向の増分に対する垂直方向の増分）をプロットして導かれた関数ということになります．しかしこの作業を完璧にこなすためには，隙間を肉眼では識別できないほど微小にして，そこで直線の傾きを考えなければいけません．導関数を求めるには，理論的な計算と無限小の考え方を結びつけることが必要になってきます．

　さて，リエさんが疑問をもった時刻表から始めて，平均速度（平均変化率），瞬間速度（瞬間変化率），微分係数，そして導関数の説明までしてきました．図 3.10 に物体の落下運動のグラフ，図 3.11 に横浜駅–大船駅間の電車の距離–時間グラフを示します．横軸に時間 (t)，縦軸に距離 (s) を取って，時間–距離の関数 $s = f(t)$ のグラフが実線で描いてあります．時間 t と共に，元の関数 $s = f(t)$ の導関数 $s' = f'(t)$ がどう変化するのかを確かめてみてください．各グラフの導関数も同じ座標系で点線で示されています．

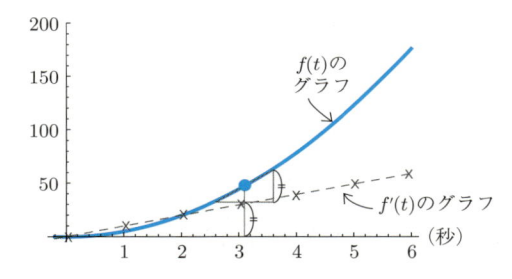

図 3.10 物体の落下運動の時刻–落下距離グラフ（[1] を参照）

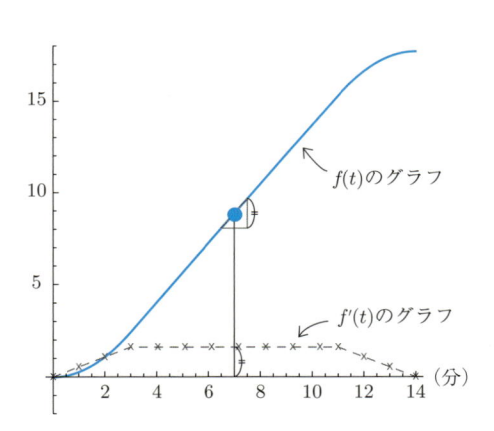

図 3.11 横浜–大船間の電車の距離–時間グラフ（[1] を参照）

3.2.3　微分の公式

（1）微分の定義

　まずは，上の話を一般的に書き直しておきましょう．$y = f(x)$ を微分するということは

$$\lim_{\Delta x \to 0} \frac{f(x + \Delta x) - f(x)}{\Delta x}$$

を計算することで，この関数を $f'(x)$ と書いて $f(x)$ の**導関数**と呼びます．これを記号で，y', $\dfrac{dy}{dx}$, $\lim_{\Delta x \to 0} \dfrac{\Delta y}{\Delta x}$ などとも書きます．導関数の各点の値，たとえば $x = a$ を代入した $f'(a)$ を $x = a$ における**微分係数**といいます．この定義に従って $y = f(x) = 4.9x^2$ を微分すると，$f'(x) = 9.8x$ になったのでした．しかし，いちいちこんな面倒な計算をしなくても，導関数は簡単な公式を使って求めることができるのです．

$$\boxed{\ f(x) = x^n \text{ を微分すると，} f'(x) = n \cdot x^{n-1} \quad (n = 0, 1, 2, 3, \cdots)\ }$$

注）$n = 0$ の場合を当てはめてみると，$f(x) = x^0 = 1$（指数法則より）に対して $f'(x) = 0 \cdot x^{-1} = 0$，つまり 1 を微分すると 0 になります．また，n は実数としてもこの公式は成り立つことが証明されています．たとえば，$n = 1/2$ とすると $f(x) = \sqrt{x}$ でこれを微分すると $f'(x) = \dfrac{1}{2} x^{\frac{1}{2} - 1} = \dfrac{1}{2\sqrt{x}}$ となります．

　この公式を使うと，$f(x) = x^3$ に対しては $f'(x) = 3 \cdot x^{3-1} = 3x^2$ となりますし，$f(x) = x^8$ に対しては $f'(x) = 8x^{8-1} = 8x^7$ となります．もちろん，上の微分の定義に従って求めることもできます．$f(x) = x^3$ の場合は面倒くさいですが，こんな計算になります．

$$\lim_{\Delta x \to 0} \frac{f(x + \Delta x) - f(x)}{\Delta x} = \lim_{\Delta x \to 0} \frac{(x + \Delta x)^3 - x^3}{\Delta x}$$

$$= \lim_{\Delta x \to 0} \frac{x^3 + 3x^2 \Delta x + 3x(\Delta x)^2 + (\Delta x)^3 - x^3}{\Delta x}$$

$$= \lim_{\Delta x \to 0} \frac{3x^2 \Delta x + 3x(\Delta x)^2 + (\Delta x)^3}{\Delta x} = \lim_{\Delta x \to 0} \{3x^2 + 3x \Delta x + (\Delta x)^2\}$$

$$= 3x^2$$

もう少し微分できる関数のバリエーションを増やすには，次の公式も覚えましょう．

$$\boxed{\begin{aligned}
&① \quad \{cf(x)\}' = c \cdot f'(x) \quad (c \text{ は定数}) \\
&② \quad \{f(x) \pm g(x)\}' = f'(x) \pm g'(x) \\
&③ \quad \left\{\frac{f(x)}{g(x)}\right\}' = \frac{f'(x)g(x) - f(x)g'(x)}{\{g(x)\}^2} \quad (\text{ただし } g(x) \neq 0)
\end{aligned}}$$

練習問題 3-1：次の関数を公式を使って微分してください．

(1) $f(x) = 3x^5 - x^4 + 2x^2 + 6x + 2$

(2) $f(x) = -x^2 + 4x$

(3) $f(x) = \dfrac{2}{x+1} + x$

答え：

(1) $f'(x) = 3 \times 5x^4 - 4x^3 + 2 \times 2x + 6 \times 1 + 0 = 15x^4 - 4x^3 + 4x + 6$

(2) $f'(x) = -2x + 4 \times 1 = -2x + 4$

(3) $f'(x) = \dfrac{0 \cdot (x+1) - 2(x+1)'}{(x+1)^2} + 1 = \dfrac{-2}{(x+1)^2} + 1$ □

(2) 関数の増減と微分係数

ごく狭い区間で関数 $f(x)$ を見たとき，区間が狭ければ狭いほど，その区間内では $f(x)$ と直線は識別できなくなります．$x = a$ の近辺を含む区間の幅を，究極の狭い区間にしたとき，その直線は $x = a$ で $f(x)$ に接する直線と考えることができます．ですから図形的には，$f'(a)$ は，関数 $f(x)$ の $x = a$ における接線の傾きになります．

さて，$f'(a) > 0$ という情報から何がわかるでしょうか？

$x = a$ で接する $f(x)$ の接線の傾きが ＋（つまり接線が右上がりということです）

$x = a$ における変化率が ＋（つまり増加の状態にあるということです）

結局，関数 $f(x)$ は $x = a$ においては増えているということにほかなりません．

同様に，$f'(a) < 0$ という情報からは，関数 $f(x)$ は $x = a$ においては減っているということがわかります．それでは，$f'(a) = 0$ という情報からは何がわかるでしょう？ このとき，接線の傾きが 0 ということは，$x = a$ における接線が水平であることを意味します．ということは，関数 $f(x)$ は $x = a$ において減っても増えてもいない状態を意味します．これらをまとめておきましょう．

> 微分係数が ＋ のとき，関数は増加の状態にあり，微分係数が － のとき，関数は減少の状態にあります．微分係数が 0 のときは，関数は増加でも減少でもなく，関数のグラフはそこでは山の頂上か谷底という状態（山の頂上でも谷底でもない状態も含みます）にあります．

(3) 関数の極大，極小

ここで，重要な言葉を紹介しましょう．関数のグラフには山の頂上や谷底が現れることがあります．数学の言葉で言えば，グラフが増加から減少へ，また減少から増加へと移行する瞬間の地点が現れることがあります．このことを，次のように言います．

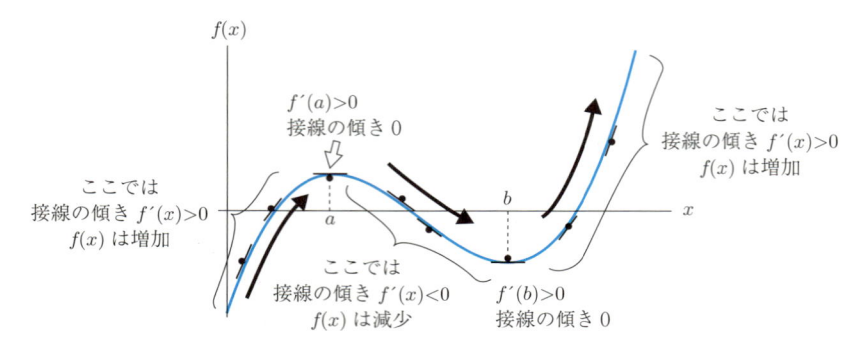

図 3.12 接線の傾きと微分係数の符号，関数の増減の関係

> $x = a$ を境に $f(x)$ が増加から減少の状態にあるとき，関数 $f(x)$ は $x = a$ で極大であるといい，極大値 $f(a)$ を取ります．$x = a$ を境に $f(x)$ が減少から増加の状態にあるとき，関数 $f(x)$ は $x = a$ で極小であるといい，極小値 $f(a)$ を取ります．極大値，極小値あわせて極値といいます．

何だか難しそうな表現ですが，図 3.13 を見ていただけば一目瞭然です．この図で $x = a, c, e$ において関数は極大となりますが，C 地点を見ると，尖っているので接線を引くことはできません．一方，A 地点や E 地点などではそこでの接線の傾きは水平，つまり $f'(a) = f'(e) = 0$ となっています．微分するということは，接線の傾きを求める作業から生まれたものです．尖っていたり，途中で切れた曲線の端っこのような点では接線を引くことが不可能ですから，微分できません．極大，極小は微分できるできないに関わらず「増加から減少に変わる点」または「減少から増加に変わる点」ということだけで定義されるものだということにも注意しましょう．

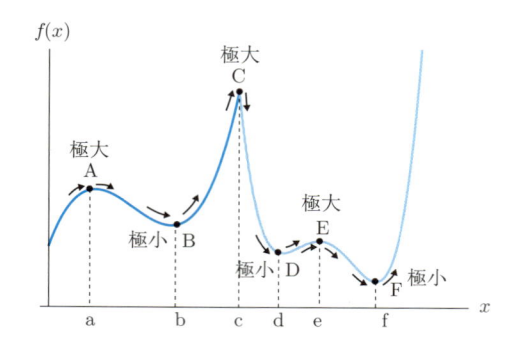

図 3.13 極値（極大値と極小値）

練習問題 3-2：グラフの概形をつかむ

$f(x) = x^2 - 5x + 4$ のグラフの概形を描いてみましょう．

答え：

$f'(x) = 2x - 5$ ですから，$2x - 5 > 0 \Leftrightarrow x > \dfrac{5}{2}$ においては $f'(x) > 0$ となるから $f(x)$ は増加します．また，$2x - 5 < 0 \Leftrightarrow x < \dfrac{5}{2}$ においては $f'(x) < 0$ となるから $f(x)$ は減少します．もちろん，$x = \dfrac{5}{2}$ のときは $f'(x) = 0$ となって，この点を境に減少から増加の状態になるので $f(x)$ は $x = \dfrac{5}{2}$ で極小となります．これより，関数のグラフの大体の形は図 3.14 のようになります． □

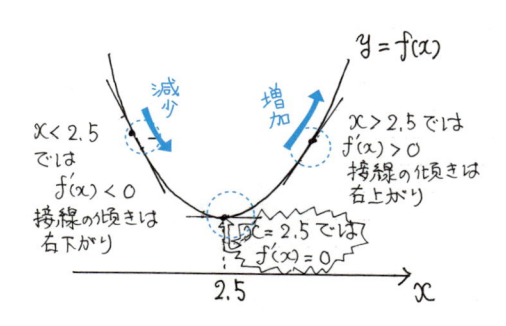

図 **3.14** $y = f(x)$ のグラフの増減

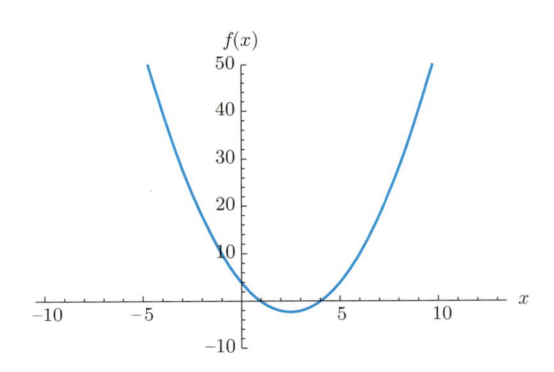

図 **3.15** $y = f(x)$ のグラフの概形

x 軸と y 軸をとってもう少し正確にグラフを描いてみます（図 3.15）．極小値は $f\left(\dfrac{5}{2}\right) = \dfrac{25}{4} - \dfrac{25}{2} + 4 = -\dfrac{9}{4}$ となり，$f(x) = 0 \Leftrightarrow x^2 - 5x + 4 = 0$ を満たす x を求めれば，$x^2 - 5x + 4 = (x-1)(x-4) = 0 \Leftrightarrow x = 1, 4$ ですから，この 2 点で x 軸と交わります．y 軸との交点は，$f(0) = 4$ よりこの点で y 軸と交わります．

練習問題 3-3：グラフの増減・極値を調べる

関数 $f(x) = 4x^3 - 40x^2 + 100x$ のグラフの増減，極値を調べてみましょう．

答え：

$f'(x) = 12x^2 - 80x + 100 = 4(3x^2 - 20x + 25) = 0$
$\Leftrightarrow 4(3x^2 - 20x + 25) = 0 \Leftrightarrow (x-5)(3x-5) = 0$ ですから，
$x = 5, \dfrac{5}{3}$ で $f'(x) = 0$ となります．

$f'(x) > 0 \Leftrightarrow x < \dfrac{5}{3}, x > 5$ ですから $f(x)$ はこの区間で増加，また $f'(x) < 0 \Leftrightarrow \dfrac{5}{3} < x < 5$ ですからこの区間で減少します．したがって，その境目である $x = \dfrac{5}{3}$ において極大，また $x = 5$ において極小となります．グラフは図 3.16 のようになります．2 つの図のうちで，左の手描きの図は関数の増減がわかるようにだいたいの形を描いたものです．右の図は，x, y 軸を取って正確に描いたものです．

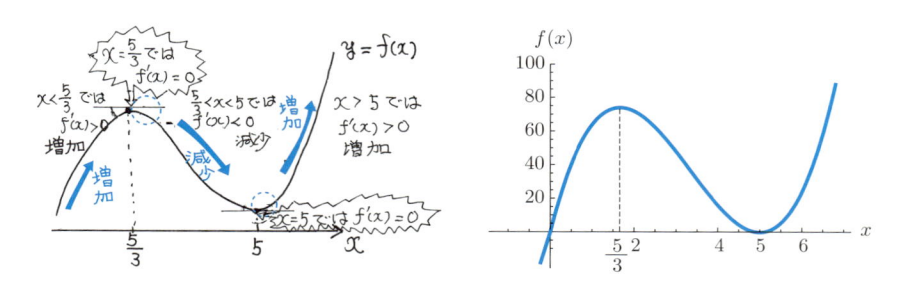

図 **3.16** $y = f(x)$ のグラフの増減（左）と，概形（右）

3.3 最大値・最小値を予測する

次に，関数 $f(x)$ の最大値，最小値をどうやって求めるかを考えてみましょう．

いままで学んできたことを使えば，関数 $f(x)$ のグラフの概形を描いて，一番高いところが最大値，低いところが最小値，と考えれば解決です．それでは，いくつか例を見てみましょう．

練習問題 3-4：同じ材料費で最も広い塀を作って得しよう

図 3.17 に示すような横 50 メートル，縦 3 メートルの木の板があります．これを使って家の裏に高さ 3 メートルの敷地が長方形になるような塀を作りたいのですが，どのように板をカットしたら敷地面積を最大にできるのでしょうか？ただし，塀の一面は家の壁を利用することにします．

この問題を考えるとき，図 3.18 のように一辺の長さを x として，塀の敷地面積 y を x の関数で表すとスッキリします．
そうすると

$$y = f(x) = x(50 - 2x) = -2x^2 + 50x$$

という具体的な関数ができたので，この関数の最大値を考えればよいことになり

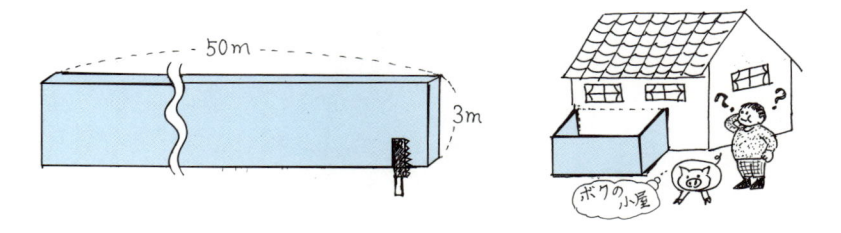

図 3.17 練習問題 3-4 の説明

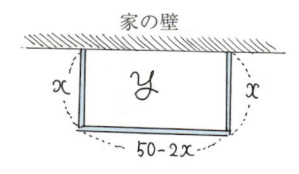

図 3.18 柵を真上から見た図

ます．つまり，$y = f(x)$ のグラフを描いてみてこの高さが最高になる地点が敷地面積の最大値で，このときの x が敷地面積を最大にする板のカット部分の長さということです．そこで $f(x)$ を微分し，$f'(x)$ を求めよう．$f'(x) = -4x + 50$ となります．

$f'(x) = -4x + 50 = 0$ となる点は，$x = \dfrac{25}{2}$，また $f(x)$ が増加するのは $f'(x) = -4x + 50 > 0$，すなわち $x < \dfrac{25}{2}$ のときで，減少するのは $f'(x) = -4x + 50 < 0$，すなわち $x > \dfrac{25}{2}$ のときです．ここで忘れてならないのは，x の取ることができる範囲（定義域）です．1 辺の長さはマイナスにはならないので，$50 - 2x > 0, x > 0$ をともに満たす x でなければなりません．そのためには $0 < x < 25$ であればよいのです．この範囲で，増減，極値を考慮して総合して $f(x)$ のグラフを描くと図 3.19 のようになります．これより，$x = 12.5$ として，図 3.19（右）の絵のように板をカットすればよいことがわかります．

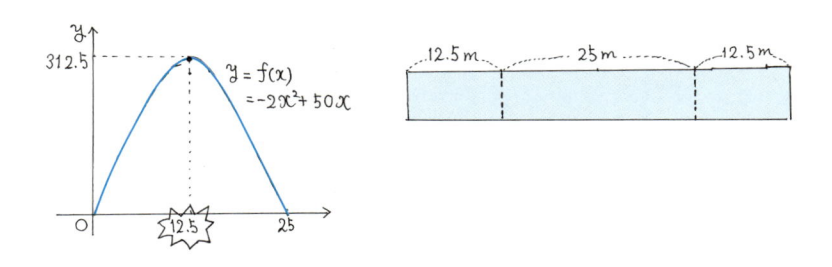

図 3.19 $y = f(x)$ のグラフの概形（左）と練習問題 4 の答え（右）

練習問題 3-5：1 枚の紙に一杯豆を詰めて得しよう

1 辺が 10 cm の正方形の紙を使って，図 3.20 に示すような箱を作ります．「この箱に好きなだけ豆を詰めてよい」といわれたら，なるべく箱の容積を大きくす

るように箱を作るべきですよね．さて，切り取る正方形の 1 辺の長さをどれくらいにすればよいでしょうか．

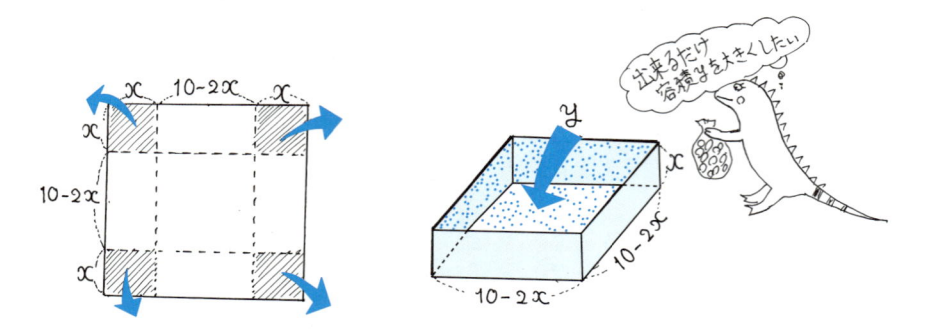

図 3.20 練習問題 3-5 で作成する箱

箱の容積を y，切り取る小さな正方形の 1 辺の長さを x とすれば，y は x の関数となって，

$$y = f(x) = x(10-2x)^2 = 4x^3 - 40x^2 + 100x$$

と表されます．ここで，x の定義域を考えてみます．1 辺の長さは負にならないので，$x > 0, 10 - 2x > 0$ をともに満たす x でなければなりません．したがって，これらの不等式を満たす x は，$0 < x < 5$ となります．ところで，この関数 $f(x) = 4x^3 - 40x^2 + 100x$ は前の練習問題 3-3 で増減を調べてあります．ですから，$0 < x < 5$ の範囲で関数のグラフの概形を描くと図 3.21 のようになります．これより，y を最大にする x は $\dfrac{5}{3} = 1.666\cdots$ ということになります．

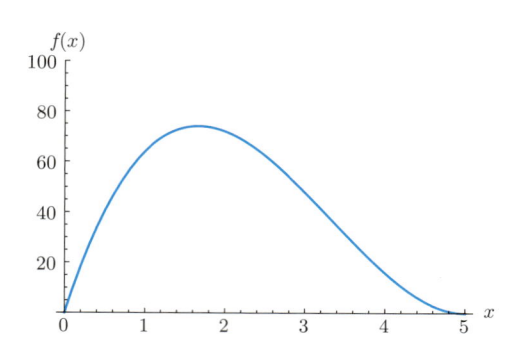

図 3.21 $y = f(x)$ のグラフの概形

  □

さて，ここまで，関数の最大・最小問題を考えるときにグラフの概形を描いて，最も高いところ，低いところを求めるという方法を紹介しましたが，実はもっと簡単な方法があるのです．練習問題 3-3 で取り上げた

「$f(x) = 4x^3 - 40x^2 + 100x$ のグラフの増減，極値を調べてみましょう．」

という問題をもう一度考えてみましょう．上記の関数のグラフを描いて，x の定義域を変えて，最大値がどこになるかを考えてみましょう．

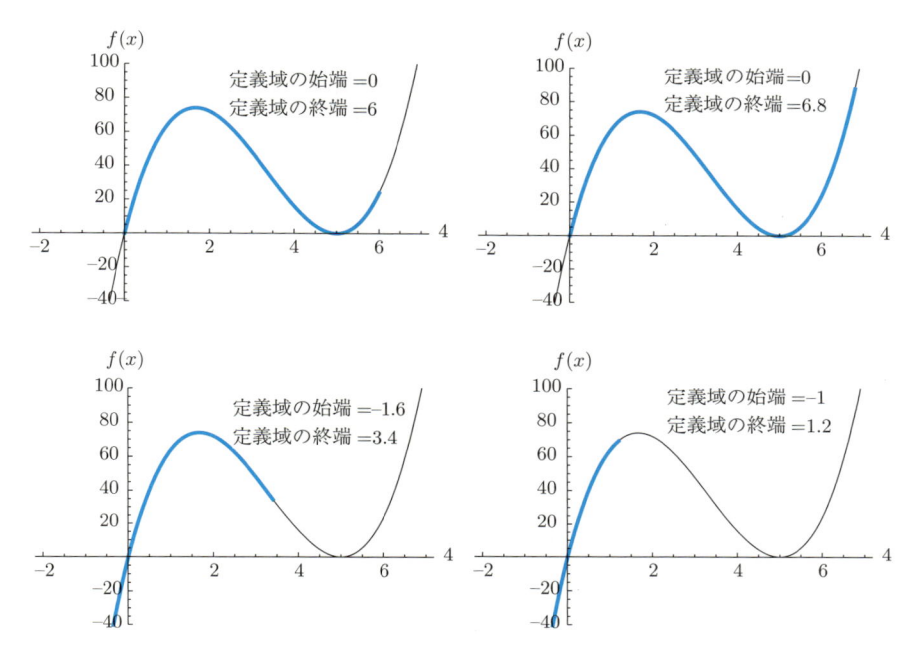

図 **3.22** 定義域を変化させたとき，最大値はどのようになるか？（[1] を参照）

図 3.22 の一連のグラフから，最大となるのは，定義域の端の点か，極大値のいずれかになることがわかりますか？ 同じように考えると，最小となるのは，定義域の端の点か，極小値のいずれかになることがわかります．

こういったことに注意しながら，図 3.23 を見てください．ずいぶんと複雑な形

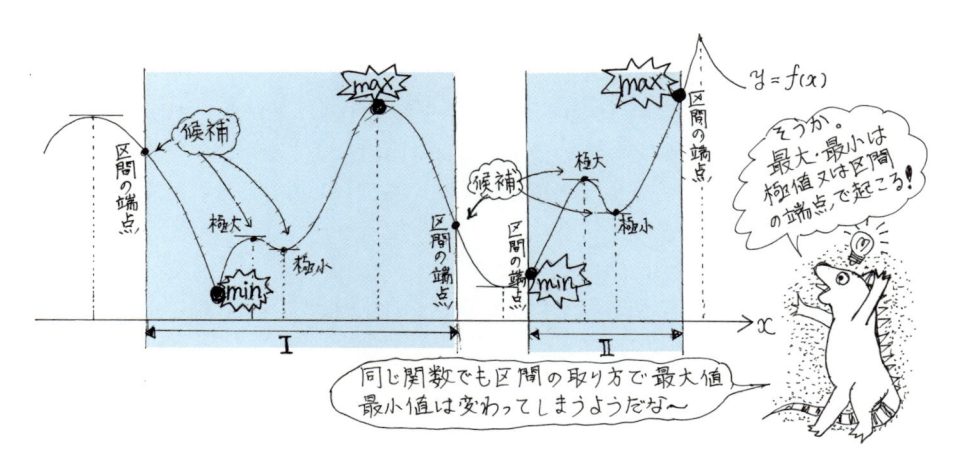

図 **3.23** 最大値，最小値と極値の関係

の関数ですが，x の範囲が両端の点を含む区間 I と区間 II の 2 つの場合を考えてみます．グラフから，区間 I における最大値・最小値も区間 II における最大値・最小値も一目瞭然ですね．

図 3.23 のグラフをよく見てもう少し観察してみましょう．

最大・最小は，極値か区間の端の点で起こる

ということがわかりますか？ つまり，こういうことです．$f(x)$ の最大値を求めたければ，まず極値と区間の端点を片っ端から（とはいっても，そんなにたくさんあるわけじゃないのでご安心を！）求めて，その中から一番大きなものを探せばよいのです．最小値も同じで，片っ端から極値と区間の端点を求めてその中から一番小さなものを探せばよいのです．

注）x の区間が有限な長さをもたない場合や，関数の一部分が無限大になってしまうような場合は，もう少し慎重になる必要がありますが，本書では図 3.23 のグラフのように気楽にできる場合に限ることにします．

練習問題 3-6：関数の最大値を求める

上の例題の関数の最大値を，極値と区間の端点を調べる方法で求めてみましょう．つまり，関数 $f(x) = 4x^3 - 40x^2 + 100x$ の $0 < x < 5$ における最大値を求めなさいという問題です．

答え：

$f'(x) = 4(x-5)(3x-5) = 0$ なので，$x = 5, \frac{5}{3}$ のとき $f'(x) = 0$ ですが，$0 < x < 5$ に含まれるのは $x = \frac{5}{3}$ のみです．ですから最大値の候補は，$f\left(\frac{5}{3}\right) = \frac{5}{3}\left(10 - 2 \cdot \frac{5}{3}\right)^2 = \frac{2000}{27} = 74.07\cdots$，と端点 $f(0) = 0, f(5) = 0$ となります．その結果 $x = \frac{5}{3}$ のとき最大値は $74.07\cdots$ となります．

注）定義域が $0 < x < 5$ ですから，本問の場合，$x = 0, 5$ はいずれも区間に含まれていません． □

練習問題 3-7：

部屋数 15 の小さな民宿を経営することになりました．料金は一律で一泊 5000 円に設定していますが，500 円値上げするたびに空き部屋が 1 部屋ずつ増えていくというデータがあります．さて，1 泊いくらにしたら儲けは最大になるでしょうか？

答え： 空き部屋数を x 室，1 泊 y 円とすると，儲けは，$(15 - x)y$ 円となります．ここで，$x = \frac{y - 5000}{500}$ という関係があるので，$y = 500x + 5000$ と変形して儲けの式に代入すると，儲けは x の関数になり $f(x)$ と書くことにします．すると，x の定義域は $0 \leq x \leq 15$ ですから，この区間で

$$f(x) = (15-x)(500x+5000) = 500(15-x)(10+x) = 500(-x^2+5x+150)$$

の最大値を求めます．$f'(x) = 500(-2x + 5) = 0 \Leftrightarrow x = 2.5$ より，最大値の候補は，$f(0) = 75000, f(15) = 0, f(2.5) = 78125$ の 3 点ですが，この中で最大なのは $f(2.5) = 78125$ です．ところが，本問の場合，x は空室数なので 0 を含む自然数でなければなりません．この関数は滑らかにつながっているので，$x = 2.5$ に近い自然数の $x = 2, 3$ のいずれかで最大になります．実際に計算してみると，$f(2) = f(3) = 78000$ となるので，それぞれ，$y = 5000 + 500 \times 2 = 6000$，$y = 5000 + 500 \times 3 = 6500$ に設定すれば儲けは最大になることがわかりました．(しかし 5000 円であれば連日予約が満杯です．どうせなら少ない手間で同じ収入が得られる 6500 円のほうがよいですね．) □

ドリル

ドリル 3-1：

次の関数の ( ) 内に与えられた区間での最大値と最小値を求めてください．
① $f(x) = x^3 + x^2 - 5x + 1$ $(-1 \leq x \leq 1)$
② $f(x) = x^3 + x^2 - 5x + 1$ $(1 \leq x \leq 2)$

ドリル 3-2：

区間 $0 \leq x \leq 2$ 上で $f(x) = -x^3 - 5x + 13$ のグラフを考えます．この区間上でのグラフの接線の傾きの最大値と最小値を求めてください．

ドリル 3-3：

高速道路を使って荷物を運ぶためにトラックの運転手を時給 810 円で雇うとします．トラックは高速道路を 40(km/時) から 100(km/時) の間の一定の速度で 400 km 走るとします．ゆっくり走るほど燃費は良くなりますが，一方，速く走る方が支払う給料は少なくなります．さて，速度を x(km/時) とするとき 1 km あたりの燃費が $5 + \dfrac{x}{10}$ (円/km) であるとして，最も経済的な速度と非経済的な速度を求めてください．

答え：

1.① $f'(x) = 3x^2 + 2x - 5$ となりますから，$f'(x) = 0$ となるのは
$3x^2 + 2x - 5 = 0 \Leftrightarrow x = 1, \dfrac{-5}{3}$ です．したがって，最大値または最小値となり得る値は $f(1) = -2, f\left(\dfrac{-5}{3}\right) = \dfrac{22}{27}$ です．
区間の端の点の値を求めます．するとこれらは $f(-1) = 6, f(1) = -2$ で，$f\left(\dfrac{-5}{3}\right) = \dfrac{22}{27}$ は区間に含まれないので，最大値は $f(-1) = 6$，最小値は $f(1) = -2$．
② 区間の端の点の値は，$f(1) = -2, f(2) = 3$ で，$f\left(\dfrac{-5}{3}\right) = \dfrac{22}{27}$ は含まれないので，最大値は $f(2) = 3$，最小値は $f(1) = -2$．

2. $f(x) = -x^3 - 5x + 13$ のグラフの接線の点 x における傾きは，この関数の導関数で与えられます．したがって，区間 $0 \leq x \leq 2$ における関数 $f'(x) = -3x^2 - 5$ の最大値と最小値を求めればよいのです．ここで見やすくするために $g(x) = -3x^2 - 5$ と置き直すと，関数 $g(x)$ の $0 \leq x \leq 2$ における最大，最小問題になります．そうすると，$g'(x) = -6x$ より，

$g'(x) = 0 \Leftrightarrow x = 0$ より，極値は $g(0) = -5$，区間の端点の値は，$g(0) = -5$, $g(2) = -17$ となります．したがって，最大値は $g(0) = -5$，最小値は $g(2) = -17$ です．

3. 時速 x(km/時) で運転したとき支払う給料を $f(x)$ としましょう．すると，労働時間が $\dfrac{400}{x}$ 時間ですから，$f(x) = 810 \times \dfrac{400}{x} + \left(5 + \dfrac{x}{10}\right) \times 400 (40 \leq x \leq 100)$ の最大，最小問題になります．まず導関数を求めると，$f'(x) = 400 \times \left\{\dfrac{-810}{x^2} + \dfrac{1}{10}\right\}$ となりますから，$f'(x) = 0 \Leftrightarrow x = \pm 90$．ところが，定義域が $40 \leq x \leq 100$ ですから，$x = 90$．このとき $f(90) = 9200$ となります．端点の値を求めると，$f(40) = 11700$, $f(100) = 9240$．したがって最大値は $f(40) = 11700$，最小値は $f(90) = 9200$ となるので，最も経済的な速度は 90 (km/時)，非経済的な速度は 40 (km/時) です．

> ### 実数の集合
>
> 皆さんが普通に「数」と思っているのは，おそらく実数という数の仲間でしょう．たとえば，何でもよいから 2 つの「数」を取ってきたら，必ず大小関係（どちらかが大きいか，または等しいか）がありますし，マイナスの「数」を 2 乗したら必ずプラスの「数」になります．実は，この当たり前のような性質が成り立たない「数」もあるのですが，それはさておき，いま挙げたおなじみの「数」の性質は，実数のもつ性質のいくつかです．その中で，
>
>   "2 つの数を取ってきたら，必ず大小関係（どちらかが大きいか，または等しいか）がある"
>
> という性質は，言い換えると，すべての実数は小さいものから順番に数直線上に一列に並ばせることができる，ということです．実数は，数直線上に切れ目なく隙間なくビッシリ並んだ数ということもできます．
>
> ところで皆さんは，自然数，整数，有理数，無理数という数も聞いたことがあるでしょう．自然数は $1, 2, 3, \cdots$ というように数えられる数で，整数は自然数に 0 とマイナスの自然数を追加した数です．有理数，無理数については少しややこしいですが，正確には次のように定義されます．
>
> > 有理数とは分数と同じものです．同じことですが，別の言い方では，有限な小数と循環する小数を合わせた小数を有理数といいます．無理数とは，有理数でない実数のことです．つまり分数で表せない実数のことです．別の言い方では，循環しない無限に続く小数を無理数といいます．
>
> これらの自然数，整数，有理数，無理数はすべて実数に含まれた数なのです．これらの数の包含関係とイメージは次の図のようになります．まず，数直線の 0 の位置より右に等間隔に並んだ石が自然数で，さらに等間隔で数直線全体に並んだ石が整数のイメージです．この石の間を隙間なく小石を敷き詰めたのが有理数のイメージです．小石は敷き詰めても小さな隙間があるので，この隙間に樹脂を流し込んだのが実数のイメージです．

この章の微分で扱う数は実数です．たとえば限りなく x を 0 に近づけるという場合，有理数ですと，穴だらけなのでスムーズに滑らかに連続的に（ちょっとくどいですが…）0 に近づくことができません．本書を通じて，特別にことわりがない限り，数といったら実数を指すのは暗黙の了解です．

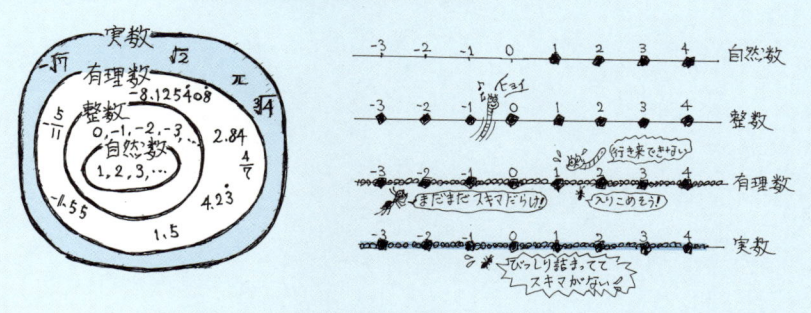

図 3.24 数の集合の包含関係（左）とイメージ（右）

参考文献

[1] 白田由香利:グラフィクス教材サイト, http://www-cc.gakushuin.ac.jp/~20010570/ABC/
[2] R. アッシュ・C. アッシュ著，福島甫 他訳:『微分積分学教程』，森北出版，1988．
[3] 黒田俊郎・小林昭 編著:『たのしくわかる数学 100 時間（下）』あゆみ出版，1991．

CHAPTER FOUR

4

指数関数——倍返しは 2 の n 乗——

本章では指数関数について学びます．**指数関数 (exponential function)** とは，$y = a^x$ の形で与えられる関数のことで，このときの a を**底**，x をその**指数**と呼びます（このとき a は 1 を除く正の数でなくてはなりません）．指数関数は預金の元利合計，ローンの返済など，金融数学で必須の関数です．損をしたくない人は必見です．経済学を始め多くの分野でも利用されるので，しっかり理解してください．

4.1 指数関数的増加とは？

指数関数というのは，定数 a を $a \times a \times a \times \cdots$ と何回もかけ算していく関数です．2013 年の人気ドラマで，「倍返しだ」という決めのセリフがありましたが[1]，倍返しを関数で表現すると，指数関数です（図 4.1）．

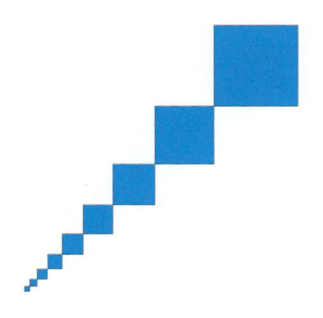

図 4.1 倍返しのイメージ図（面積が倍倍になっている）

---

[1] 日曜劇場「半沢直樹」，TBS テレビ，2013 年．原作：池井戸潤：『オレたちバブル入行組』（文春文庫，2007 年），『オレたち花のバブル組』（文春文庫，2010 年）．

練習問題 4-1：

倍沢増太郎君（中1）が，数学小テストで3点をとりました．100点満点中3点です．麒麟児先生は，「点数が60点以下の人は，次回は倍返しで頑張りましょうね」と励ましました．しかし，増太郎君は倍返ししても，6点です．増太郎君の周りのクラスメートがそれを笑いました．麒麟児先生は，「そうか，倍になっても6点か，しかし，小テストは1学期で10回やりますよ．毎回，頑張って倍返しをしていたら，すぐに100点になりますよ．」

増太郎君が毎回倍返しをしたとすると，何回で100点になりますか？

答え：

式は $3 \times 2 \times 2 \times 2 \times 2 \times 2 \times 2 \cdots$ となります．かけ算の繰り返しを書いていると面倒なので，2を5回かけたものを 2^5 と肩にかけ算の回数を乗せて表現します．これを指数関数といいます．

2の n 乗 $(n > 0)$ のグラフを描くと，増太郎君が想像していた以上にグングン増加します．そうなのです，はじめは小さい値でも，倍返しの関数 $y = 2^n$ はグングン増加する関数なので，想像していたよりも，早く目標値に達するのです（図4.2）．

$n = 5$ で，$2^n = 32$ で，$3 \times 2^n = 3 \times 32 = 96$ ですから，$n = 6$ 回目で100点となります（100点を超える点数はとれませんから）．

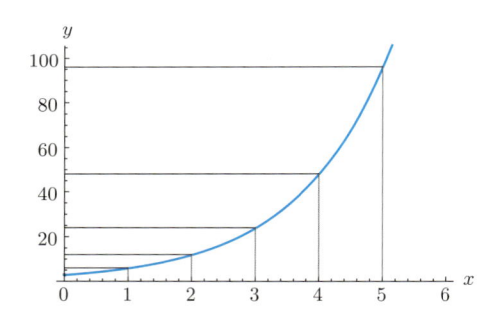

図 4.2 初め3点でも，倍返しをしていくと5回で96点となる．$y = 3 \times 2^x$

□

4.1.1 友だちの友だちはみな友だち

皆さんの中にはSNS[2]を利用している人も多いでしょう．このSNSでの繋がりも指数関数的な増加を示す場合があります．

あなたが100人からの友だち申請を許可したとします．そして，その100人がまたそれぞれ別の100人から友だち申請を許可したとすると，あなたは友だちを通して $100 \times 100 = 100^2 = 10{,}000$ 人と繋がっていることになります．

---

[2] SNS: Social Networking Service の略．インターネット上で情報を共有するサービスのこと．Facebook, Twitter, Mixi などがある．

では，その友だちの友だちがそれぞれ別の 100 人と繋がっていたら…，と考えていく（計算していく）と，繋がりをたった 4 回たどるだけで実に 1 億人もの人と繋がってしまうのです（$100 \times 100 \times 100 \times 100 = 100^4$ で求めることができる）．2012 年度における日本の総人口が 1.276 億人なので，ほぼ全員が友だちということになります．

今回の例はスモール・ワールド現象と呼ばれる仮説ですが，指数関数的増加の感覚を捉えることができるでしょうか？

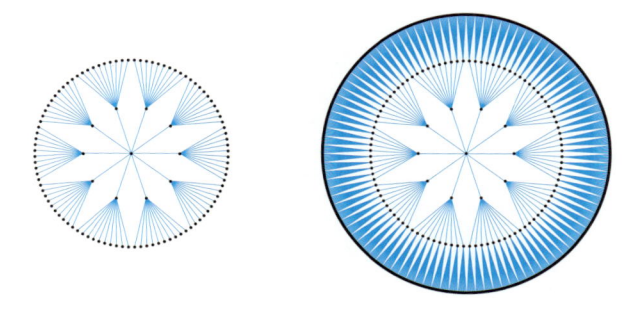

図 4.3 友だちの繋がりのイメージ（10×10 と $10 \times 10 \times 10$）．中心に自分自身がいるとし，周りに 10 人の友だちが，そのまた友だちにも 10 人の友だちがいると，友だちの友だちが一気に 100 人（$10 \times 10 = 10^2$）に増え，さらに 10 人と繋がっていれば，友だちの数は一気に 1000 人（$10 \times 10 \times 10 = 10^3$）人に増える．正確には 110 人と 1110 人である．

4.1.2 バクテリアの増加

バクテリアも指数関数的な増加を示す代表的なものです．

理想的な環境下で 1 時間に 1 回分裂するバクテリアがいるとします．最初の 1 個体は 1 時間後に 2 個体に（2 の 1 乗），2 時間後には 4 個体に（2 の 2 乗）と分裂を繰り返すと，半日後には 4,096 個体に（2 の 12 乗），24 時間後には 16,777,216 個体へと爆発的に増加します．この場合，x 時間後のバクテリアの個体数を y とすると，$y = 2^x$ という関数で表すことができます（図 4.4）．

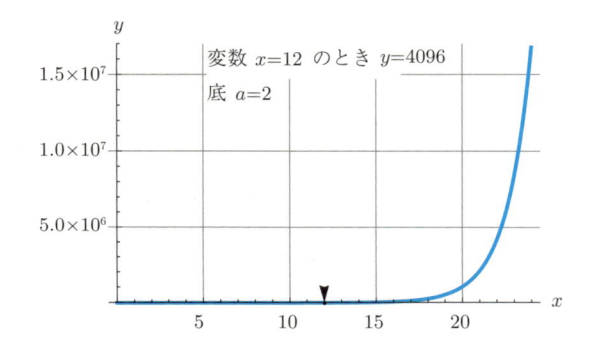

図 4.4 関数 $y = a^x$．図は $y = 2^x$ のようす．$x = 12$ のとき，$2^x = 4096$．[1] を参照のこと．

一般に，$y = a^x$（a は 1 でない正の数）という形の関数を指数関数といいます．指数関数は，a が 1 より大きいとき，爆発的に増加し，a が 1 より小さいときは急激に減少します．

練習問題 4-2：紙の厚さと富士山

厚さが 1 mm の紙があります．この紙を何回折り重ねていけば富士山の高さ (3776 m) を超すことができるでしょう？

答え：

紙を折る回数とそのときの厚さを考えてみましょう．

  0 回...1 mm
  1 回...2 mm
  2 回...4 mm
  3 回...8 mm

と考えていくと，紙を折る回数と折り重ねた厚さには

$$\text{厚さ} = 0.001 \times 2^x \;(\text{厚さの単位をメートル，折る回数を}x\text{としています})$$

という関係が成り立ちます（1 mm は 0.001 m ですよね）．

$x = 21$ のとき，紙の厚さは約 2,097 m となり，$x = 22$ で約 4,194 m となるので答えは 22 回（図 4.5）． □

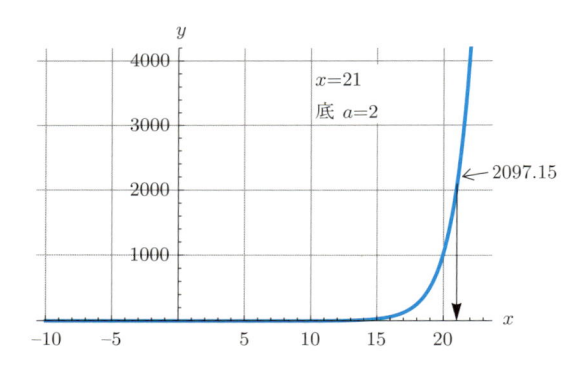

図 4.5 紙を 22 回重ね折りすると富士山の高さを超える（実際に 22 回折ることは無理ですが $\cdots$）．[1] を参照のこと．

皆さん，自分の予想と同じだったでしょうか？ 予想以上に増加速度が速いことに驚かれたのではないでしょうか．そして指数関数的な増加を実感できましたか？

4.1.3 炭素の同位体の半減期

先ほどは増加で考えましたが，もちろん私たちの身の回りには，指数関数的に減少するものもあります．こんなニュースを聞いたことがあるでしょう．「ある遺跡から土器が発掘され，炭素 14 の年代測定からおよそ 11,460 年前のものと推定

されました.」

　なぜ炭素で年代がわかるのでしょう？これは"炭素の同位体である炭素14が，約5,730年の半減期で減じていく"という，指数関数的減少の性質を用いているのです．この炭素14の年代測定について，もう少し詳しく説明します．そもそも炭素14とは一体何でしょうか．原子番号6の炭素は，陽子の数は6個ですが，中性子の数が異なる炭素12・炭素13・炭素14の3種類があります（これらを同位体と呼びます）．この中で炭素14は「規則正しく壊れていく」という性質があるので，この性質を利用することにより年代を求めることができるのです．土器の年代測定に話を戻すと，正確には土器自体の年代を測定するのではなく，その土器に付着している（木を燃やしてついた）「煤」などを測定しているのです．生物の体にある炭素14は，生命活動が終わった時点から減っていくので，燃料となった木の「煤」に炭素14がどれくらい残っているのかを調べることにより，結果的に土器の年代がわかるという理屈です．

　半減期についても少し詳しく説明します．ある物質の量が半分になるのにかかる期間を半減期といいますが，たとえば，半減期が1年の元素があった場合（1年経過すると最初にあった量の半分になるということです），最初に1,000個の原子があったとすると，1年後には500個，2年後には250個と減少を繰り返し，10年後には0.977個まで数が減ることになります．

　炭素14の場合，半減期が5,730年です．x年後の原子の個数をyとすると，$y = 1000 \times \left(\dfrac{1}{2}\right)^{\frac{x}{5730}}$という関数で表されます．底が1/2と，1以下の分数になっているし，指数も単純な自然数ではなく分数になっているので，少し難しい式になりました．大丈夫ですか？

　指数が$\dfrac{x}{5730}$という分数になっていますね．$\left(\dfrac{1}{2}\right)^{\frac{x}{5730}}$という関数は，$x = 5730$で初めの個数の$\dfrac{1}{2}$になり，$x = 11460$で始めの個数の$1/4$になります（図4.6）．

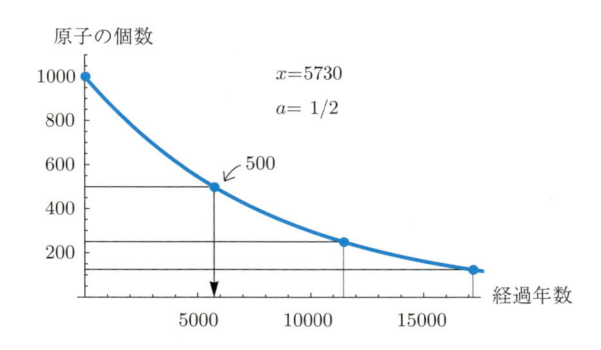

図 4.6 5,730年経過するごとに，原子の個数が半分になっていく．

　つまり，測定した"土器（に付着していた煤）の炭素14が元の量の1/4に減少していた"という事実があれば，それから，炭素14が最初の量の1/2になるのに5,730年，さらにその半分（最初からみると1/4）になるのにさらに5,730年かかるので，"この土器は作られてからおよそ11,460年経っている"という計算

になります．

4.2 指数関数による将来予測

指数関数を使った予測で代表的なものの一つに将来人口の予測があります．国連の経済社会局 (Department of Economic and Social Affairs) のデータによれば，1950 年から 2010 年までの世界の総人口は表 4.1 のように推移しています．

表 4.1 世界の総人口

年	値（千人）	年	値（千人）
1950	2,532,229	1985	4,863,290
1955	2,772,882	1990	5,306,425
1960	3,038,413	1995	5,726,239
1965	3,333,007	2000	6,122,770
1970	3,696,186	2005	6,506,649
1975	4,076,419	2010	6,895,889
1980	4,453,007		

（資料: http://esa.un.org/unpd/wpp/index.htm）

これをグラフにすると図 4.7 のようになります．

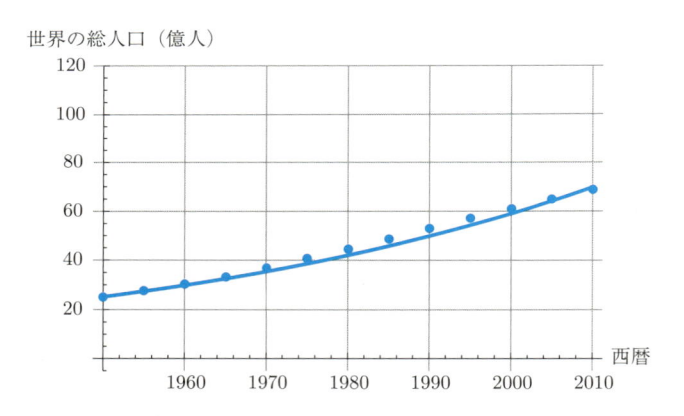

図 4.7 世界の総人口の増加を表す指数関数．1950 年をベースとした．曲線は近似曲線を示す．

あるエリアの生物の数の増加は，指数関数で近似できることがわかっています．世界の総人口は，1 年間で，1％から 2％の間で増加していることがデータから見て取れます．増加率 r はどのくらいになるでしょうか？ 1950 年の人口を基本に考え，指数関数 $y = A \times (1+r)^{(x-1950)}$ を仮定して，データによく適合する増加率を求めてみます．指数関数の基数が $(1+r)$ で，指数が $(x-1950)$ です．初めて出てきた指数関数の形状ですね．

その結果，

$$y = 2{,}532{,}229{,}000 \times 1.0171^{(x-1950)}$$

という指数関数が求められました．1年あたりの増加率は 0.0171 です．求め方については省略します．

この数学モデルを使って，実際の人口と比較してみましょう．図 4.7 を見ると，よく近似できていることがわかります．数学モデルは，将来の人口の予測に使えます．以下では，将来の予測を行ってみました．実際の人口はわからないので，"?" としてあります．

表 4.2　1950 年をベースとした世界人口の予測

年	実際の人口（千人）	予測値 Y（千人）	年	実際の人口（千人）	予測値 Y（千人）
1950	2,532,229	2,532,229	2000	6,122,770	5,911,337
1955	2,772,882	2,756,267	2005	6,506,649	6,434,339
1960	3,038,413	3,000,126	2010	6,895,889	7,003,615
1965	3,333,007	3,265,561	2015	?	7,623,256
1970	3,696,186	3,554,480	2020	?	8,297,720
1975	4,076,419	3,868,961	2025	?	9,031,857
1980	4,453,007	4,211,265	2030	?	9,830,946
1985	4,863,290	4,583,855	2035	?	10,700,735
1990	5,306,425	4,989,410	2040	?	11,647,477
1995	5,726,239	5,430,845	2045	?	12,677,982

この指数関数による予測から，現在のペースで人口が増え続ければ，2035 年には 100 億人を超えると予測できます（図 4.8）（ちなみに国連の定常予測では，世界人口が 100 億人を超えるのは 2045 年とされています）．当然のことながら人口増加はさまざまな要因があるため，精度の高い予測のためには，さらに多くの各種要因を考慮する必要があります．

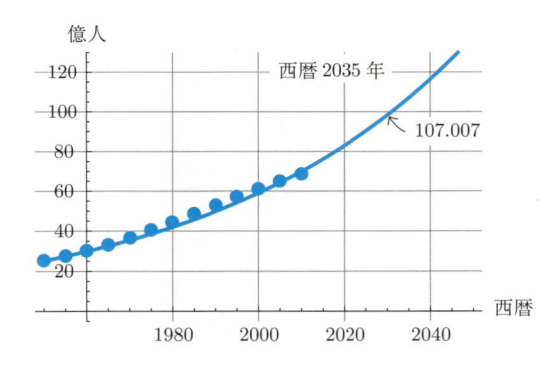

図 4.8　世界総人口の（簡単な）予想．[1] を参照のこと．

練習問題 4-3：指数関数を用いた予測

世界の人口予測と同様の考え方で，インドと中国の人口を比較してみましょう．インドの 1950 年の人口を 371,857 千人，増加率を 2.07% とすれば，どのような

近似式が成り立ちますか？

また，中国の 1950 年の人口を 550,771 千人，増加率を 1.56% とすれば，どのような近似式が成り立ちますか？

答え：

インド　$Y = 371{,}857{,}000 \times 1.0207^{(x-1950)}$

中国　　$Y = 550{,}771{,}000 \times 1.0156^{(x-1950)}$

では，その数式を利用してグラフを作成すると，2030 年にはインドの人口が中国の人口を上回ることになります（図 4.9，表 4.3）（実際には，2020 年にはインドの人口が上回るという予測がでています）．

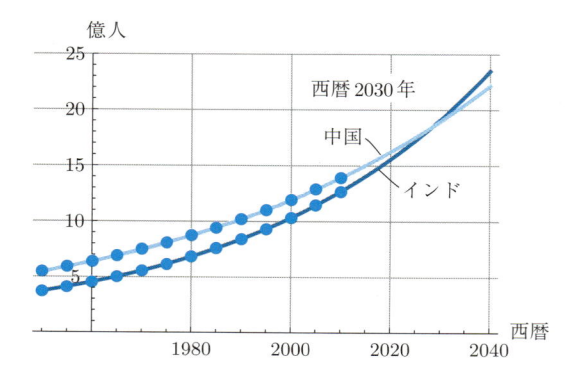

図 4.9 インドと中国の人口増加の予測図．現在の人口増加率だと，2030 年にはインドの人口が中国の人口を上回ることが予測される．

表 4.3 国連の経済社会局のデータによる中国とインドの 2010 年度までの人口（千人）

年	インド	中国
1950	371,857	550,771
1955	406,374	608,360
1960	447,844	658,270
1965	496,400	710,290
1970	553,874	814,623
1975	622,097	915,041
1980	700,059	983,171
1985	784,491	1,056,579
1990	873,785	1,145,195
1995	964,486	1,213,987
2000	1,053,898	1,269,117
2005	1,140,043	1,307,593
2010	1,224,614	1,341,335

世界人口が予測できたように，ほかにも指数関数を利用して予測ができるものがあるのでしょうか．有名なものには「マイクロプロセッサに搭載されるトランジスタの数が，ほぼ 2 年で倍増する」というムーアの法則や，「体内に吸収されるアルコールと体外に排出されるアルコールの量」などは，指数関数によって近似が可能です．

4.3 金利計算

4.3.1 預金と借金

銀行にお金を預けると，利息がつきます．最近の日本は長期に渡り低金利が続いているため，昨今の小学生の中には銀行に預金するとお金が増えることを知らない人がいるそうです．これは，小学校の算数の先生から聞いた話です．確かに，今のような低金利では，増えている実感がもてないかもしれません．低金利で非常に増加額が少ないとしても，複利法等によって，銀行の預金には利息がついて，増加しているのです．

銀行の仕事は，私たち預金者からお金を集めて，それを預金の金利よりも高い金利でお金を必要としている人に貸し出して，利潤を得ているのです．ですから，預金の金利よりも，借りるときの金利のほうが高いのです．たとえば，住宅ローンを組んで銀行からお金を借りる際，その金利は 2013 年 5 月時点で，1%程度であるのに対して，普通預金の金利は 0.02%（みずほ銀行のデータ）です．

預金の話に戻ります．はじめに銀行に預ける金額を，元金（がんきん）といいます．元金に対する利息の割合を金利，または，利率といいます．式で書くと以下のようになります．

$$元金 \times 金利 = 利息$$

さて，金利というのは，預金した期間（年数）に応じて決まってきます．たとえば，1 年で 1%とか，半年で 1%などと，一定期間に対して決まる量です．世間でよく「年利率 1%」などといいますが，1 年間預けた [あるいは，貸した] 場合の利率が 1%である，という意味です．これを年利率といいます．たとえば，「住宅ローンの金利は，年利率 2%です」というように使われます．期間が 1 か月の場合の利率は，月利率（げつり）といいます．

複利法とは，利息も，次の期間の元金として繰り込む計算の方法です．元金と利息の合計を元利合計といいます．

$$元利合計 = 元金 + 利息$$

先ほど書いた利息の式を使うと，元利合計は以下のように書けます．

$$\begin{aligned}元利合計 &= 元金 + 利息 \\ &= 元金 + 元金 \times 金利 \\ &= 元金 \times (1 + 金利)\end{aligned}$$

練習問題 4-4：預金の将来価値

白クマエリザベスさんに，北極キツネ次郎さんが話しかけています．

キツネ：「今，私に 10 万円預けたら，2 年後に 10 万 5000 円に増やして返してあげましょう．」

白クマエリザベスさんは，5000 円も増えるので，喜んで北極キツネ次郎さんに，お金を預けようとしています．一方，動物銀行の金利は，年利率 12 ％もあるので，預金するとかなりの金額になりそうです．さて，あなたが計算をして，どちらが得か，白クマさんにアドバイスしてあげてください．

答え：

答えは「銀行に預けたほうが得」です．キツネがお金を返してくれない，というリスクがないとしても，銀行に預けたほうが得です．数字を使って説明しましょう．

12 ％の年利の場合，預けた 100,000 円は 1 年後にいくらになりますか？　その元利合計を求めてみましょう．

$$100000 \cdot (1 + 0.12) = 112000$$

11 万 2000 円です．1 年で既に，キツネの言った金額を超えています．

これをさらに 1 年預金すると，さらにその 1.12 倍となります．

$$\{100000 \cdot (1 + 0.12)\} \cdot (1 + 0.12) = 112000 \cdot (1 + 0.12)$$

つまり，以下のように $(1 + 0.12)$ を 2 回かけ算していることになります．

$$100000 \cdot (1 + 0.12) \cdot (1 + 0.12) = 125440$$

結果はなんと，約 12 万 5440 円です．キツネの提示した金額は，10 万 5000 円でした．銀行に預けたほうが，約 2 万円も多いではありませんか．キツネに預けなくて，よかったですね． □

同じ値を複数回，かけ算する場合，その回数（指数）を以下のように，右上に書きます．

$$100000 \cdot (1 + 0.12)^2$$

2 回同じ数字をかける場合，2 乗（にじょう，あるいはじじょうと読みます）と呼びます．何回もかけ算を書き続けるのは大変ですから，このように指数で表すと便利です．

練習問題 4-5：複利計算（その 1）

年利率 18 ％で，50 万円を借りました．1 か月ごとに複利計算をするとします．返済しないでそのままにしておくと，1 ヶ月後に借金はいくらになっているでしょうか．また，12 ヶ月後にいくらになっているでしょうか．その金額と，1 年に 1

回の複利計算をして 1 年後の元利合計とを比較してみてください．

答え：

月利率がいくらになるかが問題です．月利率は年利率を均等割りして，つまり 12 で割った値と考えます．年利率が 1.2% だとしたら，その月利率は 1.2÷12 = 0.1% で 0.1% となります．この問題の月利率は $\frac{0.18}{12} = 0.015$ となります．

$$1 \text{ヶ月後} \quad 50 \times (1.015) = 50.75\,[万]$$
$$12 \text{ヶ月後} \quad 50 \times (1.015)^{12} = 59.78\,[万]$$
$$1 \text{年に} 1 \text{回の複利計算をして} 1 \text{年後} \quad 50 \times 1.18 = 59\,[万]$$

月ごとに複利計算をしたほうが，元利合計が増えることがわかります（図 4.10 参照）．

グラフィクス教材で見ると，50 万の借金がぐんぐん大きくなっていくようすが見られます．年利率および借りた金額を動かして，借金が増えるようすを見てください．「指数関数的に成長」という表現をよく使います．会社の成長ならよいですが，借金が指数関数的にぐんぐん増えるのは困ります．

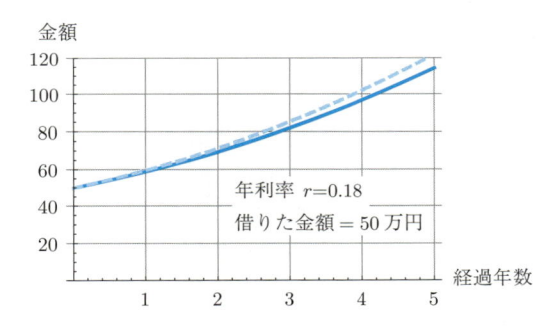

図 4.10 50 万を年利率 18% で借りた場合，1 年に 1 度の方式よりも，月ごとの方式で複利計算したほうが，借金が増えることがわかる．[1] を参照のこと．

□

月ごとに複利計算をする方式を M.A. と呼びます．1 年に 1 度複利計算をする方式を P.A. と呼びます．半年複利は S.A. で，4 半期ごとは Q.A. です．複利計算の公式は表 4.4 のようにまとめられます．

M.A. の場合，1 回の金利は $\frac{r}{12}$ と 12 分の 1 になりますが，かけ算の回数が 1 年間に 12 回に増えます．複利計算を行う間隔を短くして 1 日ごと，1 時間ごと，1 秒ごとと短くするとどうなるでしょう．答えは，「ある関数に収束するので，無限に上昇することはない」です．もっと詳しく知りたいかたは，[2] を参照してください．

練習問題 4-5：複利計算（その 2）

元金 1 万円を預金するとします．年利率は 15% とします．4 年後の元利合計は，複利計算を 1 年に 1 回行う場合と，半年に 1 回行う（半年複利）場合で，いくら

表 4.4 計算回数と頻度の呼び方

回数	呼び方	複利式
1	Annually (P.A.)	$\left(1+\dfrac{r}{1}\right)^{1\cdot n}$
2	Semiannually (S.A.)	$\left(1+\dfrac{r}{2}\right)^{2\cdot n}$
4	Quarterly (Q.A.)	$\left(1+\dfrac{r}{4}\right)^{4\cdot n}$
12	Monthly (M.A.)	$\left(1+\dfrac{r}{12}\right)^{12\cdot n}$

r：年利率，n：年数

違ってきますか？　四捨五入して 1 円単位で求めなさい．

答え：

半年複利　　　　　$10000 \times \left(1+\dfrac{0.15}{2}\right)^{8} \fallingdotseq 17835$

1 年に 1 度の複利　$10000 \times (1+0.15)^{4} \fallingdotseq 17490$

差額は，約 345 円となります．　　　　　　　　　　　　　　　　　□

　実際，銀行の定期預金の金利はどうなっているのでしょうか．

　一般に，預入れの期間が長いほど年利率が高くなります．それは，その分長くお金を使わずに預けておいてくれたのだから，その対価が増えると考えることができます．また，預金額が大きいほうが，年利率が高くなります．表 4.5 に，ゆうちょ銀行の年利率を示します．

表 4.5 ゆうちょ銀行の定期貯金の年利率（2013 年 5 月 10 日現在）

	定期貯金の適用金利
1 月（1 月以上 3 月未満）	0.04%
3 月（3 月以上 6 月未満）	0.04%
6 月（6 月以上 1 年未満）	0.04%
1 年（1 年以上 2 年未満）	0.04%
2 年（2 年以上 3 年未満）	0.04%
3 年	0.05%
4 年	0.05%
5 年	0.06%

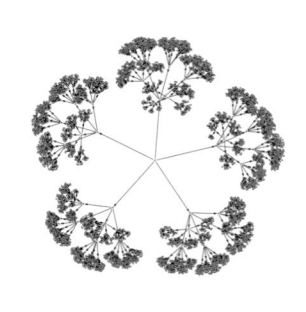

　他の銀行の金利も見てみましょう．表 4.6 に，三菱東京 UFJ 銀行のスーパー定期の 2013 年 5 月 10 日の年利率を示します．預金額が大きいほうが，金利が高いことを確認してください．

表 4.6 三菱東京 UFJ 銀行のスーパー定期の年利率（2013 年 5 月 10 日）

300 万円未満	1 カ月	年 0.025%	300 万円以上	1 カ月	年 0.025%
	2 カ月	年 0.025%		2 カ月	年 0.025%
	3 カ月	年 0.025%		3 カ月	年 0.025%
	6 カ月	年 0.025%		6 カ月	年 0.025%
	1 年	年 0.025%		1 年	年 0.025%
	2 年	年 0.030%		2 年	年 0.030%
	3 年	年 0.030%		3 年	年 0.030%
	4 年	年 0.030%		4 年	年 0.030%
	5 年	年 0.030%		5 年	年 0.040%
	6 年	年 0.040%		6 年	年 0.060%
	7 年	年 0.040%		7 年	年 0.060%
	8 年	年 0.050%		8 年	年 0.080%
	9 年	年 0.050%		9 年	年 0.080%
	10 年	年 0.100%		10 年	年 0.120%

練習問題 4-6：定期預金

表 4.6 の三菱東京 UFJ 銀行スーパー定期複利型の金利表を使って，300 万円を 5 年間，半年複利で預けた場合の元利合計を，四捨五入して 1 円単位で答えなさい．

答え：

300 万円を預けた場合の 5 年間の年利率は表 4.5 より 0.04%であることがわかります．

$$3000000 \times (1 + 0.0002)^{10} \fallingdotseq 3006005 \,（円）$$

年利率は 0.040%，半年複利なので，その半分ですから 1.0002 となります．半年ごとに複利計算を行うので $2 \times 5 = 10$ 乗します．

金利関係の表は大事な情報が書かれているので，しっかり見るようにしてください． □

4.3.2 リボ払いの借金はいつ返し終わるのか

カードを使って買い物やキャッシングをした場合,「どのくらいで払い終わるのだろう？」とか「総額でいくら払うのだろう？」といった返済期間や返済金額は，どうしても気になるところです．ここでは，自分自身で計算ができるよう，問題を解きながら実際に計算してみましょう．

練習問題 4-7：

年利率 18%で，50 万円を借りました．1 か月ごとに複利計算をするとします．1 ヶ月後に 2 万円を返済しました．返済額の 2 万円は，(1) 借金の利息分の支払

い，(2) 借金元金の支払い分，の2つに使われます．利息の支払いに消える分はいくらですか．また，この2万の返済により，借金の額はいくらに減りますか．

答え：
　2万円から借りているお金の利息分をまず払って，残りを借金元金の支払いに当てます．月利率は $0.18/12 = 0.015$ です．

$$1 \text{ヶ月後} \quad 50 \times (0.015) = 0.75 [万]$$

利息分として7,500円を支払います．残りは12,500円です．これを元金の支払いに当てます．これにより，借金は $500,000 - 12,500 = 487,500$ に減りました． □

　借金の返済方法には，よく聞く言葉ですがリボ払いという方法があります．ここでは，リボ払いを数学的に見ていきます．

　リボ払いには，大きく分けて「定額方式」「定率方式」「残高スライド方式」の3種類がありますが，最もポピュラーなものが定額方式です．この「定額方式」には，毎月一定額を返済するウィズイン方式（元利定額リボルビング方式）と，元金部分の返済額を一定とするウィズアウト方式（元金定額リボルビング方式）があります．今回は，このウィズアウト方式とウィズイン方式の違いを見ていきましょう．

練習問題 4-8：ウィズアウト方式

　30万円借りました．年利率18%で，ウィズアウト方式により，月々10万円ずつ支払って返済します．ウィズアウト方式では，元本分は確実に月10万ずつ減っていきます．ですから，月の支払いは10万円＋借金の利息分となります．以下にある返済のようすの表を完成させなさい．途中の計算は桁数を多くとって計算し，表記は四捨五入した後1円の単位で表しなさい．

支払	月額返済	元本分	利息分	返済後残額
				300,000
1ヶ月後		100,000		
2ヶ月後		100,000		
3ヶ月後		100,000		

答え：
　月の利率は $\dfrac{0.18}{12}$ となります．
1ヶ月後の利息分は

$$300,000 \times \frac{0.18}{12} = 4,500$$

2ヶ月後の利息分は

$$200,000 \times \frac{0.18}{12} = 3,000$$

3ヶ月後の利息分は

$$100,000 \times \frac{0.18}{12} = 1,500$$

支払	月額返済	元本分	利息分	返済後残額
				300,000
1ヶ月後	104,500	100,000	4,500	200,000
2ヶ月後	103,000	100,000	3,000	100,000
3ヶ月後	101,500	100,000	1,500	0
	309,000	300,000	9,000	

上の表より，3ヶ月で返済でき，その返済総額は309,000円となることがわかりました． □

練習問題 4-9：ウィズイン方式

前問と同じ条件で，ウィズイン方式で返済する場合の表を作成してみましょう．ウィズイン方式は，月返済額は10万円と一定です．前月の残高から利息分を計算し，月返済額10万円から利息分を引いたものが元本となります．

支払	月額返済	元本分	利息分	返済後残額
				300,000
1ヶ月後	100,000			
2ヶ月後	100,000			
3ヶ月後	100,000			
4ヶ月後				

答え：

1ヶ月後の利息分は

$$300,000 \times \frac{0.18}{12} = 4,500$$

元本分は　$100,000 - 4,500 = 95,500$
返済後残高は　$300,000 - 95,500 = 204,500$

2ヶ月後の利息分は

$$204,500 \times \frac{0.18}{12} = 3,067.5$$

元本分は　$100,000 - 3,067.5 = 96,932.5$
返済後残高は　$204,500 - 96,932.5 = 107,567.5$

3ヶ月後の利息分は

$$107,567.5 \times \frac{0.18}{12} = 1,613.513$$

元本分は　$100,000 - 1,613.513 = 98,386.488$
返済後残高は　$107,567.5 - 98,386.488 = 9,181.012$

4ヶ月後の利息分は

$$9,181.012 \times \frac{0.18}{12} = 137.715$$

元本分は　$9,181.012$ 円
返済完了

支払	月額返済	元本分	利息分	返済後残額
				300000
1ヶ月後	100000	95500	4500	204500
2ヶ月後	100000	96933	3068	107568
3ヶ月後	100000	98386	1614	9181
4ヶ月後	9319	9181	138	0
	309319	300000	9319	

上の表からわかるように，返済期間は4か月．その返済総額は309,319円となります．途中の計算は長い桁数をとっていますが，表では四捨五入した値を記載しているため，表の上での合計はあっていない箇所があります． □

ウィズイン方式とウィズアウト方式の違いがわかりましたか？　ウィズアウト方式では，返済回数は単純な割り算（30万÷10万＝3回）で求められます．しかし，月々，元金を10万円減らそうとすれば，10万以上支払わなくてはいけません．その利息分の計算で面倒な指数関数が出てきます．ウィズイン方式は，月々の支払い金額は一定ですみますが，その分，長期化します．月々の返済額を少額に設定すると，発生する利息に返済額のほとんどもっていかれてしまい，借金がなかなら減らずに返済期間が延びてしまいます．

リボ払いの返済はいつ終わる？

いろいろと欲しいものが重なったとき，いくら使っても月々の返済が一定金額に設定できるリボ払いが便利に思えますが，果たして本当なのでしょうか？

南極王国に住む皇帝ペンギンのペン太君とアザラシの「あーちゃん」が，10万円の古典落語全集をそれぞれ5種類買いました．ここでは，合計金額50万円の借金を，年利率15％，月々の返済額を1万円（ウィズイン方式）に設定してペン太君と，あーちゃんに返済してもらいましょう．ただし，ペン太君は一つの品物の返済が終わったら次の品物を買います．つまり，スタートを0ヶ月目とすると，11ヶ月目，22ヶ月目，33ヶ月目，44ヶ月目に全集を買います．それに引き替え，あーちゃんは返済中でもリボ払いの特徴を生かして買い物をしたと想定します（0ヶ月目，3ヶ月目，6ヶ月目，9ヶ月目，12ヶ月目という，3ヶ月ごとに次々と商品を

買った場合でシミュレーションしてみます).

ペン太君と,あーちゃんの返済期間と利息合計はどうなるのでしょう？皆さんはどうなると思いますか？

細かな計算は省きますが,図 4.11 に示す結果を見ると,ペン太は返済に 55 ヶ月,総支払額 537,515 円（利息支払い分合計は 37,515 円）,あーちゃんは返済に 71 ヶ月,総支払額 700,086 円（利息支払い分合計は 200,086 円）という驚くべき結果になりました.

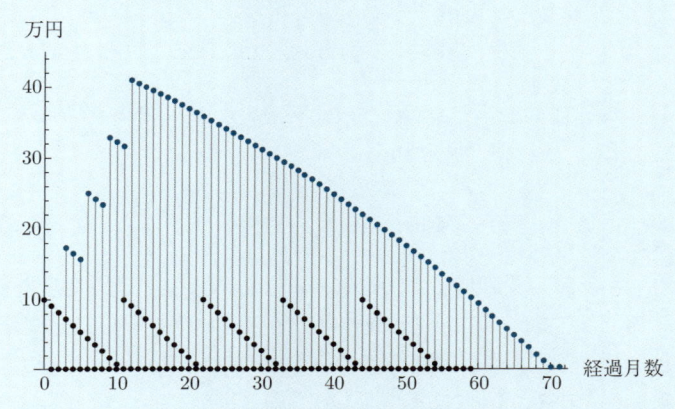

図 4.11 同じ 50 万の借金であるのに,次々と買い物をしたあーちゃんの方は返済期間がこのように長くなってしまった.

想像通りの結果だったでしょうか？

利息が支払い残高によることを考えれば,あーちゃんの買い方は残高が減らないので当然なのですが,返済期間が 1 年半ほど長く,利息合計については実に 16 万円の違いがでました.同じ 50 万の借金なのに,これだけ差が出ます.返済してから借りる,というほうが得なことがわかります.

リボ払いは便利な反面,返済期間が想像以上に長引く場合もあります.リボ払いを上手に使うためには,月の返済額を大きくする,余裕のある時は繰り上げ返済するなど,ともかく早く借金の元金を減らすことです.いずれにしても借金をするときには,返済期間や支払う利息合計を計算してから借りましょう.

借金が返せない？

実は,南極王国にはもう一人,トラブルを抱える皇帝ペンギンのペン助君がいました.実はペン助君もあーちゃんと同じく,3 ヶ月ごとに 10 万円の古典落語全集 5 種類をリボ払いで買っていたのです.ただ,ペン助君はあーちゃんと異なり,月々の返済額を 5,000 円（ウィズイン方式）に設定していました.ペン助君はどのくらいで借金を返し終わるのでしょう？

図 4.12 を見てください.これは一体どういうことなのでしょうか？

最初は順調に支払い後残高が減っているように見えますが,ある時期から今度は支払い後残高が増加してしまっています.利息は支払い後残高による.つまり,

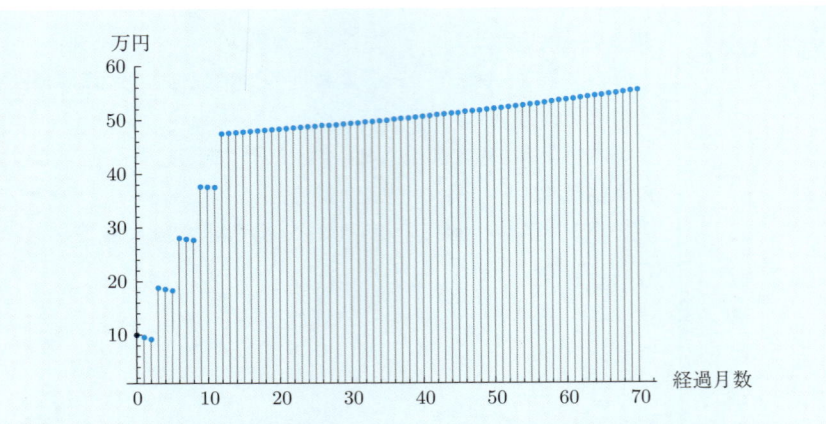

図 4.12 ペン助君の支払い残高のようす．ある時期から借金の残高が減っていないことがわかる．

利息 = 支払い後残高 × 月利率

が，ペン助君の月々の返済額の 5,000 円を上回ってしまったのです．これではいくら支払っても，返済額の 5,000 円は利息の一部にしかならず，払いきれなかった利息分は元金に繰り込まれることになります．いつまでたっても元金が減らないので，かえって借金が増えてしまうのですね．

誰かペン助君にアドバイスをしてあげてください．

4.3.3 借金の返済は積立預金方式で計算

住宅ローンやリボ払いのウィズイン方式は，多くの場合，月の返済額を固定にして，毎月同じ金額を払っていきます．住宅ローンの文章題の場合は，たとえば，3000 万円のローンを 30 年間で返済，というように，返済期間が決まっていて，月の返済額が未知数として聞かれる，というものが多いです．一方，ウィズイン方式の文章題の場合は，たとえば，月の返済額が 2 万円というように決まっていて，返済回数（返済期間）が未知数として聞かれる，というものが多いです．

どちらの場合も，連立方程式の立て方は同じです．考え方としては，**増える借金**を，**積立預金で追撃して追いついた点が完済**と考えると簡単です．本書ではこれを追撃法と呼んでいます．追撃法は練習問題 4-10 と 4-11 で説明します．

積立預金の合計を考える場合に重要なのが，以下の等比数列の和の公式です．

■等比数列の和の公式

公比 R（ただし $R \neq 1$），初項 x，最後の項が $x \cdot R^{(n-1)}$ の場合，その n 項の和 S_n は以下で表される．

$$S_n = \frac{x(1-R^n)}{1-R}$$
$$S_n = x + x \times R + x \times R^2 + x \times R^3 + \cdots + x \times R^{(n-2)} + x \times R^{(n-1)}$$

複利計算では，この公式を頻繁に使います．たとえば，年利率1%であれば，$R = 1 + 0.01 = 1.01$ となります（P.A. の場合）． □

練習問題 4-10：積立預金

1ヶ月後から，月100万円ずつ3回積立預金をします．3回後の預金の直後に合計はいくらになるでしょう．月利率は1%とします．

答え：

100万円が3回ですから，300万を超えることはわかります．最後の預金がそのまま100万，その前の100万は1.01倍に増えています．初回の預金100万は 1.01×1.01 倍されています．合計すると，$100 + 100(1.01) + 100(1.01)^2$ となります．よく見るとこれは等比数列の和です．初項 $x = 100$，公比 $R = 1.01$，項数 $n = 3$ です．これを公式に代入します．

$$100 \frac{1 - 1.01^3}{1 - 1.01} = 303.01$$

約303万となりました． □

練習問題 4-11：住宅ローン

年利率1.2%で，500万を借ります．10年目に返済完了するためには，月々固定額としていくら返済すればよいでしょうか？ ローン開始1ヶ月後から，返済を始めます．10年目に最後の1回を返済します．1円単位で切り上げて，求めなさい．複利計算は簡単のため，月1回行う (M.A.) と仮定します．

答え：

まずは，借金500万が増えていくようすを見てみましょう（図4.13）．まったく返済しないとどのように増加していくかを見てみるのです．月利率 r の複利で増えていくと n ヶ月後に以下のようになります．

$$500 \times (1+r)^n$$

他方，積立預金を月利率 r のもと，月 x 万円ずつで行うとして式を立てます．

$$x + x(1+r) + \cdots + x(1+r)^{(n-2)} + x(1+r)^{(n-1)}$$

となり，これは等比数列の和の式になります．

1ヶ月後から，nヶ月後までの期間は $(n-1)$ ヶ月です．最後に，n ヶ月後に x 円を返済して終了です．項の数は n 個です．よって，等比数列の和の公式で以下のように書けます．式がわかりやすいように $R = 1 + r$ とおきます．

$$x \frac{1 - R^n}{1 - R}$$

両者が10年後，つまり120ヶ月後 ($n = 120$) に一致するように方程式を立て，x について解きます．"複利で増加する借金を，積立預金で追撃"するという考え方

です．

$$R = 1 + \frac{0.012}{12} = 1 + 0.001 = 1.001$$

$$x\frac{1-R^{120}}{1-R} = 500 \times (R)^{120}$$

R の値をこの方程式に代入して，x について解きます．

$$x = 4.42374$$

答えは，月額 4 万 4238 円の返済となります．

この積立預金の方式の考え方の利点は，任意の時点での借金の残高が計算できる点です．m ヶ月目の借金の残高は，$500 \times (R)^m - x\frac{1-R^m}{1-R}$ で計算できます．借金から積立預金の合計をひき算します．

どうして返済の金額を積み立て預金と考えてよいかというと，元金を返済した分だけ，借金の増え方が減るからです．返済した分だけ，複利で増えたかもしれない分が減額できるわけです．よって積立預金の利率は，借金の利率と同じに考えればつじつまがあいます．指数関数的に増加していく借金を，積立預金で追いかけていく，という考え方なので，本書ではこのパターンを追撃法と呼んでいます．

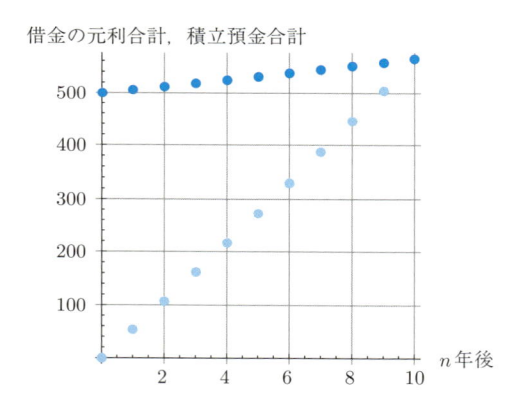

図 4.13 住宅ローンの返済は，「そのまま返済しないと指数関数的に増加する借金の額（青）を，月々の積立預金で追いかけていき，満期（10 年）で追いつく」という図式になる．返済額を増やすと，10 年より前に返済完了する．

□

練習問題 4-12：ウィズイン方式のリボ払い

10 万円のブランドバッグを購入しました．年利率 12％のリボ払いで，ひと月に 1 万円の返済を考えた場合，何ヶ月で返済できるでしょう．

答え：

考え方は前問題と同じです．m ヶ月目の借金の残高は，$R = 1 + 0.01$ として，

$$100000 \times (R)^m - 10000\frac{1-R^m}{1-R}$$

です．差額は以下のように，$m=10$ と $m=11$ の間で 0 になります．

- $m=10$　5840.0
- $m=11$　-4101.5

よって，11 ヶ月で返済できる（図 4.14）．

増える借金を積立預金で追撃していくという考え方ですが，いつまでたっても預金のほうが追いつかないこともあります．たとえば，ウィズイン方式で月の返済額が小さすぎる場合です．返済額が借金の利息分に満たない場合，借金の元金はどんどん大きくなって，差は開くばかりで永久に追いつきません．　□

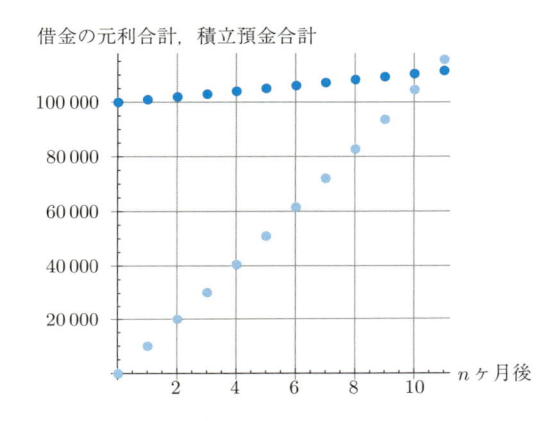

図 4.14　11 回で返済できることが見てわかる．10 回目の差額 5840 円と，その差額に対する利息を足した金額を最後に返済して完了する．

指数法則

預金の話のときに，「同じ値を複数回かけ算する場合，その回数（指数）を右上に書く」という話をしました．より詳しく指数関数を学んでいくには，その指数の計算は必要不可欠なので，まずは指数の公式（指数法則）を覚えましょう．$a>0$, $b>0$, n,m を自然数 $(1,2,3,\cdots)$ とするとき，

(1)　$a^m \times a^n = a^{m+n}$　　(2)　$\dfrac{a^m}{a^n} = a^{m-n}$　　(3)　$(a^m)^n = a^{mn}$

(4)　$(ab)^n = a^n \times b^n$　　(5)　$\left(\dfrac{a}{b}\right)^n = \dfrac{a^n}{b^n}$

が成り立ちます．

(1) の解説：同じ底の指数どうしのかけ算は，指数のたし算になります．具体例で確認すると，

$$a^2 \times a^3 = a \times a \times a \times a \times a = a^{2+3} = a^5$$

(2) の解説：同じ底の指数どうしのわり算は，指数のひき算になります．具体例で確認すると，

$$\dfrac{a^5}{a^3} = \dfrac{a \times a \times a \times a \times a}{a \times a \times a} = a \times a = a^{5-3} = a^2$$

(3) の解説：指数の累乗は，指数と累乗のかけ算になります．具体例で確認すると，

$$(a^2)^3 = a^2 \times a^2 \times a^2 = a^{2+2+2} = a^{2\times 3} = a^6$$

指数は自然数だけではなく，整数 $(0, \pm 1, \pm 2, \pm 3, \cdots)$，有理数（分数）へと拡張することができます．上の (2) で $m = n$ とすれば

(6)　　$a^0 = 1$

が出ます．さらに，(2) で $m = 0$ として (6) を用いれば，

(7)　　$a^{-n} = \dfrac{1}{a^n}$

が導かれます．これで，指数が整数の範囲にまで拡張されました．さらに指数を有理数まで拡張するためには，累乗根という数を考えなければなりません．a は正の数として，n 乗して a になる数を a の n 乗根といいます．これを $\sqrt[n]{a}$ と表します．$n = 2$ のときは省略して単に $\sqrt{a}$ と書きます．n 乗根の m 乗も考えることができて，これを $(\sqrt[n]{a})^m = \sqrt[n]{a^m}$ と書き表します．そこで，

(8)　　$a^{\frac{m}{n}} = \sqrt[n]{a^m}$

とすれば，指数が有理数 $\dfrac{m}{n}$ まで拡張されたことになります．実は，指数は実数まで拡張できることがわかっています．$a^{\frac{2}{3}}$ だけでなく $a^{\sqrt{2}}$ というのも考えることができるのです．そして，上に挙げた指数法則 (1)〜(5),(7) は n, m が実数）であっても成り立つことがわかっています．

練習問題 4-13：
次の □ に入る数値を答えなさい．まずは指数について慣れましょう．
　(1) $2^\square = 8$　　　　　（答）□ $= 3$
　(2) $3^\square = \dfrac{1}{3}$　　　　（答）□ $= -1$
　(3) $\square^2 = \dfrac{1}{9}$　　　　（答）□ $= \dfrac{1}{3}$
　(4) $\square^2 = 7$　　　　（答）□ $= \sqrt{7}$
　(5) $\square^2 = \dfrac{1}{5}$　　　　（答）□ $= \dfrac{1}{\sqrt{5}}$
　(6) $8^{\frac{1}{3}} = \square$　　　　（答）□ $= 2$
　(7) $27^\square = \dfrac{1}{3}$　　　（答）□ $= -\dfrac{1}{3}$

指数には慣れましたか？次にもう少し複雑な計算をしてみましょう．

練習問題 4-14：
以下の式を簡単な形に変形してください．
(1)　　$1 \div \dfrac{1}{25}$
　わり算は，その逆数をかければよいので，与えられた式は 1×25　　（答）25

(2)　$x^3 \times \sqrt[3]{x}$

　$\sqrt[3]{x} = x^{1/3}$ なので，与えられた式は $x^3 \times x^{\frac{1}{3}}$ と変形できます．公式の (1) より

　　（答）$x^{\frac{10}{3}}$

(3)　$\dfrac{x^{6x}}{x^{3x}}$

　公式の (2) より，与えられた式は x^{6x-3x} と変形できます

　　（答）x^{3x}

(4)　$\left(x^{\frac{1}{2}}\right)^8$

　公式の (3) より，与えられた式は $x^{\frac{1}{2} \times 8}$ となります．

　　（答）x^4

(5)　$27^{\frac{x}{3}} \times 3^{2x}$

　$27^{\frac{x}{3}}$ の部分が $(3^3)^{\frac{x}{3}}$ と変形でき，さらに公式の (3) より，$3^{3 \times \frac{x}{3}} = 3^x$ なので，与えられた式は $3^x \times 3^{2x}$ となります．公式の (1) より

　　（答）3^{3x}

(6)　$\left\{(16)^{\frac{x}{2}}\right\}^3$

　$(16)^{\frac{x}{2}}$ の部分が $(2^4)^{\frac{x}{2}}$ と変形でき，さらに公式 (3) より，2^{2x} となります．よって与えられた式は $\{(2)^{2x}\}^3$ となり，公式 (3) より

　　（答）2^{6x}

(7)　$0.6K^{-0.4} \times L^{0.3} \div (0.3L^{-0.7} \times K^{0.6})$

　与えられた式は $\dfrac{0.6K^{-0.4} \times L^{0.3}}{k^{0.6} \times 0.3L^{-0.7}} = \dfrac{6}{10}K^{-0.4-0.6} \times \dfrac{10}{3}L^{0.3-(-0.7)} = \dfrac{6}{10}K^{-1} \times \dfrac{10}{3}L^1$ と変形できるので

　　（答）$2\dfrac{L}{K}$

次に，指数の計算において，指数が負の数になるときに特に間違えやすいので，いくつか練習問題を解いてみましょう．

練習問題 4-15：

以下の式を簡単な形に変形してください．

(1)　$a^2 \times a^{-5}$　　（答）$a^{2+(-5)} = a^{-3} = \dfrac{1}{a^3}$

(2)　$a^{-3} \div a^{-4}$　　（答）$\dfrac{a^{-3}}{a^{-4}} = a^{-3-(-4)} = a^1 = a$

(3)　$a^2 \times a^{-2}$　　（答）$a^{2+(-2)} = a^0 = 1$

(4)　$a^{-3} \div a^{-2}$　　（答）$\dfrac{a^{-3}}{a^{-2}} = a^{-3-(-2)} = a^{-1} = \dfrac{1}{a}$

(5)　$2^{-2} \times 2^{-3}$　　（答）$2^{-2+(-3)} = 2^{-5} = \dfrac{1}{32}$

(6)　$2^{-2} \div 2^{-4}$　　（答）$\dfrac{2^{-2}}{2^{-4}} = 2^{-2-(-4)} = 2^2 = 4$

0 乗が 1 であることに関する注意と指数関数

先ほどの指数の拡張において，「$a^0 = 1$」がでてきました．学生の皆さんはよく $a^0 = 0$ と間違えるのですが，これは $a \times 0 = 0$ と $a^0 = 1$ を混同しているためです（前者は乗法で後者は指数関数です）．では，0 乗が 1 になるようすを，少し系統立てて考えてみましょう．

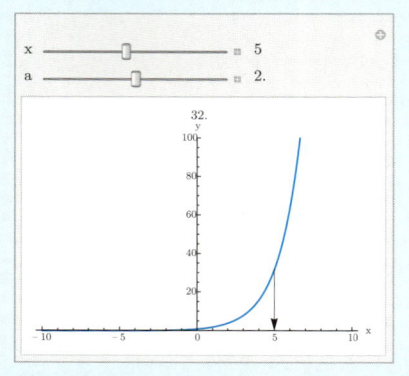

図 4.15　関数 $y = 2^x$ のようす．図は $x = 5$ の点を矢印でマークしてある．（[1] を参照のこと．スライダーで底 a と指数 x を動かしてみましょう）

$2^4 = 16$
$2^3 = 8$
$2^2 = 4$
$2^1 = 2$

というように，右辺が 1/2 ずつになっていることに着目すると，自然に 0 乗が現れます．さらに

$2^0 = 1$
$2^{-1} = 1/2$
$2^{-2} = 1/4$
$\ldots\ldots$

とすることによって，指数を変化させていくと指数関数 $y = 2^x$ の形が見えてきます．

ドリル

それでは，今までの内容を確認してみましょう．

ドリル 4-1：2 を底とする指数関数

厚さが 1 mm の紙があります．この紙を何回折り重ねていけば，月まで届くでしょう？月までの距離は約 38 万 km です．ヒント：35 回以上です．

答え：

月までの距離をメートルに直すと，$380,000 \text{ km} = 380,000,000 \text{ m}$ なので，$x = 38$ のとき，紙の厚さは約 27.5 万 km，$x = 39$ で約 55 万 km と月までの距離を簡単に超えてしまいます．

ドリル 4-2：指数関数的減少

半沢減太郎君は，100 m^2 の空き地の雑草取りを命じられました．半沢君は，初日，半分の 50 m^2，翌日はその半分の 25 m^2 の雑草取り，というように半分，またその半分と仕事を進めようと計画しました．残り 1 m^2 以下になったら，翌日いっきに抜いてしまうことにします．半沢君は，何日で仕事を完了できますか？

ただし，一度抜いた雑草は生えてこないと仮定してください．

答え：

草の残っている面積を y とすれば，$y = 100 \times \left(\dfrac{1}{2}\right)^x$ なので，その面積 y が 1 m^2 以下ということは，$1 >= 100 \times \left(\dfrac{1}{2}\right)^x$ という数式を x について解けばよいことになりますが，難しく考えず，実際に x に 1, 2, 3 $\cdots$ と日数を代入してみましょう．

$$1 \text{ 日目} \cdots 100 \times \left(\dfrac{1}{2}\right)^1 = 50 \qquad 残り\ 50\ m^2$$

$$2 \text{ 日目} \cdots 100 \times \left(\dfrac{1}{2}\right)^2 = 25 \qquad 残り\ 25\ m^2$$

$$3 \text{ 日目} \cdots 100 \times \left(\dfrac{1}{2}\right)^3 = 12.5 \qquad 残り\ 12.5\ m^2$$

$$4 \text{ 日目} \cdots 100 \times \left(\dfrac{1}{2}\right)^4 = 6.25 \qquad 残り\ 6.25\ m^2$$

$$5 \text{ 日目} \cdots 100 \times \left(\dfrac{1}{2}\right)^5 = 3.125 \qquad 残り\ 3.125\ m^2$$

$$6 \text{ 日目} \cdots 100 \times \left(\dfrac{1}{2}\right)^6 = 1.5625 \qquad 残り\ 1.5625\ m^2$$

$$7 \text{ 日目} \cdots 100 \times \left(\dfrac{1}{2}\right)^7 = 0.78125 \qquad 残り\ 0.78125\ m^2$$

8 日目 $\cdots$ 残りが 1 m^2 以下になったので，一気に抜いて終わり．

よって，「8 日で仕事が完了できる」が答えとなります．

ドリル 4-3：

1万円を2年間預金しました．年利率は1%とします．半年複利で，2年後の元利合計金額を求めなさい．答えは四捨五入した後，1円単位で答えてください．

答え：

半年分の利率は，0.5%で0.005です．また，2年に何回，半年があるかというと，$2 \div 0.5 = 4$（回）．よって，元金に$(1+0.005)$を4回かけた金額となります．

$$10000 \times (1+0.005) \times (1+0.005) \times (1+0.005) \times (1+0.005) = 10201.50501\ldots$$

答えは，約 10,202 円です．

ドリル 4-4：リボ払い

120,000円借りて，年利率12%，月々の支払額を40,000円とします．ウィズアウト方式とウィズイン方式での返済のようすの表を完成させなさい．途中の計算は桁数を多くとって計算し，表記は四捨五入した後1円の単位で表しなさい．

答え：

ウィズアウト方式

支払	月額返済	元本分	利息分	返済後残額
				120000
1ヶ月後	41200	40000	1200	80000
2ヶ月後	40800	40000	800	40000
3ヶ月後	40400	40000	400	0
4ヶ月後	0	0	0	0
	122400	120000	2400	

ウィズイン方式

支払	月額返済	元本分	利息分	返済後残額
				120000
1ヶ月後	40000	38800	1200	81200
2ヶ月後	40000	39188	812	42012
3ヶ月後	40000	39580	420	2432
4ヶ月後	2456	2432	24	0
	122456	120000	2456	

ドリル 4-5：

年利率1.2%で，2,000万円を借ります．30年目に返済完了するためには，月々固定額としていくら返済すればよいでしょうか？ 複利計算は簡単のため，月1回行う(M.A.)と仮定します．1ヶ月後から返済を始めます．

答え：

練習問題 4-11 を思い出してみましょう．今回は金額が大きいですが考え方は同じです．

両者が 30 年後，つまり 360 ヶ月後に一致するように方程式を立て，x について解きます（"複利で増加する借金を，積立預金で追撃する"，という考え方でしたね）．

$$R = 1 + \frac{0.012}{12} = 1 + 0.001 = 1.001$$

$$x\frac{1-R^{360}}{1-R} = 2000 \times (R)^{360}$$

R の値をこの方程式に代入して，x について解きます．

$$x = 6.61817$$

答えは，月額 66,182 円の返済となります．

ドリル 4-6：
　30 万円でアーチェリーの道具を一式購入しました．年利 12%のリボ払いで，ひと月に 2 万円の返済（ウィズイン方式で）を考えた場合，何ヶ月で返済できるでしょう．

答え：
　m ヶ月目の借金の残高は，$R = 1 + 0.01$ として，

$$300000 \times (R)^m - 20000\frac{1-R^m}{1-R}$$

です．差額は以下のように，$m = 16$ と $m = 17$ の間で 0 になります．

$$m = 16 \quad 6616.3$$
$$m = 17 \quad -13317.5$$

よって，「17 ヶ月で返済できる」が答えとなります．

【気がつきましたか？】
　表 4.5 の横に花のイラストがありました．表とは関係のないイラストだったので気に留めない人も多かったと思います．実はこの花のイラストはスモール・ワールドの図（図 4.3）と同じように，$5 \times 5 \times 5 \times 5 \times 5 = 5^5$ を花に見立てて描いたイラストだったのです！自然は数式で満たされているのかも知れませんね！

参考文献

[1] 白田由香利：グラフィクス教材サイト，http://www-cc.gakushuin.ac.jp/~20010570/ABC/
[2] 白田由香利，橋本隆子，飯高茂：『感じて理解する数学入門 (e-Book)』，オライリー・ジャパン，2012．

対数関数の話

CHAPTER FIVE

　対数関数は無味乾燥でまったく意味がわからないという学生さんが多いです．本章では，まず，対数関数とは何かを身近な具体例を挙げて詳しく解説します．生き生きとしたイメージをもってもらい，苦手意識を取り払うのが目的です．それから，基本的な公式の使い方を知ってもらい，対数の計算ができるようにします．すべての公式にていねいな説明を付けたので，じっくり取り組んでみてください．次に，対数が便利な道具であることを，常用対数や自然対数を通じて理解してもらいます．最後に，具体的で身近な問題を対数関数の考え方を使って解いてみます．対数スケールを導入すると，問題が見えやすくなることがわかるでしょう．

5.1 身の周りの対数関数

5.1.1 6等星をいくつ集めたら1等星？

　望遠鏡が発明される前には，星の明るさは，肉眼で見える最も暗い星を6等星として，順に5等星，4等星，…というふうに，地球から肉眼で見た感じで等級を分けていました．この方法は今日，"相対等級"と呼ばれている方法で，望遠鏡が発明された後も踏襲されています．

　さて，ここで問題です．6等星をいくつ集めたら1等星の明るさになるのでしょうか？

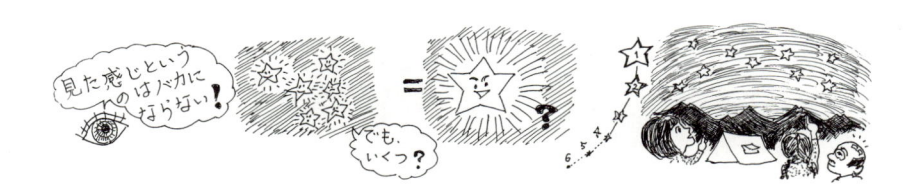

第 5 章 対数関数の話

　この"見た感じ"という適当に決めたような星の等級の幅は，おもしろいことに，現代の精密測定による光度と関数関係にあるということがわかっています．6等星の 2.512 倍の光度が 5 等星，5 等星の 2.512 倍の光度が 4 等星 ⋯ というように，等級が 1 上がるごとに地球から見た星の明るさはきっちり 2.512 倍になっているというのです（図 5.1）．そうすると，6 等星の $(2.512)^5$ 倍の光度が 1 等星ですから，問題の答えは，$(2.512)^5 \approx 100$ 個ということになります．

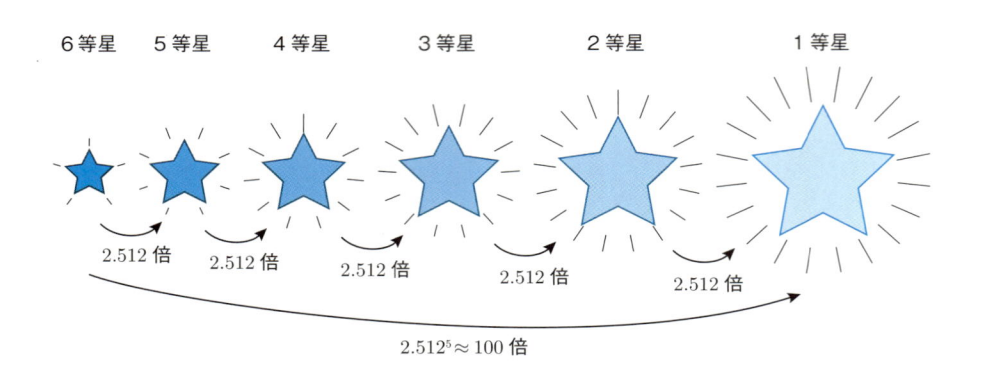

図 5.1 星の等級と明るさの関係

　明るさの等級と物理的な高度の関係は何らかの関数関係になっていると思われます．たとえば，横軸に等級，縦軸に光度をプロットしてみると，こんな感じの曲線になることが予想できます（図 5.2）．

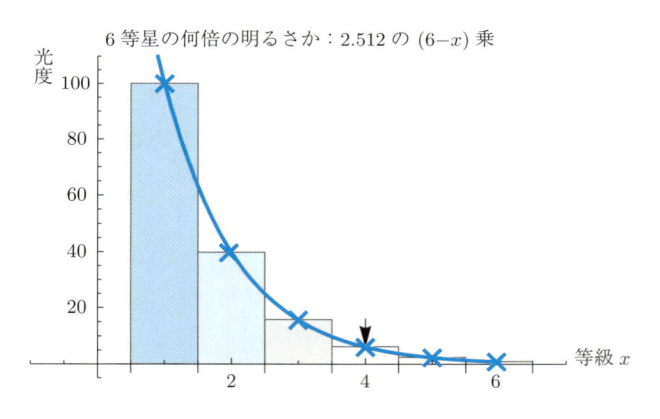

図 5.2 横軸に等級，縦軸に光度を取ったときの関数関係（[1] を参照のこと）

5.1.2 "本当の明るさ"と"人間の感じる明るさ"の関数

　この考え方を拡張すれば，1等星の2.512倍の光度が0等星，0等星の2.512倍の光度が-1等星，今度は6等星の2.512分の1の光度が7等星，7等星のまた2.512分の1の光度が8等星… という理屈が成り立ちます．高性能の天体望遠鏡で観測すれば24等星だって見ることができるそうですし，太陽の明るさはこの考え方でいくとおよそ-27等星とされています．さらに現代は精密測定ができて光度は連続的な値をとるので，星の明るさを表す等級も，それに伴って中途半端な値も出てきます．たとえば1等星と2等星の間の明るさだってあり得ますから，1.5等星とか1.98等星も考えられます．明るさという物理的な刺激に対して，私たちのそれを感じる度合いは，確かに何らかの規則を以て反応しているように思えます（図5.3）．

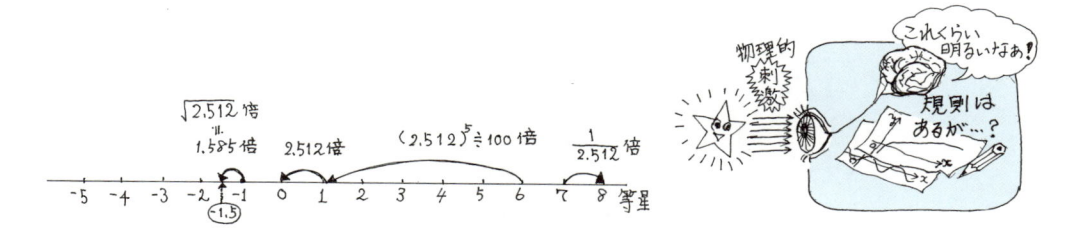

図 5.3 等級と光度の関数関係

　さて，人間が見た感じで決めた等級幅が，物理的に測定された明るさの比と対応がつけられるのはおもしろいですね．具体的にどんな関数関係があって，どういった関数で表されるのでしょうか？

　物理的に測定された光度の比をx，人間の感じる明るさの等級の幅をyで表すことにして，まずこの規則を言葉で表現すればこんなふうになりますね．

**　　yは，2.512倍が何回分でxになるかという値である！**

　しかし，こういった規則は$+, -, \times, \div$といった記号で表現することができません．そこで，新しい記号を用いてこんなふうに表すことになっています．

$$y = \log_{2.512} x \tag{5.1}$$

このことを"2.512を底としたときのxの対数はyである"といい，xをyの<u>真数</u>と呼びます．そして，xとyのこのような対応関係が，この章の主役である<u>対数関数</u>です．人間の感じる明るさyは，物理的な明るさxの対数関数で表せるのです！（図5.4）

5.1.3 対数関数は人間の感じ方を表す数学モデル

　いま説明したように，対数関数は，無機的な雰囲気の記号とは正反対に，もの

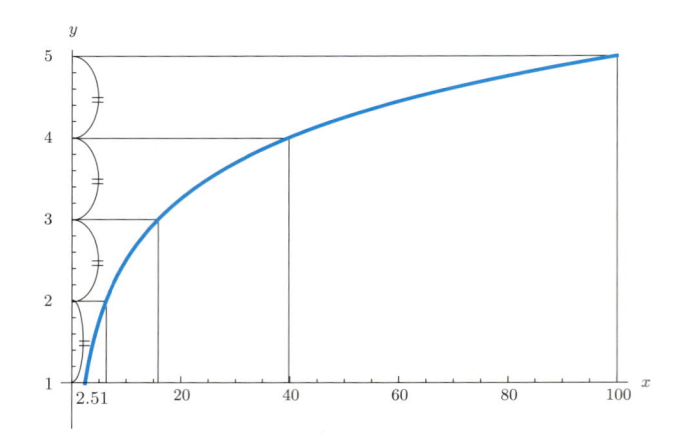

図 5.4　対数関数 $y = \log_{2.51} x$ のグラフ

すごく人間くさい関数です．このことに関連して，ドイツの生理学者 E.H. ウェーバー (1795〜1878) の行ったおもしろい実験を紹介しましょう．

　手のひらに 100 g の重りを乗せて，少しずつ重さを増やしていったときに「おっ，増えたな」と気づくのが 3 g，さらに 200 g の重りを乗せて同じ実験をすると，6 g 増えたところで「おっ，増えたな」と気づくという結果が出たそうです．このようにして，手のひらに乗せる重りを 300 g，400 g… と変化させて同様な実験をしたところ，元の重さの 3% が変化したときに人間が重さの変化に気づくということがわかりました．

　そう言われれば，100 kg の巨漢が 1 kg 増えても変わりばえしませんが，5 kg の赤ちゃんが 1 kg 増えたら，「ズッシリ来るな！」と誰でもわかります．確かに人間の重さの感じ方は，何 g とかいう変化した量そのものでなく，全体の何パーセントかという変化した割合に支配されるようです．

　"増えたという感じ方と実際に増えた分" の関係は，"見た感じの等級幅と星の物理的な明るさの比" の関係に似ていることがおわかりでしょうか．実は，増えたという感じ方 y と実際に増えた分 x との間には，次のような関係が成り立ちます．

$$y = \log_{1.03} x \tag{5.2}$$

　底を 1.03 とした対数関数のグラフを描きました（図 5.5a）．5 kg の赤ちゃんが 1 kg 重くなったら，この対数関数の値は 6.17 だけ増えます．かたや，100 kg の巨漢が 1 kg 重くなっても，この対数関数の値は 0.34 しか増加しません．つまり，5 kg の赤ちゃんが 1 kg 重くなったときの感じ方の違い（値：6.17）よりも，違いが感じられないということです．また，この対数関数のグラフ上で 100 kg の巨漢が 1.03 倍の 103 kg になった場合，この対数関数の値は 1 増加します（図 5.5b）．

　この法則によれば，階段を小走りで上がるときなど，「何だか体が重いな」と感じたら体重が 3% くらい増えたと考えてよいということです．重さに関する人間の感じ方といい，明るさに対する人間の感じ方といい，同じ関数が現れるのは不思議なことですね．この章では，学校数学ではなかなか味わうことのできなかった対数の意味にもこだわっていきたいと思います．そんなわけで，本章のテーマ

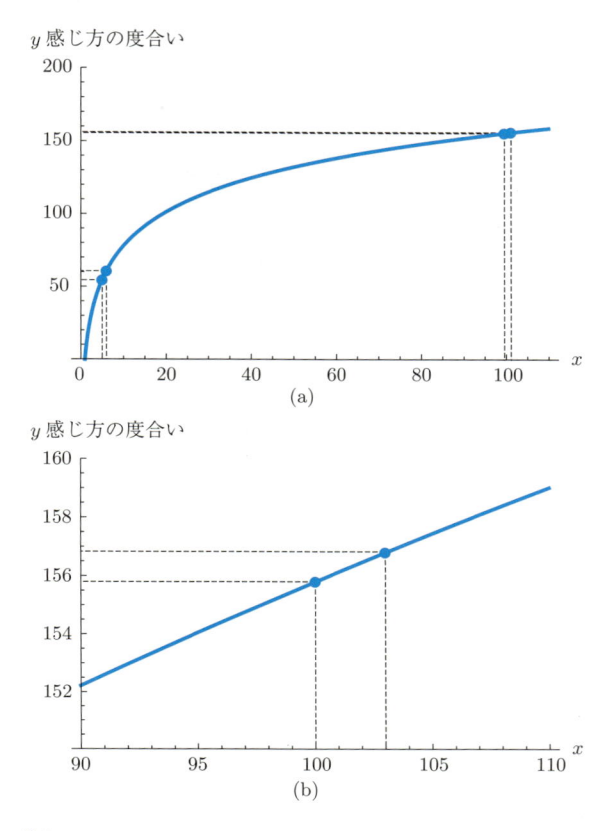

図 5.5　$y = \log_{1.03} x$ のグラフ

は単なる"身のまわりの対数関数"とでもしておきましょう．

なぜ，人間の感覚に対数関数が現れるの？

外から受ける物理的刺激と人間の感じ方との間には，一般に次のような法則が成り立つことが知られています．ある刺激に対して，その変化に気づくのが，刺激 x を Δx だけ変化させたときだとします．すると，人間の感覚は，ある一定の変化の割合（明るさは 2.512 倍，重さは 1.03 倍）に反応するということですから，この関係を数式で表してみれば次のようになります．

$$\Delta x / x = 一定$$

これは先ほどの実験の結果を数式で表したものですが，ドイツの哲学者 G.T. フェヒネル (1801〜1887) は，これをさらに発展させて，フェヒネルの法則を導きました．彼は，刺激 x を Δx だけ変化させたときの変化の割合 $\dfrac{\Delta x}{x}$ は，感覚の変化 Δy に正比例すると考えました．このことを数式で表現するとこんなふうになります．ただし，k は刺激の種類によって決まる定数とします．

$$\Delta y = k \cdot \frac{\Delta x}{x}$$

> この関係式から，y が x の対数関数で表されるということが数学を使って容易に導けます．（微分方程式の基礎的な知識と，対数の底の変換公式を知っていれば導けます！）まとめると，一般に，外から受ける刺激の物理的な強さ x と，人間の感じ方の強さ y との間には，a を正の定数として
>
> $$y = \log_a x$$
>
> という関係があると言われています．身の回りに対数がゴロゴロしているわけも納得できますね．

5.2 対数関数

5.2.1 対数関数の定義

前節の話を整理すると，

y は a 倍が何回分で x になるか(つまり x は a の何乗か)という値 $\Leftrightarrow y = \log_a x$

このとき，a を対数の底，x を真数といいました．a は何倍するかという数なので，正の数と決めます．また，1 倍というのは特殊すぎてつまらないので，除くことにします．つまり，底に関しては，$\boldsymbol{a > 0, a \neq 1}$ という条件をつけておくことにします．また，真数 x は正の数 a を何乗かした数なので正の数に決まっています．ですから，$x > 0$ という条件もつけておきます．実は，対数というのは目新しい概念ではなく，前章で紹介した指数関数の表現を裏返したものに過ぎません．というのも，

y は a 倍が何回分で x になるかという値 $\Leftrightarrow x$ は a 倍を y 回行った値

ということですし，a 倍を y 回行うということは a を y 乗することですから，結局，

$$y = \log_a x \Leftrightarrow x = a^y \qquad (a > 0,\ a \neq 1,\ x > 0)$$

ということです．

$x = a^y$ という関係は，x が y によって表されているので，$x = f(y)$ という関数関係と見ることができます (x は a を底とする y の指数関数といいましたね)．x と y を入れ換えて，$y = f(x)$ の形にした関数関係が y は a を底とする x の対数関数です．このように，指数関数と対数関数は裏と表のような関係にありますが，数学用語でこの関係を「指数関数の逆関数は対数関数である（または，対数関数の逆関数は指数関数である）」といいます．

5.2.2 対数関数のグラフ

指数関数は，底が 1 より大きいか小さいかでグラフの形が違いましたね（第 4

章の指数関数のグラフを思い出してください）．それならば，指数関数と密接な関係にある対数関数も，底が 1 より大きいか小さいかでグラフの形が違ってくることは予想がつきますね．高校の授業では，次のような説明を聞いたことがあるでしょう．

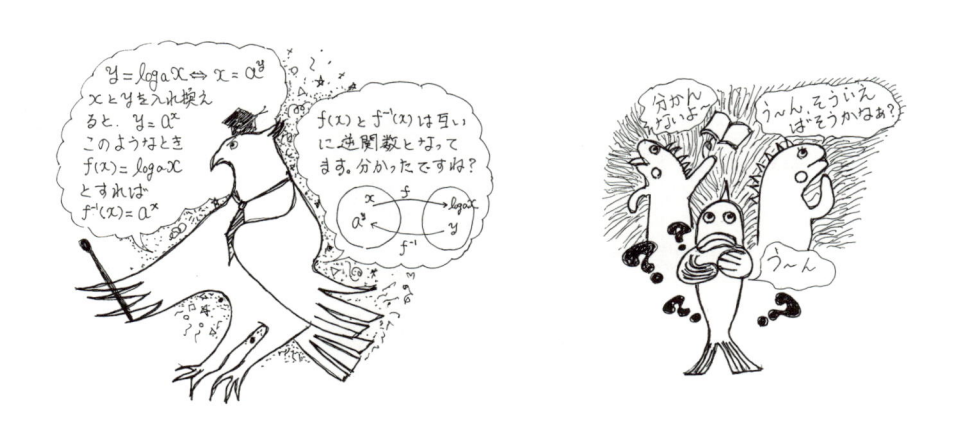

底の大きさを変えて，対数関数と指数関数のグラフを同じ紙上に描けば，ようすがわかりますね（図 5.6, 5.7）．具体的に底を 0.5, 0.9, 1.1, 2 と 4 通りに変化させて描いたグラフが図 5.8 です．対数関数のグラフがどのように変化するのか観察してみましょう．何がわかりますか？

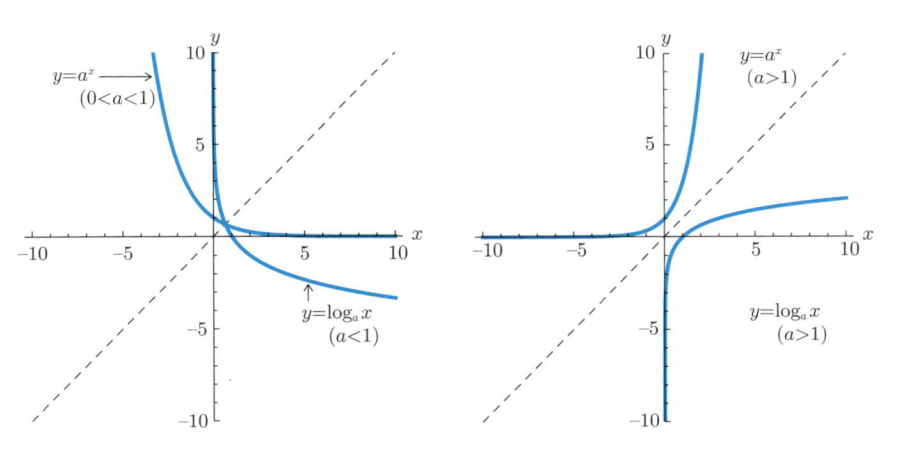

図 5.6 対数関数のグラフの概形 （底が 0 から 1 の間）

図 5.7 対数関数のグラフの概形 （底が 1 より大きい場合）

対数関数 $y = \log_a x$ のグラフは，$x > 0$ の部分にしか現れず，底 a の大きさによって次のように形が変わることがわかります．

（1）底 a が 1 より大きい場合

$x = 0$ の近くでは $-\infty$ に限りなく近づき，$x = 1$ を境目に $-$ から $+$ に値が変わる増加関数となります．特に，$0 < x < 1$ の部分では急激に増加し，x の値が

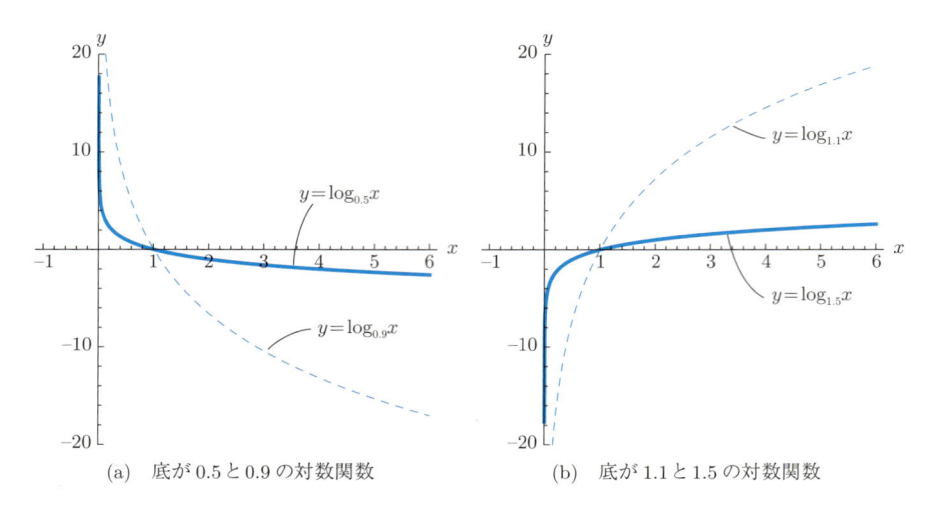

(a) 底が 0.5 と 0.9 の対数関数 　　　　(b) 底が 1.1 と 1.5 の対数関数

図 5.8　底を負の値で変化させたときの対数関数のグラフの変化

大きくなるにつれて緩やかに増加します．

（2）底 a が 1 より小さい場合

$x = 0$ の近くでは $+\infty$ に限りなく近づき，$x = 1$ を境目に $+$ から $-$ に値が変わる減少関数となります．特に，$0 < x < 1$ の部分では急激に減少し，x の値が大きくなるにつれて緩やかに減少します．

5.3　対数を使いこなそう

5.3.1　対数の基本計算法則

対数関数が身近なものだとわかって親しみを持ち始めたのはよいのですが，肝心な計算ができません．たとえば，$\log_{10} 100$ は 10 を何乗したら 100 になるかという数なので，$\log_{10} 100 = 2$（言い換えれば $10^2 = 100$）と簡単にわかりますが，$\log_{10} 30$ のようなものが気軽に計算できないとなると，一般人には使い物になりませんね．

しかし，心配無用です．関数電卓さえあれば誰でも簡単なキー操作で，底が 10 の指数や対数は計算できます．$\log_{10} 30 = 1.477121255$，$10^{2.5} = 316.227766$，というふうに．底が 10 である対数のことを常用対数といいます．常用対数の便利なところは，どんな対数でも，常用対数を組み合わせれば計算できることです．それは，次の公式が成り立つからです．

$$\log_a M = \frac{\log_b M}{\log_b a}$$

たとえば，$\log_{1.03} 3 = \dfrac{\log_{10} 3}{\log_{10} 1.03} \fallingdotseq \dfrac{0.477121}{0.012837} \fallingdotseq 37.16701$ という具合です．これは上の公式で $a = 1.03$，$b = 10$，$M = 3$ とした場合です．

上の公式は底の変換公式というもので，次の理由により成り立つことが保障さ

れます.

$b^r = a$ とおいて辺々 s 乗すると $b^{rs} = a^s$ が出ます．ここで $M = a^s$ と置きましょう．これらの 3 式を対数で書き直すと，$r = \log_b a, s = \log_a M, rs = \log_b M$ が得られます．この 3 式を組み合わせれば，$\log_b a \cdot \log_a M = \log_b M$ が得られ，これを辺々 $\log_b a$ で割れば，上の公式が出ます．

練習問題 5-1：

次の対数の値を求めてみましょう．電卓で，常用対数の値を求めてください．

① $\log_3 5 = \dfrac{\log_{10} 5}{\log_{10} 3} \fallingdotseq \dfrac{0.6990}{0.4771} \fallingdotseq 1.4651$

② $\log_2 7 = \dfrac{\log_{10} 7}{\log_{10} 2} \fallingdotseq \dfrac{0.8451}{0.3010} \fallingdotseq 2.8076$

対数については，次のような基本法則が成り立つことがわかります．

---
(1) $\log_a M + \log_a N = \log_a NM,\ \log_a M - \log_a N = \log_a \dfrac{M}{N}$
(2) $n \log_a M = \log_a M^n$
(3) $\log_a 1 = 0,\ \log_a a = 1$
(4) $a^{\log_a x} = x$

これらはすべて指数法則から導くことができます．

(1) $\log_a M = u, \log_a N = v$ とおくと $a^u = M, a^v = N$ ですから，2 式を辺々かけ合わせれば $a^u \cdot a^v = MN$ となります．この左辺は指数法則から a^{u+v} となるので，$a^{u+v} = MN$ すなわち $u + v = \log_a MN$ です．よって $\log_a M + \log_a N = \log_a NM$ が出ます．また，先ほどの 2 式を辺々割れば，$\dfrac{a^u}{a^v} = \dfrac{M}{N}$ となります．この左辺は指数法則より a^{u-v} となるので，$a^{u-v} = \dfrac{M}{N}$ すなわち $u - v = \log_a \dfrac{M}{N}$ です．よって $\log_a M - \log_a N = \log_a \dfrac{M}{N}$ が出ます．

(2) $a^u = M$ を辺々を n 乗すると $a^{un} = M^n$ となります．対数の定義より，すなわち $n \log_a M = \log_a M^n$ が出ます．

(3) $a^0 = 1$ より $\log_a 1 = 0$．また，$a^1 = a$ より $\log_a a = 1$．

(4) $a^y = x$ とおくと $y = \log_a x$ ですから，$a^{\log_a x} = x$ が出ます．

（追記）：常用対数でなくても底の変換は行えますが，どの関数電卓でも常用対数は押しやすいように専用キーが用意されているので便利ですという意味です．

練習問題 5-2：

上の計算規則を用いて対数の計算をしてみましょう．

① $\log_3 3 = 1$
② $\log_3 \dfrac{1}{3} = \log_3 3^{-1} = -1 \cdot \log_3 3 = -1 \cdot 1 = -1$
③ $\log_2 16 = \log_2 2^4 = 4 \cdot \log_2 2 = 4 \cdot 1 = 4$
④ $\log_2 \dfrac{1}{32} = \log_2 \dfrac{1}{2^5} = \log_2 2^{-5} = -5 \cdot \log_2 2 = -5 \cdot 1 = -5$

⑤ $\log_6 3 + \log_6 2 = \log_6 2\cdot 3 = \log_6 6 = 1$

⑥ $\log_2 \sqrt[3]{4} = \log_2 4^{\frac{1}{3}} = \log_2 (2^2)^{\frac{1}{3}} = \log_2 2^{\frac{2}{3}} = \frac{2}{3}\cdot \log_2 2 = \frac{2}{3}\cdot 1 = \frac{2}{3}$

⑦ $\log_3 45 - \log_3 15 = \log_3 \dfrac{45}{15} = \log_3 3 = 1$

⑧ $2\log_2 \dfrac{5}{2} + \log_2 \dfrac{8}{25} = \log_2 \left(\dfrac{5}{2}\right)^2 + \log_2 \dfrac{8}{25} = \log_2 \dfrac{25}{4} + \log_2 \dfrac{8}{25} = \log_2 \left(\dfrac{25}{4}\cdot \dfrac{8}{25}\right) = \log_2 2 = 1$

⑨ $\log_{15} 15\sqrt{3} - \log_{15} \dfrac{\sqrt{2}}{5} + \dfrac{1}{2}\log_{15} 6$ を簡単にしてください．

底が揃っているので上の計算公式 (1) を用いて真数の部分を 1 か所にまとめます．
$\dfrac{1}{2}\log_{15} 6 = \log_{15}(6)^{\frac{1}{2}} = \log_{15} \sqrt{6}$ より，与式 $= \log_{15} 15\sqrt{3} - \log_{15} \dfrac{\sqrt{2}}{5} + \log_{15} \sqrt{6} = \log_{15}\left(15\sqrt{3} \div \dfrac{\sqrt{2}}{5} \times \sqrt{6}\right)$．
$15\sqrt{3} \div \dfrac{\sqrt{2}}{5} \times \sqrt{6} = 15\sqrt{3} \times \dfrac{5}{\sqrt{2}} \times \sqrt{6} = 15^2$ ですから，与式 $= \log_{15} 15^2 = 2\cdot \log_{15} 15 = 2\cdot 1 = 2$．

5.3.2 特別な底を持つ対数

(1) 常用対数

底が 10 の対数を<u>常用対数</u>といいます．この対数が特別扱いされているのは，たまたま私たち人間の両手の指が合計 10 本であるために，日常的に 10 進法を採用するようになって "10 倍になると 1 桁増える" という規則が世の中にまかり通っているからです．

私たちは，大雑把に数を表現するとき，たとえば 35 が 120 になったら「1 桁増えた」，329 が 39000 になれば「2 桁増えた」といいますが，ピッタリ 10 倍になったとき 1 桁増えた，ピッタリ 100 倍になったとき 2 桁増えたというふうにすれば，桁数を小数の世界に拡張できます．

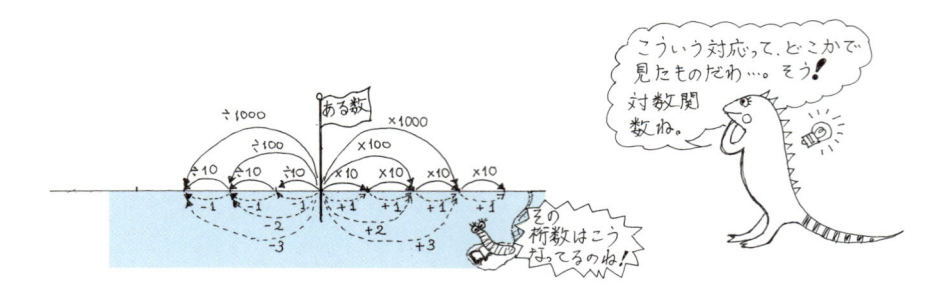

図 **5.9** 常用対数と桁数

"数がピッタリ 10 倍になるごとに桁数が 1 増える" というのは，よく考えると今まで見てきたような "星の明るさがピッタリ 2.512 倍になるごとに等級が 1 つ上がる" という構造と同じですね．ですから，数が x 倍になったときに桁数が y 増えるという現象は，

$$y = \log_{10} x \ (\Leftrightarrow x = 10^y)$$

という対数関数で表されます．たとえば，この節の初めに計算した $\log_{10} 30 \approx 1.48$ は，30 倍になれば 1.48 桁上がるということを意味します．常用対数というのは，拡張された桁数と考えることもできるのです．この対数関数のグラフは図 5.10 のようになります．

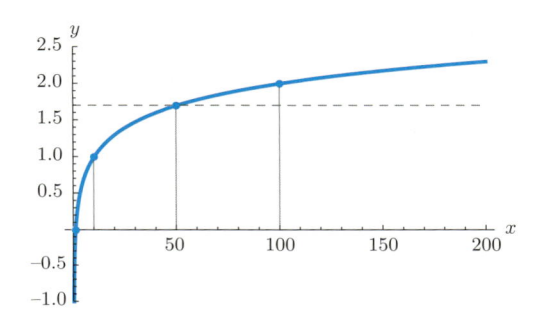

図 5.10 （対数を使えば桁数を小数で表せる）$y = \log_{10} x$ のグラフ

この図ではちょうど $x = 50$ の位置に線が引いてありますが，50 は 10 と 100 の間にあるので常用対数を取ると中途半端な値：$\log_{10} 50 \cong 1.7$ となります．ですから 50 は拡張した桁数でいえば 1.7 桁となりますが，普通の言いかたでは小数の部分は繰り上げて 2 桁とします．（[1] を参照のこと．）

練習問題 5-3：2^{30} は何桁の数でしょうか？

2^{30} なんて大きすぎて見当がつきませんね．そこで常用対数を取ると大体 10 の何乗かがわかります．たとえば 2 桁の数として 50 を考えてみると，$10^1 \leq 50 < 10^2$ です．また，4 桁の数 6345 は $10^3 \leq 6345 < 10^4$ です．一般に $10^{n-1} \leq (n$ 桁の数$) \leq 10^n$ となります．そこで 2^{30} の常用対数を取ってみると，

$$\log_{10} 2^{30} = 30 \times \log_{10} 2 = 30 \times 0.3010 = 9.031$$

これは，$2^{30} = 10^{9.031}$ ということですから，$10^9 \leq 2^{30} (= 10^{9.031}) < 10^{10}$ が成り立ちます．したがって 2^{30} は 10 桁の数だということがわかります．

(2) 自然対数

数学の世界では，常用対数よりも特別扱いされている対数があります．それは，底が $2.718281\ldots$ という中途半端な無理数なのに自然対数と呼ばれる対数です．この $2.718281\ldots$ は自然対数の底（またはネピアの数）という名前がついていま

す．円周率が 3.141592... という中途半端な数でありながら π という特別な記号をつけられて VIP 待遇されているのと同様に，この 2.718281... も e という記号を与えられています．しかも，$\log_e x$ と書くべきところを省略して $\log x$ と書くことが許されています．ただ，常用対数も底を省略する流儀もあって紛らわしいので，自然対数の方を $\ln x$ (logarithmus naturalis) と書くこともあります．

なぜ，自然対数がもてはやされているのかというと，微分積分などの数学的な扱いがスッキリするからです．たとえば，e を底に選んだ指数関数と対数関数を微分してみると，

$$(e^x)' = e^x, \quad (\log x)' = \frac{1}{x}$$

というようなきれいな微分公式が成り立ちますが，e 以外のたとえば 2 を底に取ると，

$$(2^x)' = 2^x \cdot \log_e 2, \quad (\log_2 x)' = \frac{1}{x \cdot \log_e 2}$$

となって余分な数値がついてきます．そもそも，e が中途半端な値と感じるのは先入観の問題で，関数の世界が美しい広がりをもつのは e という数を底に取ってこそです．数学の世界には e という数が不可欠だということを漠然と感じ取ってもらえればよいでしょう（章末のコラム参照）．

5.4 対数で予測する

5.4.1 対数を使って問題を解く

次の問題を考えてみましょう．

練習問題 5-4：
ある業者から，利息が 10 日につき 1 割という条件で 100 万円借りました．さらに，10 日経って返せない場合は，利息は元金に繰り込まれることになっています．1 か月（30 日とします）経つと，元利合計はいくらになるでしょう？ また，元利合計が 1 億円に達するのは何日後でしょうか？

答え：
なんだかゾッとする問題設定ですが，電卓と対数の知識を使って解くことができます．

借金は 10 日で 1 割増えるので 10 日で 1.1 倍，20 日で 1.1^2 倍，30 日で 1.1^3 倍，$\cdots$ と膨らんでいく計算になります．まずは，1 か月後の元利合計から求めましょう．電卓で計算すれば $1.1^3 = 1.331$ ですから，元利合計は，$1000000 \times 1.331 = 1331000$（円）になります．

次に，元利合計が 1 億円に達するのを $10x$ 日後とすれば，次の方程式ができます．

$$1000000 \times 1.1^x = 100000000$$

簡単にしたいので，両辺を 1000000 で割れば，この式は

$$1.1^x = 100$$

となります．この両辺の常用対数を取ります．$\log 100 = \log 10^2 = 2\log 10 = 2$ ですから

$$\log 1.1^x = \log 100 \Leftrightarrow x\log 1.1 = 2 \Leftrightarrow x = 2 \div \log 1.1 \fallingdotseq 2 \div 0.0414$$
$$\fallingdotseq 48.3$$

つまり，$48.3 \times 10 = 483$ 日で 1 億円を超えてしまうことがわかりました．恐ろしいことですね． □

5.4.2 対数スケールで見る

練習問題 5-4 の高利貸しの問題をもう少しビジュアルに見てみましょう．
$10x$ 日後の元利合計を y 万円とすると，x と y には次のような関係があります．

$$y = 100 \times (1.1)^x$$

この関数のグラフを，縦軸に y，横軸に x をとって描いてみると，図 5.11 のようになります．

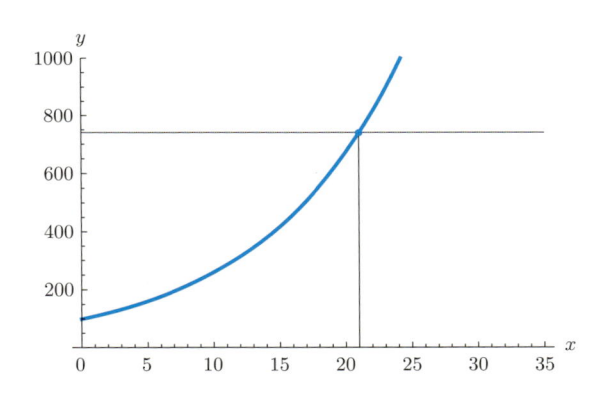

図 5.11 $y = 100 \times (1.1)^x$ のグラフ

この式の両辺の常用対数を取ると，

$$\log y = \log\{100 \times (1.1)^x\} = \log 100 + \log(1.1)^x$$
$$= 2 + x\log 1.1 = 2 + 0.0414x$$
$$\therefore \ \log y = 2 + 0.0414x$$

ここで，$\log y$ は x の 1 次関数になることがわかりますか．つまり，$\log y = Y$ とおいて縦軸に Y，横軸に x を取ってグラフを描いてみれば，Y と x とは $Y = 2 + 0.0414x$ という 1 次関数の関係になるので，グラフは図 5.12 のようになります．

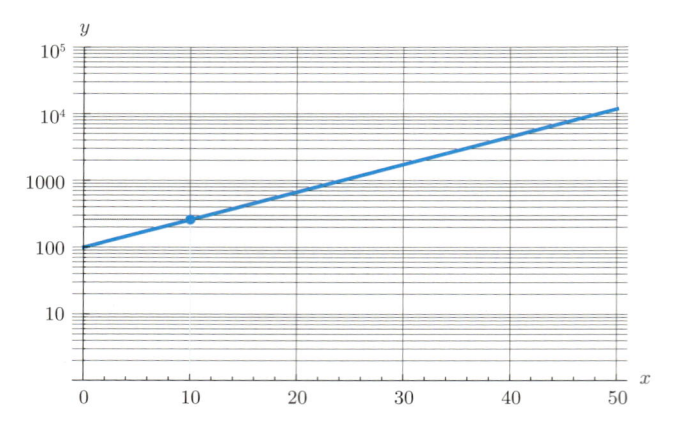

図 **5.12** $\log y = 2 + 0.0414x$ のグラフ

　縦軸に目盛ってある実際のスケールは y ではなくて $\log y$ となっていることに注意しましょう．たとえば，縦軸の $y = 10^1$ となる場所の実際の値は，$\log 10 = 1$ ですし，同様に $y = 10^2$ となる場所の実際の値は $\log 10^2 = 2$，$y = 10^3$ となる場所の実際の値は $\log 10^3 = 3$ です．この目盛の取り方を対数スケールといいます．対数スケールで表すと，指数関数的に増加（減少）する曲線グラフは直線になります．また，この直線の傾きを比較すれば，直接は比較しにくい急激な増減の度合いを目で見て比較できます．指数関数的に増加（減少）する関数は，増加（減少）の度合いが急激すぎて目ではなかなか見えにくいのですが，対数スケールで直線化すれば扱いやすくなります．

　ところで練習問題 5-4 は，図 5.13 のように対数目盛のグラフで解くこともできます．

　元利合計が 1 億円になるような日数を求めたければ，単位が万円ですから，$y = 10000 \, (Y = \log 10^4 = 4)$ の高さに x 軸と平行な直線を引いて，それが $Y = 2 + 0.0414x$ とぶつかったときの x の値を読めばよいのです．もちろん，その x の値に 10 をかけた値が求める日数です．図 5.13 のグラフから読み取れば，だいたい $x = 48$ ですから約 480 日後というふうに目で見て答えが出ます．逆に，

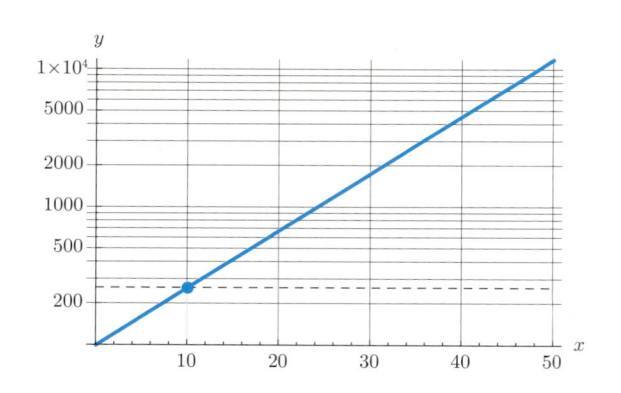

図 **5.13** $\log y = 2 + 0.0414x$ のグラフ．$x = 10$ のときの y の値は 200 と 300 の間にあることがわかる．罫線が 100 ごとに振られている．（間隔が異なるのが対数スケールの特徴です．）

100 日後の元利合計を知りたければ，$x = 10$ の位置に x 軸と垂直な直線を引いて，それが $Y = 2 + 0.0414x$ とぶつかったときの Y の値（y の値）を読めばよいのです．すると，$Y = 2.414 = \log y$ より $y = 10^{2.414} = 259.4$ ですから，元利合計は 259 万 4000 円です． □

もう一つ，問題を解いてみましょう．

練習問題 5-5：

1986 年のチェルノブイリ原発事故では大量の放射性物質が外部に放出されました．その中で，セシウム 137 は，チェルノブイリを中心とした半径 3000 km 圏内に 463 万キュリーが沈着したそうです．セシウム 137 の半減期は 30 年です．（セシウム 137 が 30 年ごとに半分が崩壊して総数が半分になるという意味です．）セシウム 137 が 1 万キュリーまで減るのは何年後でしょうか．

答え：

x 年後に y 万キュリーになるとすれば，$y = 463 \times \left(\dfrac{1}{2}\right)^{\frac{x}{30}}$ と表せます．この関係を，図 5.13 と同様に縦軸を対数スケールに取ったグラフを描いてみましょう．まず，両辺の常用対数を取ると

$$\log y = \log 463 + \frac{x}{30} \cdot \log\left(\frac{1}{2}\right)$$
$$= 2.666 - \frac{x}{30} \cdot \log 2 = 2.666 - \frac{0.301}{30} x = 2.666 - 0.010 x$$

ですから，

$$Y = \log y = -0.01x + 2.666$$

横軸の単位は年，縦軸はキュリー（万）です（図 5.14）．Y と x は右下がりの直線関係になります．直線は 2 点をプロットすれば描けるので，2 点として (0, 463 万)，(90, 57.88 万) を選びます．このグラフを見れば，減少していくようすがよくわかりますね．100 年後にはどれくらいになっているか，グラフから読み取れ

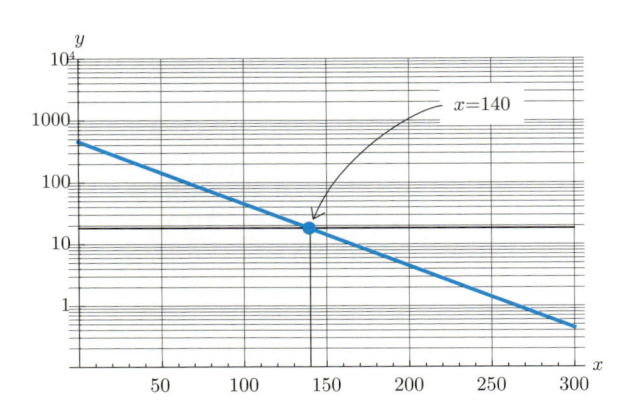

図 5.14 $\log y = -0.01x + 2.666$ のグラフ

ば，約 45 万キュリーです．（正確に計算すると $463 \times \left(\dfrac{1}{2}\right)^{\frac{100}{30}} = 45.93$ 万キュリーです．）

グラフから読み取れば，1 万キュリーになるのは約 265 年後です．この場合，横軸 $y = 1$ と交わった x の値を読めばよいことになります．

（正確に計算すると $463 \times \left(\dfrac{1}{2}\right)^{\frac{x}{30}} = 1 \Leftrightarrow 2^x = 463^{30}$ ですから，両辺の常用対数を取って $x \log 2 = 30 \times \log 463 \Leftrightarrow x = \dfrac{30 \times \log 463}{\log 2} = \dfrac{30 \times 2.666}{0.301} = 265.7$．よって，約 266 年後です．）

5.4.3 対数方眼紙

上の問題は，縦軸に $Y = \log_{10} y$ の値，横軸に x の値を取って，指数関数の曲線的なグラフを直線に変身させて見てみました．ところで，前項のグラフは縦軸に y の値，横軸に x の値を取った，方眼紙を縦方向になんらかの規則で縮小したようなスケールでしたね．初めからこのような目盛が振ってある方眼紙を**対数方眼紙**といいます．もう一度上の問題で扱った関数 $\log_{10} y = -0.01x + 2.666$ のグラフを見てみましょう（図 5.16）．このグラフは，$Y = -0.01x + 2.666$ と同じ直

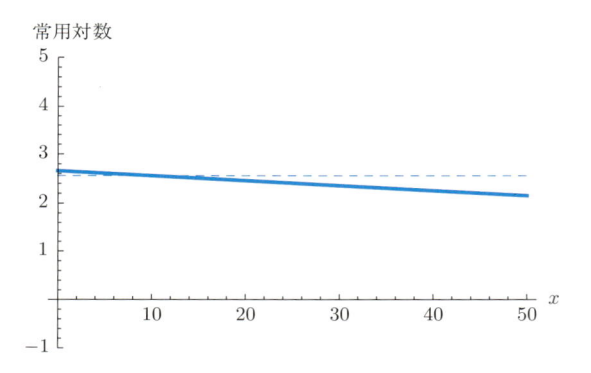

図 **5.15** $Y = -0.01x + 2.666$ のグラフ

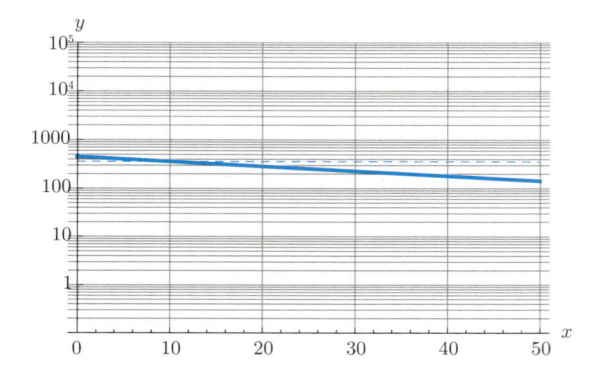

図 **5.16** $\log_{10} y = -0.01x + 2.666$ のグラフ（対数目盛）

線であることは変わりありません．違いは目盛の表示のし方で，縦軸の実際の高さは $Y = \log_{10} y$ ですが，縦軸の目盛は y の値になっています．ですから，直接 x と y の値をグラフ用紙にプロットすれば，簡単に対数スケールのグラフになって，指数関数の急激な増加または減少曲線が，右上がりまたは右下がりの直線になります．

もう少し詳しく，対数方眼紙について説明しましょう．

「今年の夏は暑かった」とか「今日の株価の変動」など，私たちは普段からグラフを目にする機会が多くあります．第2章では「アイスクリームの売上個数と利益」で直線のグラフ，第3章では「バクテリアの増加」といった指数関数的増加のグラフも見てきました．

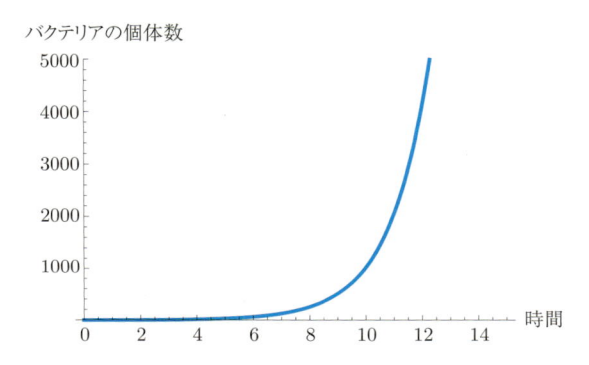

図 5.17 バクテリアの個体数と時間の関係

「アイスクリーム」のグラフは売上個数と利益の関係が直線（1次関数）で表されているので，「売上個数が増えると利益も増える」ということが見てとれますし，予測も簡単にできましたね．一方，「バクテリア」のグラフは時間が短いときはほとんど変化がないのですが，ある時間から急激に増加しているため，このグラフからは「急激に増えるのだな」というようすはわかりますが，「もっと時間が経ったらどうなるのだろうか？」ということは視覚的にはわかり辛いです．こういったグラフは，普通の方眼紙に描くと，「広い範囲のデータを取ったときに，目盛りが足りなくなる」とか「直線の場合より，そのグラフによって予測がしにくい」場合があります．それを解消するために考案されたものが対数方眼紙です（図 5.18）．

対数方眼紙は，普通の方眼紙と違って，線の間隔が同じではありませんから，まず目盛りの打ち方がわかりにくいようです．$y = 8^x$ のグラフを実際に対数方眼紙の上に描く作業を通じて説明しましょう（図 5.19）．今回は目盛りの片方に対数を用いて表す片対数グラフ用紙を使います．片対数グラフをみると，一方の軸で，一つの目盛幅が大→小→大→小…というサイクルがあるように見えます．ここでは，この大→小の1つの波をサイクルと呼びましょう．

まずは片対数グラフ用紙に目盛りをつけてみましょう．横軸は方眼紙と同じなので普通に目盛りをつけてください．縦軸については名前のとおり，対数を用いて表します．

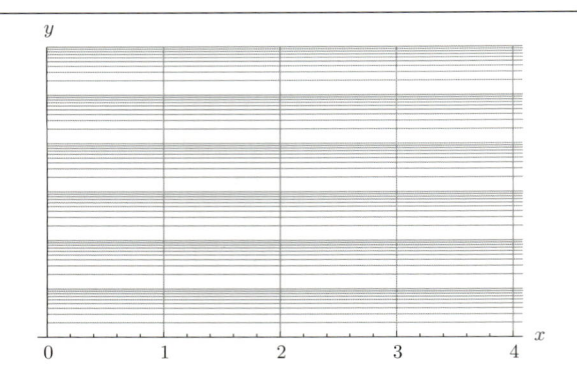

図 5.18 対数方眼紙

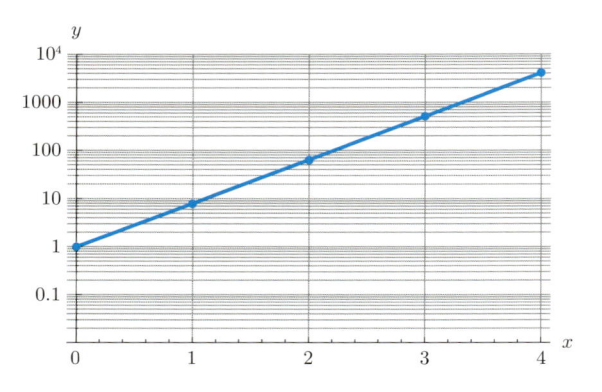

図 5.19 $y = 8^x$ を対数目盛で表したグラフ．縦軸の値は 0.01 から始まり，0.01→0.1→1→10 と増えている．

1. $\log 0$ は定義されないので，縦軸に 0 はない．
2. サイクルとサイクルの境目が 10 の x 乗（x は整数）になるので 1, 10, 100, 1000 とつける．
3. 1 から始まるサイクル内の目盛りは順に 2, 3, 4 となる（しかしその間隔は普通の方眼紙とは異なります）．
4. サイクルが 1 つ上がると目盛り間の大きさは 10 倍となる（普通の方眼紙では 1 の次は 2 ですが，10 の次は 100 となります）．

できあがった片対数方眼紙にデータを記入してみましょう．

注意）「縦軸は 1 から始まっているけど，1 以下はないの？ 0 から 1 の間はどうなっているの？」と疑問に思った人も多いと思います．見慣れた方眼紙は，縦軸も横軸も共に 0 から始まりますからね．実用上，$y \geq 1$ を考えれば十分なときは，縦軸は 1 始まりにすればよいですし，$y \geq 0.1$ を考えたいときは縦軸は 0.1 から始めればよいだけのことです．

ドリル

必要ならば，$\log_{10} 2 = 0.3010, \log_{10} 3 = 0.4771$ を使ってください．

ドリル **5-1**：

$\log_{10} 18$, $\log_{10} \sqrt[3]{0.2}$, $\log_{10} 25$ の値を計算してください．

答え：

$\log_{10} 18 = \log_{10} 2 \cdot 3^2 = \log_{10} 2 + 2\log_{10} 3 = 0.3010 + 2 \cdot 0.4771 = 1.2552$.
$\log_{10} \sqrt[3]{0.2} = \frac{1}{3} \log_{10} \frac{2}{10} = \frac{1}{3}(\log_{10} 2 - \log_{10} 10) = \frac{1}{3}(0.3010 - 1) = -0.2330$.
$\log_{10} 25 = \log_{10} 5^2 = 2\log_{10} \frac{10}{2} = 2(\log_{10} 10 - \log_{10} 2) = 2(1 - 0.3010) = 1.398$.

ドリル **5-2**：

次の値を求めてください．

① $\log_{16} \sqrt{2}$,　② $\left(\sqrt{10}\right)^{\log_{10} 2}$

答え：

① $\log_{16} \sqrt{2} = \frac{\log_2 \sqrt{2}}{\log_2 16} = \frac{1/2 \log_2 2}{4 \log_2 2} = \frac{1}{8}$.

② $(\sqrt{10})^{\log_{10} 2} = x$ とおいて，x をできるだけ簡潔な形に変形します．両辺の常用対数を取ると，$\log_{10}(\sqrt{10})^{\log_{10} 2} = \log_{10} x \Leftrightarrow \log_{10} 2 \cdot \log_{10} \sqrt{10} = \log_{10} x \Leftrightarrow \frac{1}{2} \log_{10} 2 = \log_{10} x \Leftrightarrow \log_{10} \sqrt{2} = \log_{10} x$
よって，真数を比較して，$x = \sqrt{2}$．

ドリル **5-3**：

次の方程式を満たす x を求めてください．

① $2\log_{10} x = \log_{10}(x+6)$　　② $\log_4(x+6) = \log_2 x$

答え：

① $\log_{10} x^2 = \log_{10}(x+6)$ より真数を比較して，$x^2 = x + 6 \Leftrightarrow (x-3)(x+2) = 0$ より $x = 3, -2$ となりますが，$x = -2$ は左辺の真数を負にするので不適です．よって，$x = 3$．

② 底の変換公式より，$\log_4(x+6) = \frac{\log_2(x+6)}{\log_2 4} = \frac{1}{2} \log_2(x+6)$ ですから，結局 $\frac{1}{2} \log_2(x+6) = \log_2 x \Leftrightarrow$ ①式ですから，答えは①と同じで，$x = 3$．

ドリル **5-4**：

5^{50} は何桁の数でしょうか．

答え：

$A = 5^{50}$ とおくと，$\log_{10} A = \log_{10} 5^{50} = 50 \log_{10} 5 = 50 \log_{10} \frac{10}{2} = 50(1 - \log_{10} 2) = 34.948$ ですから，$A = 10^{34.948}$ となって，$10^{34} \leq A = 10^{34.948} < 10^{35}$ となります．したがって 5^{50} は 35 桁の数です．

ドリル **5-5**：

ろ過するたびに有害物質の 20% を除去できる浄化装置があります．この装置でろ過を繰り返すことによって，有害物質を初めの 10%以下にするためには，何回繰り返せばよいでしょうか．

答え：

1回ろ過するたびに，有害物質は初めの 0.8 倍の量になります．したがって，n 回繰り返した後の有害物質の初めの量に対する割合は，0.8^n ですから，$0.8^n \leq 0.1$ となるような一番小さな n の値を求めればよいでしょう．両辺の常用対数を取って，

$$\log_{10} 0.8^n \leq \log_{10} 0.1 \Leftrightarrow n \log_{10} \frac{2^3}{10} \leq \log_{10} \frac{1}{10} \Leftrightarrow n(3\log_{10} 2 - 1) \leq -1$$

$$\Leftrightarrow -0.09691 \cdot n \leq -1 \Leftrightarrow n \geq \frac{1}{0.09691} = 10.319$$

したがって，n は 10.319 より大きな自然数で一番小さな数ですから 11 です．つまり，11 回繰り返せばよいということになります．

---

e で広がる関数の世界

数学で関数論といえば，複素数の世界で関数を考えるのが普通です．本書で扱う数は実数（数直線上をびっしり埋め尽くしている，いわゆる普通の数）ですが，複素数まで数の範囲を広げると，指数関数，三角関数，対数関数はオイラーの公式といわれる美しい関係式によって結びついてしまうのです．指数関数や対数関数，三角関数は，超越関数といって，x に $\pm, \times, \div$ を有限回繰り返しても作り出せない関数ですが，おもしろいことに，

$$e^x = 1 + x + \frac{x^2}{2!} + \frac{x^3}{3!} + \frac{x^4}{4!} + \frac{x^5}{5!} + \cdots \qquad ①$$

$$\log(1+x) = x - \frac{x^2}{2} + \frac{x^3}{3} - \frac{x^4}{4} + \frac{x^5}{5} - \cdots \quad (-1 < x \leq 1) \qquad ①'$$

$$\sin x = x - \frac{x^3}{3!} + \frac{x^5}{5!} - \frac{x^7}{7!} + \frac{x^9}{9!} - \cdots \qquad ②$$

$$\cos x = 1 - \frac{x^2}{2!} + \frac{x^4}{4!} - \frac{x^6}{6!} + \frac{x^8}{8!} - \cdots \qquad ③$$

というように無限に続く x の n 次関数の形で表せることがわかっています．これらをじっと眺めると右辺が妙に似ている気がしませんか．これらの関数はお互いに密接に関係していることが想像できますね．

さて，i は $i^2 = -1$ となる数とします．①式に x の代わりに ix を代入して，②，③ と見比べれば

$$e^{ix} = 1 + ix + \frac{(ix)^2}{2!} + \frac{(ix)^3}{3!} + \frac{(ix)^4}{4!} + \frac{(ix)^5}{5!} + \frac{(ix)^6}{6!} \cdots$$

$$= 1 + ix - \frac{x^2}{2!} + i\frac{x^3}{3!} - \frac{x^4}{4!} + i\frac{x^5}{5!} - \frac{x^6}{6!} \cdots$$

$$= \left(1 - \frac{x^2}{2!} + \frac{x^4}{4!} - \frac{x^6}{6!} + \cdots\right) + i\left(x - \frac{x^3}{3!} + \frac{x^5}{5!} - \cdots\right)$$

$$= \cos x + i \sin x$$

指数関数と三角関数が見事に結びつきました．対数関数は指数関数と密接な関係にあるので，結局これらはみな結びついていることがわかります．このコラムを理解するには進んだ勉強が必要ですが，ながめてみて数式の美しさを感じてもらえればうれしいです．

参考文献

[1] 白田由香利：グラフィクス教材サイト，http://www-cc.gakushuin.ac.jp/~20010570/ABC/
[2] 黒田俊郎・小林昭 編著：『たのしくわかる数学 100 時間（上・下）』，あゆみ出版，1991．
[3] 大村平：『関数のはなし（下）』，日科技連，1977．

6

CHAPTER SIX

当たる確率を計算しよう

経済・経営の数学で重要な概念として期待値があります．たとえば，このプロジェクトに投資して得られる予想の金額，株を買って1年後に得られる予想の金額が期待値です．期待値が少ないので投資はやめておこうとか，利潤が大きそうなので投資しようとか決断します．経営上の判断に，また，日常の買い物などでも，期待値は非常に役に立ちます．期待値の計算ができるようになるには，確率をしっかり理解しておく必要があります．また，確率を理解するには，場合の数，つまり順列，組合せの数をきちんと数え上げられなくてはいけません．中学，高校で，どうして場合の数を勉強するのかわからなかった人も，損得勘定に必要な概念なので，意欲をもって勉強してください．また本章では，条件付き確率であるベイズの定理も扱います．

6.1 確率の考え方

確率の定義を理解するために，まず，試行と事象という用語から見ていきましょう．同じ条件で繰り返し行うことができる実験や観察を試行といい，試行の結果として起こる事柄を事象といいます．サイコロを投げるという行為は，同じ条件で繰り返し行えると考えてよいので，これは試行です．

事象は，それ以上細かく分けることができないいくつかの事象（これを根元事象と呼びます）の集合として表されます．根元事象の全体集合 U を全事象といいます．根元事象と全事象という用語を使って，確率は次のように定義できます．

> **確率の定義**
>
> ある試行において,「すべての根元事象が同程度に確からしい」場合, そして, 全事象を U, その要素の数を $n(U)$, 事象 A を構成する要素の数を $n(A)$ とするとき, 事象 A の起こる確率 $P(A)$ を以下のように定義する.
>
> $$P(A) = \frac{n(A)}{n(U)}$$

練習問題 6-1:

当たりとはずれの 2 通りしかないクジを引くとします. 箱の中に, 100 個の同形同大の三角クジが入っていて, そのうち 5 個が当たりならば, 箱の中から無作為に 1 回引くとき, 当たりである確率はいくつになりますか?

答え:

100 個の三角クジは同形同大で, それが引かれることは同様に確からしいので, それぞれの三角クジ 1 枚を引くことが根元事象と考えられます. ですから全事象の要素数 $n(U) = 100$ です. そして, 当たるという事象を A とすると $n(A) = 5$ です. よって, $5 \div 100 = 0.05$ で, 確率は 0.05 となります. □

練習問題 6-2:

あるコンビニのヒーロー当たりクジの景品が, 大型フィギュア, スポーツバッグ, バスタオルの 3 種類でした. 箱の中のクジの総数が 200 個, そのうち大型フィギュアの当たりクジが 20 個あったとします. 1 回クジを引いて, 大型フィギュアが当たる確率を求めなさい.

答え:

全事象 U の要素数 $n(U) = 200$, [大型フィギュア] が当たるという事象を A とすると, $n(A) = 20$. よって, $P(A) = 20/200 = 0.1$ となる. □

確率の考え方で重要な点は, すべての根元事象は同様に確からしいという点です. 確率の文章題でよくある間違いは, 同様に確からしくないものを根元事象としてしまっている, というものです. 間違えないコツは, たとえば, 100 個の三角クジに #1, #2, #3, … #99, #100 と識別子 (identification, ID) をつけてみることです. そして, 根元事象と思われるすべてが同様に確からしい事象であるか否かを検討します.

まず, 確率計算の法則を並べておきます.

確率の計算の法則

① 加法定理：2つの事象 A,B に対して，A と B の和事象の確率は

$$P(A \cup B) = P(A) + P(B) - P(A \cap B)$$

＜解説＞事象は集合ですから，事象の問題は集合の問題におきかえることができます．集合の加法定理において，和集合 $A \cup B$ というのは，少なくとも A か B の一方を含む集合です．したがって和集合の加法定理 $n(A \cup B) = n(A) + n(B) - n(A \cap B)$ において，$n(A)$ と $n(B)$ をそのまま足すと，重なりの部分を 2 回数えることになってしまうので間違いです．重なりの部分を引き算しなくてはいけません．全体を $n(U)$ で割れば $P(A \cup B) = P(A) + P(B) - P(A \cap B)$ が出ます．

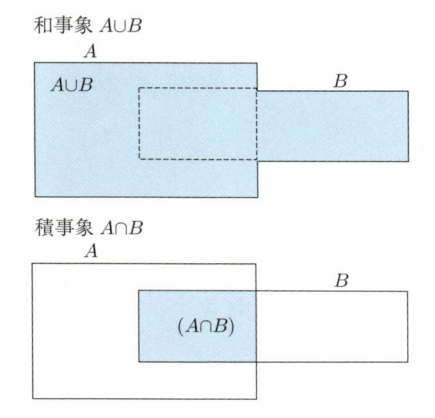

和事象 $A \cup B$

積事象 $A \cap B$

たとえば，サイコロで偶数あるいは 3 の倍数の出る確率を考えます．偶数が出る事象を A，3 の倍数が出る事象を B とすると $P(A) = 3/6 = 1/2$, $P(B) = 2/6 = 1/3$ です．両者の重なりの部分が $A \cap B$ で，これは 6 の目が出る事象となります．したがって $P(A \cap B) = 1/6$ です．ですから，答えは $1/2 + 1/3 - 1/6 = 4/6 = 2/3$ です．

② 積事象の乗法定理：事象 A が起こったという条件のもとで事象 B が起こる確率を $P_A(B)$ で表すとすると，A と B の積事象の確率は

$$P(A \cap B) = P(A) \cdot P_A(B)$$

＜解説＞A と B の積事象の確率とは，事象 A と B が同時に起こる確率のことです．$P_A(B)$ とは，たとえば，資格試験で 1 回目不合格（事象 A）のもと，2 回目不合格（事象 B）の確率です．

③ 独立事象の乗法定理：2 つの事象 A, B について，$P_A(B) = P(B)$ が成り立つとき，2 つの事象 A と B は独立であると言います．独立事象に対しては，積集合の乗法定理は以下のようになります．

> 事象 A, B が独立 $\Leftrightarrow P(A \cap B) = P(A) \cdot P(B)$
>
> 記号「$\Leftrightarrow$」は，両側の命題の真偽が必ず一致することを表します．試行の独立性との関係も見ておきましょう．2つの試行において，一方の試行が他方の試行と無関係のとき，2つの試行を独立であるといいます．2つの独立な試行のそれぞれの結果として起こる事象 A と B は互いに影響しないので，A, B は独立な事象となります．

以下では，これらの法則を使いながら，確率の問題を解いていきます．

練習問題 6-3：ビーフサンドの当たる確率

同形同大の 10 個のサンドイッチが箱に入っています．そのうち 7 個がビーフサンドで，3 個がツナサンドです．10 人の生徒が順番にこの箱から取り出します．ただし，取り出したサンドイッチはもとに戻さないとします．このとき，1 番目の生徒がビーフサンドを取り出す確率を求めなさい．次に 2 番目の生徒がビーフサンドを取り出す確率も求めなさい．

答え：

ビーフサンドが当たる事象を B と書くことにします．求めたいのはビーフサンドに当たる確率です．私の好みからすると，ツナよりもビーフのほうが好きなので，順番が後の方になると $P(B)$ の値が小さくなりそうで心配ですが，何番目で取り出しても $P(B)$ の値は同じです．それを計算で求めていきましょう．

＜1 番目にビーフサンドが当たる確率＞

では，1 番目の試行で，ビーフサンドが当たる確率を計算しましょう．サンドイッチは 10 パックあります．7 個がビーフです．根元事象は，それぞれのサンドイッチ 1 個です．普通，ビーフかツナかの違いにしか注目しませんが，よく観察すると，全部に差があり，たとえばビーフの入っている量も違っています．ですから，以下のように識別子をつけて，個体を区別することが可能です．（もし，完璧に同じ物だとしても，別の名前や識別子をつけることができます．）

$$\{ 牛肉\#1, 牛肉\#2, 牛肉\#3, 牛肉\#4, 牛肉\#5, 牛肉\#6, 牛肉\#7, \\ ツナ\#1, ツナ\#2, ツナ\#3 \}$$

この 10 個から 1 個を無作為に取り出すのですから，全事象の要素数 $n(U)$ は 10 です．確率の定義で，**すべての根元事象が同程度に確からしい**，という条件がありました．これは，たとえば牛肉#7 が選択される確率と，ツナ#2 が選択される確率が等しい，ということです．10 個のうちのいずれも，選択される確率は等しい，ということです．

一方，ビーフサンドの選び方は次の 7 通りです．

$$\{ 牛肉\#1, 牛肉\#2, 牛肉\#3, 牛肉\#4, 牛肉\#5, 牛肉\#6, 牛肉\#7 \}$$

ですから，

$$P(\text{B}) = \frac{7}{10}$$

答えは 0.7 となります．

＜2番目にビーフサンドが当たる確率＞

次に，2番目の試行の際のビーフサンドが当たる確率を計算しましょう．仮に，1番目の生徒を犬山さん，2番目の生徒を猫田さんとします．犬山さんがビーフを取り出す事象を犬とし，猫田さんがビーフを取り出す事象を猫とすると，2人ともビーフを取り出す事象は

$$P(\text{犬} \cap \text{猫}) = P(\text{犬}) \cdot P_{\text{犬}}(\text{猫})$$

となります．$P(\text{犬}) = 0.7$ は先ほどの計算で求めました．$P_{\text{犬}}(\text{猫})$ の意味は，犬山さんがビーフを取る条件のもとで猫田さんがビーフを取る確率でした．ですから，計算すると，

$$P_{\text{犬}}(\text{猫}) = \frac{7-1}{10-1} = \frac{6}{9}$$

このように1番目の試行の結果（ビーフあるいはツナ）によって，場合分けをしなくてはなりません．この場合分けを2分木で表すと，図6.1のような4通りに分かれます．

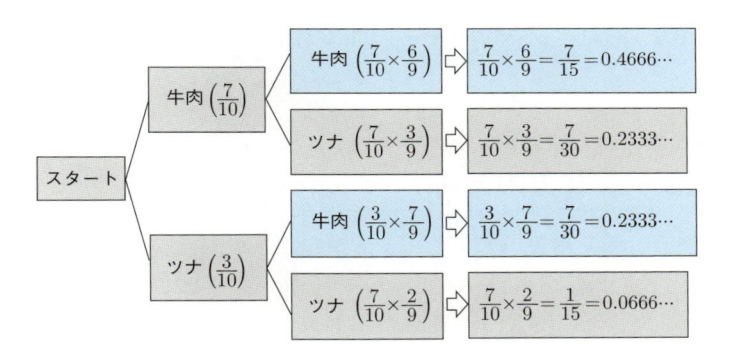

図 6.1 2番目の試行の際のビーフサンドが当たる確率も 0.7 となる．図から $0.467 + 0.233 = 0.7$ となることがわかる．

2回目の試行でビーフになる場合は，1回目ビーフ＆2回目ビーフ（この確率0.467），および，1回目ツナ＆2回目ビーフ（この確率0.233）なので，2つの値を合計すると 0.7 となります．1回目の試行のビーフサンドが当たる確率も 0.7 でしたから，ビーフに当たる確率は，順番によらず同じになりました． □

練習問題 6-4：ビーフサンドの当たる確率

上記の練習問題 6-3 の続きの問題です．3回目にビーフの当たる確率が 0.7 になることを，図6-1のような2分木を書いて求めなさい．ヒントは，場合分けの数が，2の3乗で8個になることです．同様に，4回目にビーフの当たる確率が 0.7 になることも確かめなさい．

答え：図 6.2 に示す． □

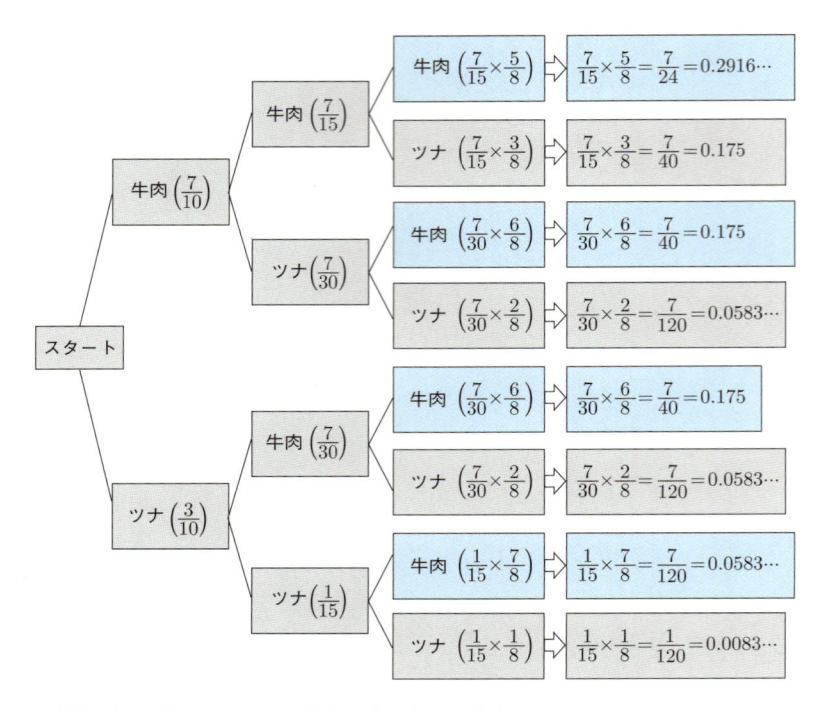

```
スタート
├─ 牛肉 (7/10)
│   ├─ 牛肉 (7/15) ─┬─ 牛肉 (7/15 × 5/8) ⇒ 7/15 × 5/8 = 7/24 = 0.2916…
│   │              └─ ツナ (7/15 × 3/8) ⇒ 7/15 × 3/8 = 7/40 = 0.175
│   └─ ツナ (7/30) ─┬─ 牛肉 (7/30 × 6/8) ⇒ 7/30 × 6/8 = 7/40 = 0.175
│                  └─ ツナ (7/30 × 2/8) ⇒ 7/30 × 2/8 = 7/120 = 0.0583…
└─ ツナ (3/10)
    ├─ 牛肉 (7/30) ─┬─ 牛肉 (7/30 × 6/8) ⇒ 7/30 × 6/8 = 7/40 = 0.175
    │              └─ ツナ (7/30 × 2/8) ⇒ 7/30 × 2/8 = 7/120 = 0.0583…
    └─ ツナ (1/15) ─┬─ 牛肉 (1/15 × 7/8) ⇒ 1/15 × 7/8 = 7/120 = 0.0583…
                   └─ ツナ (1/15 × 1/8) ⇒ 1/15 × 1/8 = 1/120 = 0.0083…
```

図 6.2 3 回目の試行の際のビーフサンドが当たる確率も 0.7 となる．

6.2 余事象の確率

「事象 A に対して，A が起こらない」という事象を A の<u>余事象</u>といいます．たとえば，合格に対して，不合格が余事象です．宝くじが当たるに対して，はずれが余事象です．確率の基本的な性質の 1 つに，余事象の確率の公式があります．

> **余事象**：事象 A に対して，A が起こらないという事象を A の余事象といい，$\overline{A}$ で表す．A の余事象の確率は
> $$P(\overline{A}) = 1 - P(A)$$

問題によっては，余事象の考え方を使うと，とても簡単に解けるものがあります．

練習問題 6-5：G 大学のどこかの学部に合格する確率

G 大学の入学試験は経済学部，法学部，文学部と文系だけでも 3 学部あるので，3 回受験できます．どうしても G 大学に入りたいクリスチーナさんは，文系 3 学部を全部受けることにしました．1 回の合格確率を 60％として，各回の受験は他

の回の合格率に影響を及ぼさない，つまり，各回の受験は独立な試行と仮定します．さて，少なくとも1学部に合格する確率はいくつになるでしょう．

答え：

間違っても，$0.6 + 0.6 + 0.6 = 1.8$で180%です，などと答えないようにしてください．確率が1，つまり100%を越えることはありえません．致死率114%などという記述は間違いです．確率は絶対に0以上1以下です．

さてこの問題では，受験が試行であり，それが独立であると仮定しています．普通，2回連続して不合格であれば意気消沈して，3回目の合格確率は下がりそうですが，独立試行である，という仮定をしています．

まずは，場合分けで考える方法を示します．合格の星取表のパターンの数は，表6.1に示すように8個です．この表で，先頭行 (000) が3学部不合格を意味します．残りの7パターンであれば，少なくとも1回は合格を意味します．ですから，この7パターンについて，それぞれの確率を，独立事象の乗法定理 $P(A \cap B) = P(A) \cdot P(B)$ を使って計算します．パターン 001 であれば $\frac{4}{10} \times \frac{4}{10} \times \frac{6}{10} = 0.096$ です．

それを7回行い，たし算すれば，答え0.936が得られます．しかし，場合分けをして7個の確率をたし算していくのは面倒です．それよりは，余事象である，全部不合格の確率を計算して，1から引いた方が簡単です．これが余事象の考え方です．

表 **6.1** 合否パターン別確率（0が不合格，1が合格を示す）

経済	法学	文学	確率
0	0	0	0.064
0	0	1	0.096
0	1	0	0.096
1	0	0	0.096
0	1	1	0.144
1	0	1	0.144
1	1	0	0.144
1	1	1	0.216
			1

事象（少なくとも1回合格）の余事象は，どうなりますか？ 事象（一度も受からない，3回とも不合格）が余事象です．

$$1 - (0.4)^3 = 0.936$$

余事象を使ったほうが，考え方がすっきりします．

練習問題 6-6：今後 1 年の間に大地震の起こる確率

今後 3 年間のうちに，少なくとも 1 回，大地震が起きる確率が 10%であるといわれました．このデータだけから 1 年の間に少なくとも 1 回大地震が起きる確率を計算してください．3 年間のうち，どの 1 年間も大地震が起きるという事象は，同程度に確からしいとします．

答え：

マスコミがよく使う表現です．これも余事象で考えたほうが簡単な問題です．3 年間のうちに，少なくとも 1 回，大地震がくるという事象の，余事象はどうなるでしょう？余事象は，3 年間連続大地震が起きない，です．その確率は，$100\% - 10\% = 90\%$ です．

1 年間大地震が起きない確率を p とすると，3 年間連続大地震が起きない確率は

$$p \times p \times p$$

です．独立事象の乗法定理を 2 回使っています．その値が 0.9 ですから，以下の方程式となります．

$$p^3 = 0.9$$

上式で，両辺の 3 乗根を取ります．（累乗根を忘れてしまった人は第 4 章「指数関数」を参照してください．）

$$\sqrt[3]{p^3} = \sqrt[3]{0.9}$$

左辺は p となります．$\sqrt[3]{p^3} = p$
右辺はおよそ 0.965 です．

$$\sqrt[3]{0.9} \approx 0.965 \quad \rightarrow p \approx 0.965$$

よって，p は約 0.965 となります．

ここでもう一度，余事象の考え方を，今度は期間 1 年に対して用います．1 年のうちに少なくとも 1 回大地震が起きる確率は，余事象の考えを使って，$1 - p$ ですから，約 0.035 が答えです． □

練習問題 6-7：3 乗根

上記の問題で，3 乗根の意味をよく理解できない人は，0.965 を 3 乗して 0.9 になることを確認しましょう．関数電卓などを用いて，自分で計算してください．

答え：

$$0.965^3 \approx 0.898632125 \,(約\, 0.9)$$

□

6.3 順列と組合せ

確率を計算する場合，事象の総数の数え上げに順列と組合せの考え方を使います．そこで，順列と組合せの話をしておきます．順列，組合せの勉強はつまらないと思っている人も少なくありませんが，株の期待値の計算など，将来，金融の現実的な問題を理解するためには必須です．

順列は順番を気にしますが，組合せは気にしません．

たとえば，運動会の徒競走のゴールに 1 番，2 番，3 番の旗をもった係の人がいます．そのように順番があるものに対し，そこに誰が来るのか，と考えるのが順列です．一方，クラス 40 人から正副の関係なく，単に 4 人の図書委員を選出するのであれば，これは組合せで考えます．

練習問題 6-8：

4 人のアイドル「理恵，由布子，アンナ，まゆ子」から 3 人を選んで，右端から順に並んでもらいます．樹形図で並び方をすべて書き出しなさい．そして並び方の総数を求めてください．

答え：

右端は，誰でもよいから 4 通りあります．そのおのおのに対して，観客から見てステージの右端から 2 番目は，残った 3 人のうちの誰でもよいので，3 通りあります．さらに．そのおのおのに対して，左端は，残った 2 人のうちの誰でもよいので，2 通りあります．

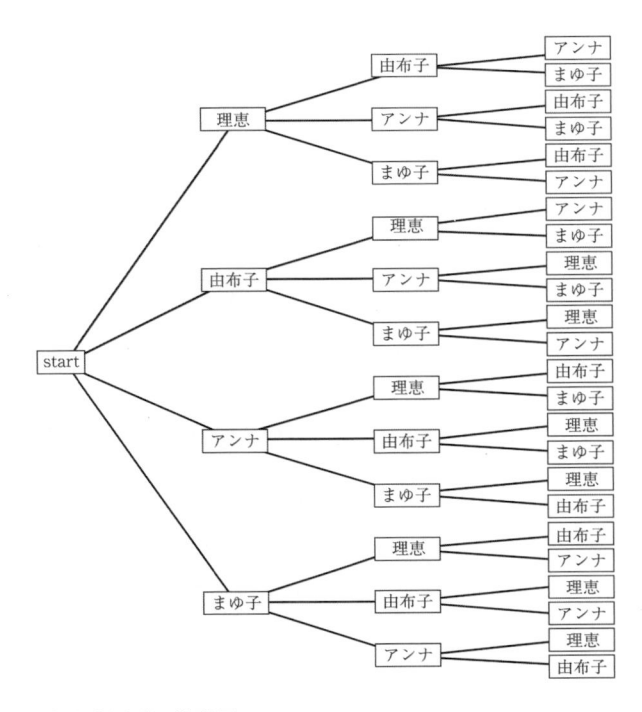

図 6.3　4 人から 3 人を取り出す順列の樹形図

4 個から 3 個取り出す順列の総数は以下のようになります．

$$4 \times 3 \times 2 = 24$$

□

練習問題 6-9：
練習問題 6-8 で，理恵，由布子，まゆ子が，選ばれた場合の数を，先ほどの樹形図にチェックを入れながら数え上げなさい．

答え：
組合せ { 理恵, 由布子, まゆ子 } は 6 回出てきます．図 6.3 のチェックマークがついている並びです．これを計算式で書くと，$_3P_3 = 3 \times 2 \times 1 = 6$ となります．

□

問題を 2 題やって少し感覚がつかめてきましたか？ 図 6.4 にも，アイドルの名前で順列の樹形図 2 例を示しました．それでは，公式を見てみましょう．

> **公式**：異なる n 個のものから r 個取り出して並べるときの総数を $_nP_r$ で表す．
>
> **順列の総数**：$_nP_r = (n-0) \times (n-1) \times (n-2) \times \cdots \times (n-(r-1))$
> かけ算される項の数は 0 から $(r-1)$ までですから，r 個です．

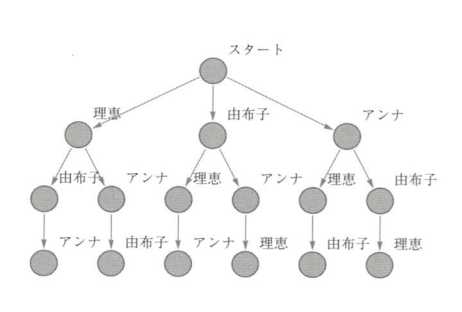

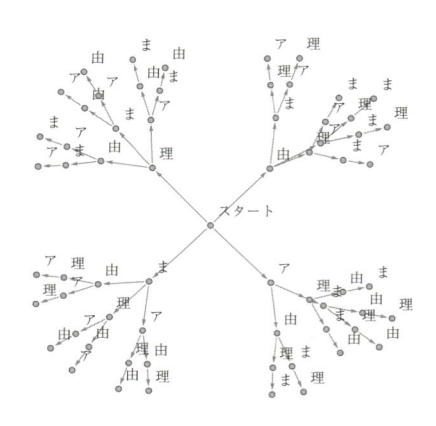

図 6.4 $_3P_3$ と $_4P_4$ の樹形図をアイドルの名前で描いた．

次に組合せを考えます．組合せを考えるときは，組合せ（combination, コンビネーション）と考えるよりも，**部分集合** (subset) と考えたほうが明解になります．
たとえば，10 個の要素からなる集合があって，どれを選んでも同様に確からしいとします．その中から 4 個を選んで，部分集合を作ります．**4 個を選択すると考えてもいいですし，残りの 6 個を選択すると考えても，組合せの総数は同じです．**

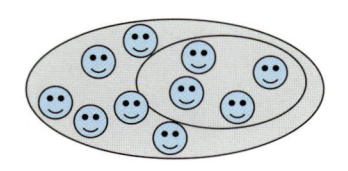

図 **6.5** 組合せは部分集合を求めると考えると簡単．4 個の部分集合を作ると考えてもよいし，6 個の部分集合を作ると考えても総数は同じ．$_nC_r = {_nC_{(n-r)}}$

> 公式：異なる n 個のものから r 個の部分集合を作る総数を $_nC_r$ で表す．
>
> 組合せの総数： $_nC_r = \dfrac{(n-0) \times (n-1) \times (n-2) \times \cdots \times (n-(r-1))}{r \times (r-1) \times \cdots \times 2 \times 1}$

$_nC_r = {_nC_{(n-r)}}$

組合せの公式の求め方は以下のように考えましょう．

・n 個の異なるものから r 個の部分集合を作る総数を求める考え方

① n 個の異なるものから r 個取った順列の総数を求める．

$(n-0) \times (n-1) \times (n-2) \times \cdots \times (n-(r-1))$

項が r 個ある．

② 異なる r 個の並べ方（順列）の数を求める．

$_rP_r = r \times (r-1) \times \cdots \times 2 \times 1$

③ r 個からなる部分集合では，並べる順番は気にしないので，① で得た順列の総数を，$_rP_r$ で割ってやる．① の結果を ② の結果で割ると，以下の公式が得られる．

$\dfrac{(n-0) \times (n-1) \times (n-2) \times \times \cdots \times (n-(r-1))}{r \times (r-1) \times \cdots \times 2 \times 1}$

練習問題 6-10：株の 2 銘柄を選ぶ

6 つの会社の株があります．

ソニー，IBM，本田，インテル，ノキア，トヨタ

この中から 2 つを選ぶ組合せの数を求めなさい．

答え：

まずは愚直に，全部書き並べてみましょう．図 6.6 と図 6.7 では，選択した部分集合を左側に置き，"$**$"で区切り，選ばれなかった残りを右側に置いています．組合せ総数は，図 6.6 のように，$_6C_2$ と考えても，図 6.7 のように $_6C_4$ と考えても，答えは同じで 15 です．

公式を使って計算しても，もちろん同じく 15 個です．

```
1    {ソニー, ＩＢＭ}      **   {トヨタ, 本田, インテル, ノキア}
2    {ソニー, トヨタ}       **   {本田, インテル, ノキア, ＩＢＭ}
3    {ソニー, 本田}        **   {トヨタ, インテル, ノキア, ＩＢＭ}
4    {ソニー, ノキア}       **   {トヨタ, 本田, インテル, ＩＢＭ}
5    {ソニー, インテル}     **   {トヨタ, 本田, ノキア, ＩＢＭ}
6    {ＩＢＭ, トヨタ}      **   {ソニー, 本田, インテル, ノキア}
7    {ＩＢＭ, 本田}       **   {ソニー, トヨタ, インテル, ノキア}
8    {ＩＢＭ, ノキア}      **   {ソニー, トヨタ, 本田, インテル}
9    {ＩＢＭ, インテル}    **   {ソニー, トヨタ, 本田, ノキア}
10   {トヨタ, 本田}       **   {ソニー, インテル, ノキア, ＩＢＭ}
11   {トヨタ, ノキア}      **   {ソニー, 本田, インテル, ＩＢＭ}
12   {トヨタ, インテル}    **   {ソニー, 本田, ノキア, ＩＢＭ}
13   {本田, ノキア}       **   {ソニー, トヨタ, インテル, ＩＢＭ}
14   {本田, インテル}     **   {ソニー, トヨタ, ノキア, ＩＢＭ}
15   {ノキア, インテル}    **   {ソニー, トヨタ, 本田, ＩＢＭ}
```

図 **6.6** 6 個から 2 個取り出す組合せ [1]

```
1    {ソニー, ＩＢＭ, トヨタ, 本田}       **   {インテル, ノキア}
2    {ソニー, ＩＢＭ, トヨタ, ノキア}      **   {本田, インテル}
3    {ソニー, ＩＢＭ, トヨタ, インテル}    **   {本田, ノキア}
4    {ソニー, ＩＢＭ, 本田, ノキア}       **   {トヨタ, インテル}
5    {ソニー, ＩＢＭ, 本田, インテル}     **   {トヨタ, ノキア}
6    {ソニー, ＩＢＭ, ノキア, インテル}    **   {トヨタ, 本田}
7    {ソニー, トヨタ, 本田, ノキア}       **   {インテル, ＩＢＭ}
8    {ソニー, トヨタ, 本田, インテル}     **   {ノキア, ＩＢＭ}
9    {ソニー, トヨタ, ノキア, インテル}    **   {本田, ＩＢＭ}
10   {ソニー, 本田, ノキア, インテル}     **   {トヨタ, ＩＢＭ}
11   {ＩＢＭ, トヨタ, 本田, ノキア}       **   {ソニー, インテル}
12   {ＩＢＭ, トヨタ, 本田, インテル}     **   {ソニー, ノキア}
13   {ＩＢＭ, トヨタ, ノキア, インテル}    **   {ソニー, 本田}
14   {ＩＢＭ, 本田, ノキア, インテル}     **   {ソニー, トヨタ}
15   {トヨタ, 本田, ノキア, インテル}     **   {ソニー, ＩＢＭ}
```

図 **6.7** 6 個から 4 個取り出す組合せ [1]

$$_6C_2 = \frac{6 \times (6-1)}{2 \times 1} = 15, \quad _6C_4 = \frac{6 \times (6-1) \times (6-2) \times (6-3)}{4 \times 3 \times 2 \times 1} = 15$$

□

練習問題 6-11：2 個ともビーフバーガーが当たる確率

まったく同じ外見をした 6 個のハンバーガーがあります．そのうちの 4 個がビーフバーガーで，残り 2 個がトーフバーガーです．同時に 2 個を取ったとき，2 個がビーフバーガーである確率を求めなさい．

答え：

ポイントは，根元事象が組合せになっている問題であることです．バーガー 2 個の組合せを考えます．根元事象が要素 1 個だけから構成される場合に比べて，

複数の構成要素があるので考え方が難しくなります．

事象（両方ビーフ）の起こる場合の数は，4個のビーフバーガーから2個を選ぶ組合せの総数です．よって，図6.8にあるように，$_4C_2 = 6$ 通りです．次に，分母の，起こり得るすべての場合の数です．これは，6個の異なるハンバーガーから，2個を選ぶ組合せの総数です．すなわち，図6.9に示すように，$_6C_2 = 15$ となります．

ここで質問です．すべての根元事象は同様に確からしいですか？

たとえば，({ 牛肉#1, 牛肉#4 })を選ぶ確率と，({ 牛肉#4, 豆腐#1 })を選ぶ確率が同じでなくてはいけませんが，同じでしょうか？ どのバーガーも外見が同じなので，これは同じと考えてよさそうです．この考え方で合っています．よって，答えは以下となります．

$$P(両方ともビーフ) = \frac{6}{15} = \frac{2}{5} = 0.4$$

□

1	{牛肉#1, 牛肉#2}
2	{牛肉#1, 牛肉#3}
3	{牛肉#1, 牛肉#4}
4	{牛肉#2, 牛肉#3}
5	{牛肉#2, 牛肉#4}
6	{牛肉#3, 牛肉#4}

図 **6.8** 2個のビーフバーガーの組合せの総数は6個 [1]

1	{牛肉#1, 牛肉#2}
2	{牛肉#1, 牛肉#3}
3	{牛肉#1, 牛肉#4}
4	{牛肉#1, 豆腐#1}
5	{牛肉#1, 豆腐#2}
6	{牛肉#2, 牛肉#3}
7	{牛肉#2, 牛肉#4}
8	{牛肉#2, 豆腐#1}
9	{牛肉#2, 豆腐#2}
10	{牛肉#3, 牛肉#4}
11	{牛肉#3, 豆腐#1}
12	{牛肉#3, 豆腐#2}
13	{牛肉#4, 豆腐#1}
14	{牛肉#4, 豆腐#2}
15	{豆腐#1, 豆腐#2}

図 **6.9** バーガー全体から2個取り出す組合せ総数は15個 [1]

練習問題 6-12：

株価変動のシンプルなモデルを作ってみます．1日の変動は，プラス1かマイナス1かのいずれかの値を取るとします．また，それぞれは，前日までの値動きには関係なく，いつも一定の確率を取るとします．（たとえば，プラス1は60%，マイナス1は40%というように．）

現在の株価の値を100として，6日後に102となる株価の上下動の動きのパターンは何通りあるか求めなさい．ヒントは，$\{+1,+1,-1,+1,+1,-1\}$のように，6個の日の中から，マイナス1となる2日を選ぶ組合せを考えましょう．残り4日は必然的にプラス1となりますから，6個の日の中から，どの2日間の部分集合を選ぶかを考えます．

答え：$_6C_2 = 15$

異なる6日にIDをつけることが重要です．わかりやすいように，DAY#1のように番号をつけます．その中から，-1となる2日分を選びます．6個の集合から2個の部分集合を取り出します．これは以下の表のように☑マークをつけると考えやすいです．

DAY#1	DAY#2	DAY#3	DAY#4	DAY#5	DAY#6
☐	☑	☐	☑	☐	☐

どれを選んでも同様に確からしい6つの日があって，それが表の列として並んでいます．根元事象は2個の組合せです．同様に確からしい理由は，毎日の株価の変動は，互いに独立であるという仮定があったからです．そこに，2個チェックマークを入れていきます．そのチェックマークのつけ方の総数は，6個の集合から2個の部分集合を取り出す場合の数となります．$_6C_2 = 15$．　□

練習問題 6-13：株価変動

練習問題 6-12 の問題で，1日の変動が $+1$ となる確率を0.6，-1 となる確率を0.4とします．現在の値を100として，6日後に102となる確率を求めなさい．

答え：

102となるパターンの例として $\{+1,+1,-1,+1,+1,-1\}$ となる場合を考えます．

表 6.2　株価変動の起こり得るすべての場合分けとその場合の確率

6日後価格	回数 [+1]	回数 [−1]	組合せの総数	確率
94	0	6	1	0.004096
96	1	5	6	0.036864
98	2	4	15	0.13824
100	3	3	20	0.27648
102	4	2	15	0.31104
104	5	1	6	0.186624
106	6	0	1	0.046656
			64	1

そのパターンが起こる確率は，以下のようになります．

$$0.6 \times 0.6 \times 0.4 \times 0.6 \times 0.6 \times 0.4 = (0.6)^4 \times (0.4)^2 = 0.020736$$

どうして，$0.6 \times 0.6 \times 0.4 \times 0.6 \times 0.6 \times 0.4$ のようにかけ算してよいのかというと，6日間の変動はそれぞれが互いに独立事象だからです．

それが $_6C_2 = 15$ 通りありますから，15倍して約 0.311 です．15通りのいずれの確率も，$\{+1, +1, -1, +1, +1, -1\}$ となる確率と等確率 (0.020736) ですから，15倍します．したがって6日後に102となる確率は

$$0.020736 \times 15 = 0.31104$$

ちなみに，起こり得る株価の上下変動のパターンの総数は64です．これは1日あたり上下の2パターンあるので（上がるか下がるかです），$2^6 = 64$ と考えます．

□

確率問題の検算の仕方

① 根元事象が組合せになっている場合，同様に確からしいかをチェックするためには，表で横方向に等確率な事象を並べて，そこに選択を意味するチェックマークを入れていく（たとえば，練習問題 6-12 のように）．すべての根元事象が同様に確からしいことを，表のすべての列を比較して確認する．

② すべての場合を書き出して，その確率を足し合わせて1になっていることを確認する（表 6.2 参照）．

6.4 独立試行の期待値

ビジネスの世界では，このプロジェクトで儲けがいくらになるか，その予測をすることが重要です．成功したらいくら儲かり，失敗したらいくら損をするか，その場合分けを考え，場合ごとの儲けの値と，確率を予測します．こうしたプロジェクトや金融商品（オプション等）等々，すべての投資対象について，将来の儲けの平均値を求めたいときに役に立つのが，期待値の考え方です．まずは期待値の定義から見ていきましょう．

> **期待値の定義**
>
> 試行の各根元事象に対応して，数 X が定められているとする．X の取り得るすべての値が $x_1, x_2, \cdots, x_n$ であり，それぞれの値 x_k ($k = 1, 2, 3, \ldots, n$) を取る確率の値が $p_1, p_2, \cdots, p_n$ であるとき，いずれかの値を取る事象は必ず起こるので，$p_1 + p_2 + \cdots + p_n = 1$ となる．このとき，X の平均（期待値）とは以下のように定義される．
>
> $$x_1 \cdot p_1 + x_2 \cdot p_2 \cdots + x_n \cdot p_n$$

たとえば，プロジェクト X は，仕事が取れれば利潤が 1 億円で，取れる確率 20%，取れなければ 500 万円の損失で，その確率は 80% の場合，期待値は以下のようになります．

$$100000000 \times (2/10) + (-5000000) \times (8/10) = 16000000 (円)$$

練習問題 6-14：

動物村のコンビニで，スーパーヒーローグッズのくじ引きを 1 回 500 円でやっています．景品は以下の種類があり，その景品の原価，および，その当たりくじの数は以下のように決められたとします．くじの総数は 100 枚です．くじを引いたとき，もらえる商品の原価の期待値を求めなさい．

景品	大型フィギュア	バッグ	バスタオル	ノート・ペン	ファイル 2 個
原価 X	3000	1500	800	300	200
くじの数	1	5	15	30	49

答え：

原価 X	3000	1500	800	300	200	計
確率 P	0.01	0.05	0.15	0.3	0.49	1
各要素寄与分	30	75	120	90	98	413

原価 X の取り得る値，それぞれの確率が上記の表のように計算されます．大型フィギュアの当たる確率は 100 枚中の 1 枚ですから 100 分の 1 で，0.01 です．確率 P を合計したとき，1 になっていることを確認してください．

大型フィギュアの期待値寄与分は

$$3000 \cdot \left(\frac{1}{100}\right) = 30 (円) \quad です．$$

同様に，バッグ寄与分が 75 円，バスタオルが 120 円，ノート・ペンが 90 円，ファイルが 98 円で，合計すると 413 円となります．

500円のくじであれば，原価 X の期待値は絶対に 500 円よりも少ない金額に設定されています．光熱費，アルバイト代，テナント料，等々，コンビニ経営に必要な経費は多々あるので，儲けを得るためには，価格の 500 円よりも期待値を低く設定する必要があります． □

> **確率分布**
>
> 変数 X の取り得る値，$x_1, x_2, \cdots, x_n$ に対して，これらの値を取る確率がそれぞれ $p_1, p_2, \cdots, p_n$ と定まっているとき，X を**確率変数**といい，$x_1, x_2, \cdots, x_n$ と $p_1, p_2, \cdots, p_n$ の対応関係を確率変数 X の**確率分布**といいます．このとき，いずれかの値を取る事象は必ず起こるので，$p_1 + p_2 + \cdots + p_n = 1$ となります．

練習問題 6-14 では，取り得る値は景品の原価であるので，とびとびの値です．身長や体重のように連続した数ではありません．これを**離散型変数**と呼びます．この変数は，1500（円）である確率は 0.05 というように確率が決まっているので，正確には**離散型確率変数**といいます．連続型変数（身長，体重等）については次章で扱います．図 6.10 に，練習問題 6-14 の確率分布を示します．これは横軸が離散型確率変数で，縦軸がその際の確率を示しています．離散型確率変数は，点の集合で表されます．図 6.10 では，その点から真下に線を引いていますが，これは，見やすくするために引いたもので，本来不要です．確率は合計すると，必ず 1 になります．

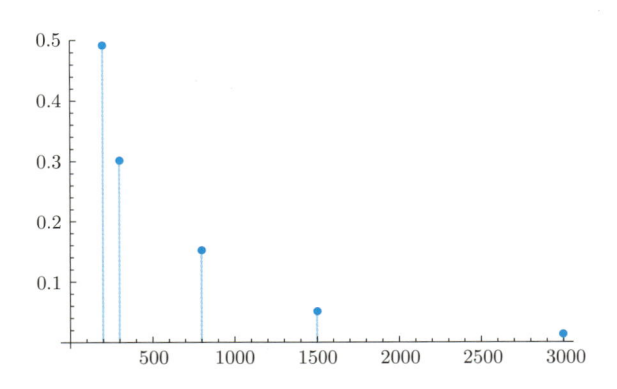

図 **6.10** 離散型確率変数の確率分布の例

6.5 条件付き確率——ベイズの定理

何か事故が起こったときに，「もしかして，×××の**原因**で事故が起こったのではないだろうか」と推測することがあります．これは，「ある原因×××のもとで事故が起こる確率」という考え方によって扱うことができます．まず，問題を見

問題 6-15：
　ある女子大では，100 人に 30 人が恋人がいます．クリスマスイブに女子会を開こうとしたところ，断る人がいました．恋人がいれば 97% の確率で参加を断る，と仮定します．ただし，恋人がいない場合でも，10% の確率で参加を断る，と仮定します．今，ある人が参加を断ったとして，この人に恋人がいる確率を求めなさい．

答え：
　女子会欠席の事象を X とします．恋人がいる事象を ♥マークで表し，恋人がいない事象を $\overline{♥}$ で表すとします．すると，記号 $P_X(♥)$ は，事象 X のもとで，事象 ♥ である確率です．まず，原因によらず，ともかく欠席する人の確率を計算しましょう．

$$P(X) = P(♥) \cdot P_♥(X) + P(\overline{♥}) \cdot P_{\overline{♥}}(X)$$
$$= 0.3 \times 0.97 + 0.7 \times 0.1 = 0.291 + 0.07$$
$$= 0.361$$

恋人がいる人が 30% で，そのうち 97% が欠席，プラス，恋人がいない人 70% のうち，10% が欠席，あわせて欠席の確率は 29.1% + 7% = 36.1% となります．これより，欠席 36% 中の 29% が，恋人がいて欠席なので，求めたい確率は以下のように計算できます．

$$P_X(♥) = \frac{P(X \cap ♥)}{P(X)} = \frac{P(♥)P_♥(X)}{P(X)} = \frac{0.3 \times 0.97}{0.361} \cong 0.8060$$

となり，およそ 81% となります．つまり，欠席した人に「恋人がいる」確率は 81% となります．　□

　このように，原因の確率を求める式は，確率の乗法公式から簡単に導き出せました．これを**ベイズの定理**と呼びます．
　ベイズの定理を，以下のような病気の検査薬の例で表してみます．検査で陽性反応が出る事象を E とし，感染している事象を X，感染していない事象を $\overline{X}$ とします．陽性反応が出た場合，この人が実際に感染している確率は以下の式で表せます．

$$P_E(X) = \frac{P(X \cap E)}{P(E)} = \frac{P(X) \cdot P_X(E)}{P(X) \cdot P_X(E) + P(\overline{X}) \cdot P_{\overline{X}}(E)}$$

練習問題 6-16：
　ある図書館では違法な本の持ち出しが，1000 回に 3 回の割合で起こります．このため，退出ゲートに持ち出しチェック機能が備えてあり，機械が未処理の本と認めた場合，警報が鳴るようにしました．本当に違法持ち出しの場合，95% の確

率で警報が鳴ります．ただし，貸出処理をしたにも関わらず警報が鳴ることもあり，この誤作動の起こる確率は1%です．いま，ある人がゲートを通ろうとして警報が鳴りました．違法持ち出しが原因で警報が鳴った確率を求めなさい．

答え：

警報が鳴る事象を♬，違法に持ち出す事象を👽マークで表し，正当に持ち出す事象を$\overline{👽}$と表します．原因によらず，警報がなる確率を求めます．

$$P(♬) = P(👽) \cdot P_{👽}(♬) + P(\overline{👽}) \cdot P_{\overline{👽}}(♬)$$
$$= 0.003 \times 0.95 + 0.997 \times 0.01 = 0.00285 + 0.00997 = 0.01282$$

事象👽による事象♬の起こる確率 $P_♬(👽)$ は

$$P_♬(👽) = \frac{P(♬ \cap 👽)}{P(♬)} = \frac{P(👽) \cdot P_{👽}(♬)}{P(♬)} = \frac{0.00285}{0.01282} = 0.2223\ldots$$

となり，およそ22%です．つまり，誤作動により警報が鳴る確率が78%です．これでは使いものになりません．システムを改良して誤動作の確率を低くしてほしいものです．

それは普通ありえないことですよ

確率的に考えてそれは普通にはありえないことだ，という事象があります．たとえば，サイコロを連続して5回振ったら毎回4が出た，というようなことが起こったら，「何かおかしい」と思わなくてはいけません．「そういうこともたまにはあるのかなぁ」とのん気にしていてはいけません．4が出る確率は6分の1ですから，サイコロを振る回数を x とすると，$(1/6)^x$ という式で表せます．%単位に換算するには，それに100をかけて $100 \times (1/6)^x$ となります．この式をグラフに書いてみると，$x = 3$ から，ほとんど確率0%に近づいています．つまり，3回連続したら，これは普通ありえないことだ，これは何かの作為がある，と感じなくてはいけません．他の日常の例をあげましょう．「会社の昼休みに近所のレストラン街に行くのですが，毎日1年間続けて，この彼と偶然同じレストランでお会いして，お話しするうちに親しくなって結婚したのです．こういう偶然って，あるのですね」と，西九条麗華さん（仮名）が

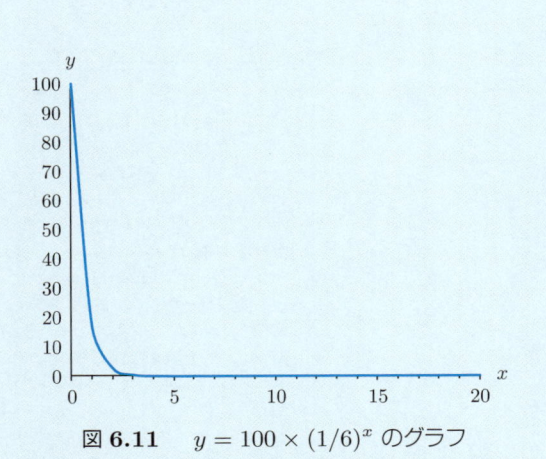

図6.11　$y = 100 \times (1/6)^x$ のグラフ

言っています．これは偶然なのでしょうか？ もし，毎日同じレストランで出会ったら，その確率を簡単な仮定のもと，計算してみるべきです．レストラン街で皆がよく行く店は 10 件．各店に行く確率は 10 分の 1 と仮定する．連続して 300 日偶然会う確率は？ と計算するのです．答えは約 10 のマイナス 300 乗です．限りなく 0 に近い数字です．ありえません．

何か連続して起こる場合は，普通ありえないことなのではないか，と疑ってみましょう．

ドリル

ドリル **6-1**：

1 年間に株が暴落する確率が 5% であったと仮定します．5 年間で少なくとも 1 回，株価暴落する確率を求めなさい．

答え：約 0.226

5 年間で 1 度も暴落しない確率をまず求めましょう．0.95 の 5 乗です．そして，その余事象を取ります．

ドリル **6-2**：

練習問題 6-10 の，6 種類の異なる会社名から，3 種類の異なる会社名の部分集合を取ります．図 6.12 に，部分集合の取り方を示しますが，その総数を公式を使って求めなさい．

1	{ソニー, ＩＢＭ, トヨタ}	**	{本田, インテル, ノキア}
2	{ソニー, ＩＢＭ, 本田}	**	{トヨタ, インテル, ノキア}
3	{ソニー, ＩＢＭ, ノキア}	**	{トヨタ, 本田, インテル}
4	{ソニー, ＩＢＭ, インテル}	**	{トヨタ, 本田, ノキア}
5	{ソニー, トヨタ, 本田}	**	{インテル, ノキア, ＩＢＭ}
6	{ソニー, トヨタ, ノキア}	**	{本田, インテル, ＩＢＭ}
7	{ソニー, トヨタ, インテル}	**	{本田, ノキア, ＩＢＭ}
8	{ソニー, 本田, ノキア}	**	{トヨタ, インテル, ＩＢＭ}
9	{ソニー, 本田, インテル}	**	{トヨタ, ノキア, ＩＢＭ}
10	{ソニー, ノキア, インテル}	**	{トヨタ, 本田, ＩＢＭ}
11	{ＩＢＭ, トヨタ, 本田}	**	{ソニー, インテル, ノキア}
12	{ＩＢＭ, トヨタ, ノキア}	**	{ソニー, 本田, インテル}
13	{ＩＢＭ, トヨタ, インテル}	**	{ソニー, 本田, ノキア}
14	{ＩＢＭ, 本田, ノキア}	**	{ソニー, トヨタ, インテル}
15	{ＩＢＭ, 本田, インテル}	**	{ソニー, トヨタ, ノキア}
16	{ＩＢＭ, ノキア, インテル}	**	{ソニー, トヨタ, 本田}
17	{トヨタ, 本田, ノキア}	**	{ソニー, インテル, ＩＢＭ}
18	{トヨタ, 本田, インテル}	**	{ソニー, ノキア, ＩＢＭ}
19	{トヨタ, ノキア, インテル}	**	{ソニー, 本田, ＩＢＭ}
20	{本田, ノキア, インテル}	**	{ソニー, トヨタ, ＩＢＭ}

図 **6.12** 6 社から 3 社の部分集合を取る．

答え：$_6C_3 = 20$

ドリル 6-3：

上記のドリル問題で，IBM，本田，インテルという部分集合が選択されたとします．その3個の順列の総数を，順列の樹系図を書いて求めなさい．

答え：

樹系図は省略しますが，順列の総数は $_3P_3 = 6$ となります．

ドリル 6-4：株価の変動

練習問題 6-12 で，104 となる確率の計算式を書き，それが 0.187 となることを自分で計算して求めなさい．

答え：

$$_6C_1 \times (0.6)^5 \times (0.4)^1 \cong 0.187$$

ドリル 6-5：

ゲームをします．初めに 1000 円もっているとします．1 回のゲームで，勝つと 1.5 倍に所持金が増えます．負けると所持金は半分になります．3 回ゲームをした場合の，所持金の期待値を求めなさい．各ゲームの勝ち負けは独立であるとし，引き分けはなく，勝つ確率は 60% であると仮定します．

答え：

答えは，以下の表に示すように 1331 円です．

3 回のゲームの勝敗についてすべての場合を見ていく必要があります．

#1	#2	#3	所持金 （千円）	確率	所持金 × 確率 （千円）
○	○	○	3.375	0.216	0.729
○	○	×	1.125	0.144	0.162
○	×	○	1.125	0.144	0.162
×	○	○	1.125	0.144	0.162
○	×	×	0.375	0.096	0.036
×	○	×	0.375	0.096	0.036
×	×	○	0.375	0.096	0.036
×	×	×	0.125	0.064	0.008
					1.331

ドリル 6-6：組合せ総数で場合分けを考える

ドリル 6-5 では，すべての場合を表に書き出しましたが，組合せを使って，計算をもう少し簡単にできます．その考え方で解いてみてください．もちろん，答えは同じです．ヒントは，$_3C_3, {}_3C_2, {}_3C_1, {}_3C_0$ の組合せの総数です．

答え：省略

ドリル **6-7**:

ある人に届くメールの 1000 通のうち 800 通は迷惑メールです．フィルタリングツールを使うと，本当の迷惑メールであれば，95%の確率で迷惑マーク👽がつくとします．ただし，迷惑メールでない場合も，誤診により 3%の確率で迷惑マークがつきます．今，あるメールに迷惑マークがついていた場合，本当に迷惑メールである確率を求めなさい．

答え：

迷惑マークがつく事象をマーク✉で表し，迷惑メールである事象を👽，迷惑メールでない事象を $\overline{👽}$ と表すとします．まずは，原因によらず，迷惑マークがつく確率を求めます．

$$P(✉) = P(👽) \cdot P_{👽}(✉) + P(\overline{👽}) \cdot P_{\overline{👽}}(✉)$$
$$= 0.8 \times 0.95 + 0.2 \times 0.03 = 0.76 + 0.006 = 0.766$$

これより，

$$P_{✉}(👽) = \frac{P(✉ \cap 👽)}{P(✉)} = \frac{P(👽)P_{👽}(✉)}{P(✉)} = \frac{0.76}{0.766} \cong 0.9921$$

となり，およそ 99%である．

ドリル **6-8**:

友だち（女子）の部屋に行ったところ，ギティちゃんのついたキャラクターもの電子レンジがありました．友だちは，「ギティちゃんが好きなわけではないけれども，性能が良さそうで安かったので買ったの」といっていました．その人がギティちゃんが好きなのでその電子レンジを買った確率はどのくらいでしょうか．ただし，世の中には，ギティちゃんファンが 3% いて，ギティちゃんファンであれば，その電子レンジを買う確率は 95%であるとします．ギティちゃんファンでない人でも，0.1%の人はその電子レンジを買うとします．

答え：

電子レンジを買う事象を🔲，ギティちゃんファンである事象を🐱，ギティちゃんファンでない事象を $\overline{🐱}$ であるとします．まずはギティちゃんファンであるかないかに関わらず，電子レンジを買う確率 $P(🔲)$ を求めます．

$$P(🔲) = P(🐱) \cdot P_{🐱}(🔲) + P(\overline{🐱}) \cdot P_{\overline{🐱}}(🔲)$$
$$= 0.03 \times 0.95 + 0.97 \times 0.001 = 0.0285 + 0.00097 = 0.02947$$

ギティちゃんファンであるため，電子レンジを買う確率は，

$$P_{🔲}(🐱) = \frac{P(🔲 \cap 🐱)}{P(🔲)} = \frac{P(🐱) \cdot P_{🐱}(🔲)}{P(🔲)} = \frac{0.0285}{0.02947} \cong 0.9670$$

となり，およそ 97%となります．

参考文献

[1] 白田由香利:グラフィクス教材サイト, http://www-cc.gakushuin.ac.jp/~20010570/ABC/

[2] 竹之内脩 他:『高等学校 新編数学 C（改訂版）』, 文英堂, 2007.

7

CHAPTER SEVEN

確率モデルと統計的推測

　世の中は不確実性で満ち溢れていますが，今や不確実性は確率や統計の知識によってその規則性を見つけ，不確実性の度合いを測定することができるのです．この章では，不確実性の規則を表す確率分布の話から始め，代表的な確率分布である2項分布，正規分布について理解します．特に，正規分布は，どの方面に進むにしても重要ですから詳しく説明します．最後に，統計的推測の入口まで案内します．海のものとも山のものともわからない集団の特徴を少しのサンプル（標本）で推定するという数学版手品みたいな技が推測統計です．今までの数学と違った数学を楽しみましょう．

7.1　偶然の法則と確率分布

(1) 10円玉投げの裏表と，ある産院で生まれた赤ちゃんの性別

　10円玉を投げて表が出たら1，裏が出たら0，という記号で結果を記録することにします．5回連続で10円玉を投げて表の出た枚数を記録する作業を1回の実験として，この実験を何回も繰り返した実験結果を記録していきます．

01110	01110	01101	10010	00010	11101	11001	11100	11111	11001
01100	10001	01101	00111	01011	00000	01101	10011	00111	10100
11010	01010	11100	00001	10010	01100	10111	01000	00100	10111
10011	00101	00010	10110	10111	10000	00110	00111	10111	11000

⋮

　この実験を200回繰り返した結果をヒストグラムで表すと図7.1のような棒グラフになりました．

　今度は，ある産院で次々に生まれてくる赤ちゃんの性別の問題です．男の子が生まれたら1，女の子が生まれたら0，というふうに結果を記録することにします．そうして誕生順に5人ずつ1か0の記号を記録していくという作業を1回の実験として，これを何回も繰り返した結果を記録していきます．

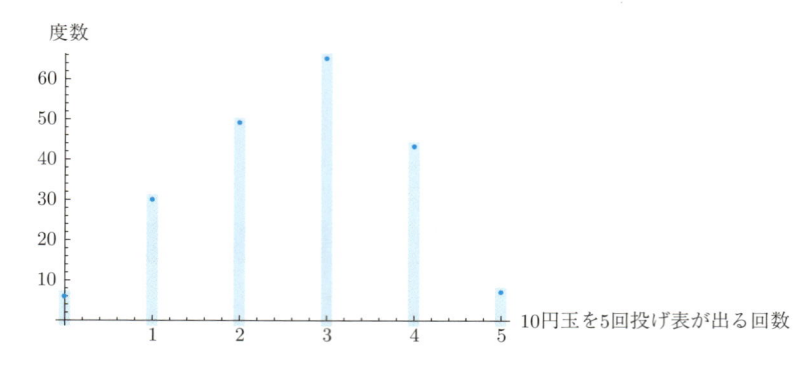

図 7.1 10 円玉を 5 回投げたときに，表が出た回数を記録する実験．取り得る値は 0, 1, 2, 3, 4, 5 のいずれかの値となる．その試行を 200 回繰り返したときの度数分布．

```
11010   11010   11001   10111   00001   11011   00110   11100   11010   00011
11011   11001   00110   11011   00000   00001   11001   10100   10001   10011
01111   01100   01000   11000   10001   01101   10100   00111   11110   10000
11010   00101   10111   01001   01101   00100   01111   11110   10011   10001
                                         ⋮
```

この実験を 200 回繰り返した結果をヒストグラムで表すと図 7.2 のような棒グラフになりました．

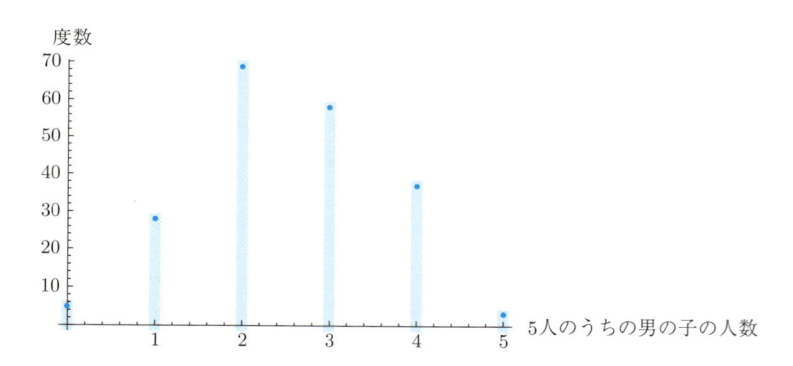

図 7.2 生まれた赤ちゃん 5 人のうち，男の子であった人数を記録する実験．取り得る値は 0, 1, 2, 3, 4, 5 のいずれかの値となる．その試行を 200 回繰り返したときの度数分布．

さて，実験室で投げた 10 円玉とどこかの産院で生まれた赤ちゃんとは何の関係もないのに，これらの 2 つの実験結果を表したヒストグラムは何か共通の法則で支配されているかのようによく似ています！

(2) 偶然現象の中に隠された確率モデル

10 円玉を投げて表が出るのも男の子が生まれるのも，まったくの偶然現象です．こういった偶然性や不確実性を数量化する方法が確率の考え方です．これらの観測結果に確率の理論で導き出したモデルを当てはめてみましょう．

10 円玉投げ実験の確率モデル

10 円玉を投げるという試行の結果は，その後の試行の結果に一切影響を与えません（独立試行）．このとき，10 円玉投げ 1 回につき表の出る確率は，10 円玉が公平に作られているなら $\frac{1}{2}$ です．10 円玉を 5 回投げて表が k 回出る確率は，表の出る回数を X で表すと $P(X = k)$ と書きました．これらの確率を順に計算すると次のようになりました．

$$P(X = 0) = {}_5C_0 \cdot \left(\frac{1}{2}\right)^0 \cdot \left(\frac{1}{2}\right)^5 = 0.03125$$

$$P(X = 1) = {}_5C_1 \cdot \left(\frac{1}{2}\right)^1 \cdot \left(\frac{1}{2}\right)^4 = 0.15625$$

$$P(X = 2) = {}_5C_2 \cdot \left(\frac{1}{2}\right)^2 \cdot \left(\frac{1}{2}\right)^3 = 0.3125$$

$$P(X = 3) = {}_5C_3 \cdot \left(\frac{1}{2}\right)^3 \cdot \left(\frac{1}{2}\right)^2 = 0.3125$$

$$P(X = 4) = {}_5C_4 \cdot \left(\frac{1}{2}\right)^4 \cdot \left(\frac{1}{2}\right)^1 = 0.15625$$

$$P(X = 5) = {}_5C_5 \cdot \left(\frac{1}{2}\right)^5 \cdot \left(\frac{1}{2}\right)^0 = 0.03125$$

そして，表が出る回数 X $(0, 1, 2, 3, 4, 5)$ を横軸に，それぞれの確率を縦軸にとってグラフを作ると，5 回投げたとき表の出る回数とその確率との関係がよくわかります（図 7.3）．表が出る回数 X $(0, 1, 2, 3, 4, 5)$ を確率変数といい，このようなグラフを確率分布のグラフといいましたね．この確率分布には 2 項分布という名前がついています．

注）事象 A が起こる確率が p である試行を独立に n 回行ったときに n 回中事象 A が起こる回数を確率変数 X としたときの確率分布を 2 項分布と呼びます．$P(X = r) = {}_nC_r p^r (1-p)^{n-r}$ $(r = 0, 1, \ldots, n)$ と確率は計算できます．

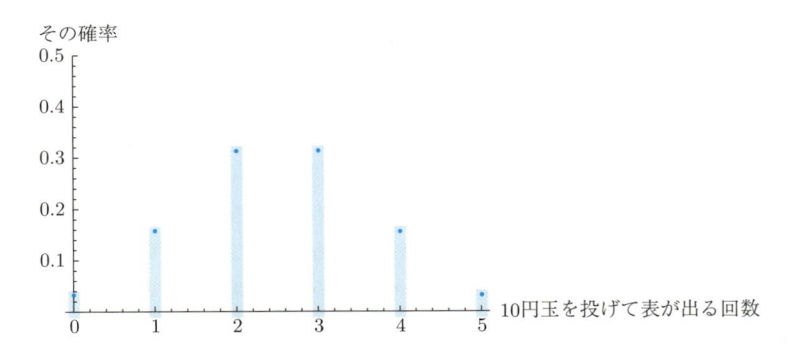

図 **7.3** 10 円玉を 5 回投げたとき表の出る回数の確率分布は 2 項分布になる．確率の合計は 1 になる．

赤ちゃんの性別の確率モデル

赤ちゃんの性別の問題の背後に潜む確率モデルも考えてみましょう．赤ちゃんの性別を記録するという試行の結果も 10 円玉投げと同様，それ以後の試行の結果にいっさい影響を与えない独立試行です．またある地域の産院では男の子と女の子の誕生の比率は，多くの観測から 51：49 という安定した値になることがわかっているとすると，1 人の赤ちゃんにつきその赤ちゃんが男の子である確からしさ（確率）は 0.51 です．5 人観測したときの男の子の人数を X として，10 円玉の問題と同様に横軸に X，縦軸に $P(X=k)$ をとって，確率分布を表すグラフを作ります．そのために $P(X=k)$ を計算すると，こんな具合です．

$$P(X=0) = {}_5C_0 \cdot (0.51)^0 \cdot (0.49)^5 \cong 0.0282$$
$$P(X=1) = {}_5C_1 \cdot (0.51)^1 \cdot (0.49)^4 \cong 0.1470$$
$$P(X=2) = {}_5C_2 \cdot (0.51)^2 \cdot (0.49)^3 \cong 0.3060$$
$$P(X=3) = {}_5C_3 \cdot (0.51)^3 \cdot (0.49)^2 \cong 0.3185$$
$$P(X=4) = {}_5C_4 \cdot (0.51)^4 \cdot (0.49)^1 \cong 0.1660$$
$$P(X=5) = {}_5C_5 \cdot (0.51)^5 \cdot (0.49)^0 \cong 0.0345$$

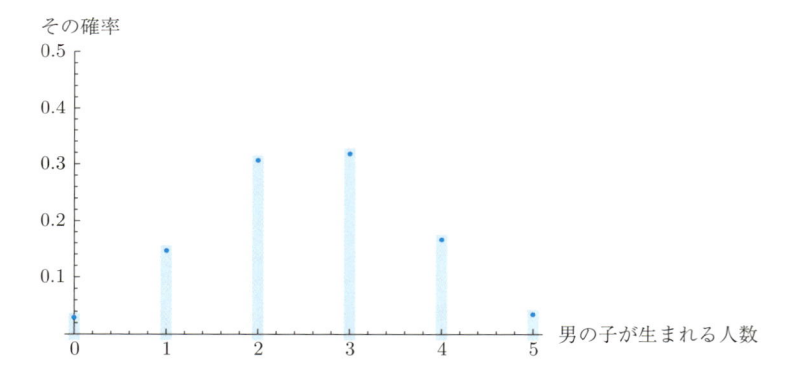

図 7.4 男の子が生まれる確率を 0.51 としたとき，5 人の赤ちゃんのうちの男の子の人数の 2 項分布．確率の合計は 1 になる．

赤ちゃんの性別の確率分布も 10 円玉の確率分布も同じ 2 項分布という確率法則に従っています．性別が決定される偶然のメカニズムは，神様が精巧に 0.51 の確率で表が出るように作られた 10 円玉を理想的な投げ方で投げて，裏が出たら女の子，表が出たら男の子というふうに決めているように思えますね‥‥．

さて，これらの 2 つの分布をこの節の初めの実験結果のヒストグラムとそれぞれ見比べてください．この実験結果の度数を全実験回数 200 で割った相対度数を縦軸にとったグラフ（ヒストグラムを縦に $\frac{1}{200}$ に縮小したグラフ）と非常によく似た形をしていますね．相対度数を縦軸にとったグラフは，すべての相対度数をたした値（棒グラフの棒の長さをたし合わせた値）は 1 になるので，確率分布と見ることができます．実は，実験回数を 300 回，500 回‥‥もっともっと増やし

ていくと，実験結果の相対度数のグラフは，2項分布に近づいていくことがわかっています．

確率の定義には，前章の定義のほかに，統計的確率（相対度数確率）という定義もあります．確率を，試行の回数を限りなく多く繰り返したときの相対度数と考えるのです．つまり，実験の回数をもっともっと多くしていった理想の姿＝モデルが，理論的に計算して作った確率分布というわけです．もちろん，"理想と現実のギャップ"などと日常生活の中でもよく言われるように，こうして理論的計算で求めた確率分布はあくまで理想のモデルですから，現実のデータから多少のずれは起こります．

(3) ある偶然現象にピッタリの確率モデルとは？

自然現象や社会現象について何か記述したり予測するとき，よく合う数学的モデルを作って，それに従って考察を進めることがあります．"確率モデル"はその1つです．

「10円玉を投げて次に表が出るか裏が出るか」，「次に生まれるのは男の子か女の子か」という偶然に関わる現象は，それを予測する計算式はありませんが，大量に観察すると規則性が表れてきます．こういった現象に当てはまると考えられる数学モデルが，確率分布モデルです．自然界や社会の中の偶然性の伴う複雑な事柄をどのようにしてモデル化するかということは重要な問題です．でも，ある現象にモデルを当てはめる際に，「こんな感じ？」というふうに適当に考えるわけにはいきませんし，「論理的にはこうなるはず！」というように理屈だけで当てはめるわけにもいきません．ある程度理論的に仮定したモデルを，実験や観測を通じて「なるほど，このモデルは事実とピッタリ当てはまる！」というように検証されて初めて認められるのです．

たとえば，「10円玉を5回投げたときに表が出る回数」や「ある産院で次々に赤ちゃんの性別を5人ずつ記録したときに男の子が生まれる人数」は理屈の上でも実験の上でも2項分布がピッタリ当てはまるので，この偶然現象を説明する確率モデルは2項分布といえます．一方，生物の体長，出生時の体重，観測誤差，試験の総合得点などは，平均を中心とした左右対称の滑らかな小山型の分布に従うことが知られています．これは正規分布という分布で，18～19世紀にかけて自然現象の偶然性を説明する唯一の確率モデルと考えられていましたし，現代においても最も重要な確率分布です．次節では，この正規分布について学びましょう．

7.2 正規分布

(1) 離散型と連続型

前章で説明したように確率分布には，確率変数がとびとびの値をとる離散型と，確率変数が連続的なある範囲になっている連続型がありましたね．

たとえば，10円玉の表の出る枚数や男の子が生まれた人数を確率変数としたときの2項分布は離散型分布です．確率変数は 0, 1, 2, 3, … ととびとびの値を取り，「男の子が2.5人」とかいう中途半端な値は考えません．離散型確率分布のグラフは，棒グラフの寄せ集めのような図形になります．分布の特徴を表す値とし

ては，平均，分散（分散にルートをつけた標準偏差）があります．

分布の平均とは，前章で学んだ確率変数の期待値です．起こりやすさの重みをつけた確率変数の平均と考えることもできます．確率変数 X 値を $x_1, x_2, x_3, \ldots, x_n$ として，それぞれの取る確率を $p_1, p_2, p_3, \cdots, p_n$ とします．分布の平均は記号 $E(X)$ で表し，

$$E(X) = x_1 p_1 + x_2 p_2 + \cdots + x_n p_n$$

と定義します．

分散は，分布が平均からどれくらいバラついているかを表す値で，記号 $V(X)$ で表します．ここで見やすくするために $E(X) = m$ とおくと，分散とは [確率変数と平均 m との距離の 2 乗] の期待値です．したがって，次の式で定義されます．

$$V(X) = (x_1 - m)^2 \cdot p_1 + (x_2 - m)^2 \cdot p_2 + \cdots + (x_n - m)^2 \cdot p_n$$

このように定義しておけば，分布が横に広がっていれば分散の値は大きくなりますし，平均の近くに集まっているような分布であれば分散は小さくなります．分散の値を見れば，平均からのバラつき具合がわかるのです．ただ，たとえば，確率変数の単位が cm のとき，分散はそれを 2 乗するわけですから cm^2 となり，長さのバラつきが面積で表されるという妙なことになってしまいます．ですから，実用的には分散の平方根を取った値 $\sqrt{V(X)}$ を用いることがあります．これが標準偏差です．いずれにせよ，分散も標準偏差も分布のバラつき具合を表します．

ところで確率変数は $1, 2, \cdots$ というようにいつもとびとびの値とは限りません．たとえば，針が 1 本のアナログ時計みたいなものを考えてください．針は引っかかりもなく自由自在に回転することができるとしましょう．この時計の針を回転させて，針の止まる位置を観測することにします．時計の目盛は 0 から 12 の間を連続的に取り，針の止まる位置がどの場所に来るかは同程度に確からしいとします．針の止まる位置を X とすると，どこに止まるかは偶然現象ですから X は $0 \leq X < 12$ のすべての値を連続的に取る確率変数と考えられます．連続的というのは，0 から 12 までの間のたとえば 0.5 とか 1.88, 11.9 などの中途半端な数も含めてベッタリとすべての値をとるということです．この場合，X がある範囲に止まる確率を考えることになります．たとえば，$0 \leq X < 1.5$, $1.5 \leq X < 3.0$, $3.0 \leq X < 4.5, \cdots, 10.5 \leq X < 12$ という 12 を 8 個に分けた各区間は，同じ 1.5 幅ですからこれらの区間のどの 1 つに X が落ちる確率も等しいと考えられます．ですから，$P(0 < X < 1.5) = 1/8$, もっと一般的に $P(a < X < b) = \frac{b-a}{12}$ というふうに，ある範囲に落ちる確率を計算できます．この確率の分布をグラフにするとすれば，

$0 \leq x < 12$ のとき $f(x) = 1/12$ という一定の値を取り，

それ以外のところでは $f(x) = 0$

というグラフがピッタリです．このような確率分布を一様分布といって，連続型の確率分布の 1 つの例です（図 7.5）．

一様分布の例をより一般にして，連続型分布を定義しましょう．マイナスの値

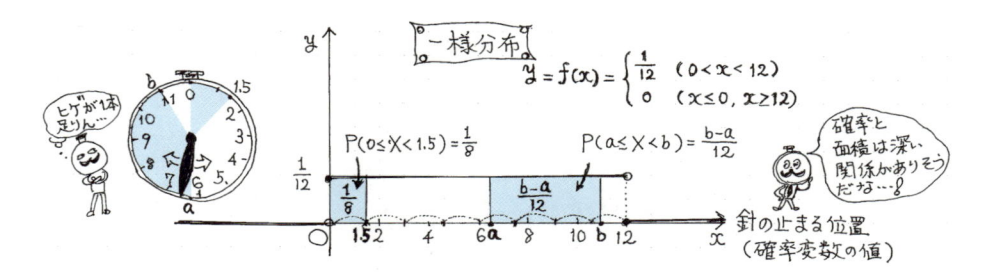

図 **7.5** 時計の長針の位置は，0(12), 1, 2, 3, ..., 12 と連続的に動いていくが，ある特定の時間間隔にいる確率はどれくらいかを表すことができる．たとえば，0 から 1.5 の間にいる確率は 1/8 となる．こう考えると，a から b の間にいる確率は $\frac{b-a}{12}$ となる．

をとらないある関数 $f(x)$ があって，確率変数 X の値が a と b の間にあるときの確率 $P(a < X < b)$ が $y = f(x)$ のグラフと x 軸，2 つの直線 $x = a$, $x = b$ とで囲まれた部分の面積で表されるとき，確率変数の分布を連続型といいます．確率分布を表すグラフなので，$y = f(x)$ のグラフと x 軸で挟まれた部分の全体の面積は 1 になります．正規分布や一様分布などは連続型です．確率分布が連続型の場合は，確率の詰まり具合という感じがピッタリなので，分布を表す式に**確率密度関数**という名前がついています．そして，確率密度関数のグラフを**分布曲線**と呼びます．先ほどの一様分布の確率密度関数は，

$$f(x) = 1/12 \quad (0 \leq x < 12), \quad f(x) = 0 \ (x がそれ以外のとき)$$

ですね（図 7.5）．分布曲線は平らなグラフとなります．（数学では直線は特殊な曲線と考えるので，こんなグラフも曲線と呼びます．）

連続型分布では，たとえば上の一様分布の例では，$X = 3$ である確率というような，**1 点の値を取る確率は 0** になってしまいます．というのは，確率分布を表すグラフに縦に 1 本 $X = 3$ のところに線が入るだけで，幅がなく**面積が 0** だからです．なので，X が 3 から 5 までの値をとる確率というように幅をもたせた確率を考えるのです．

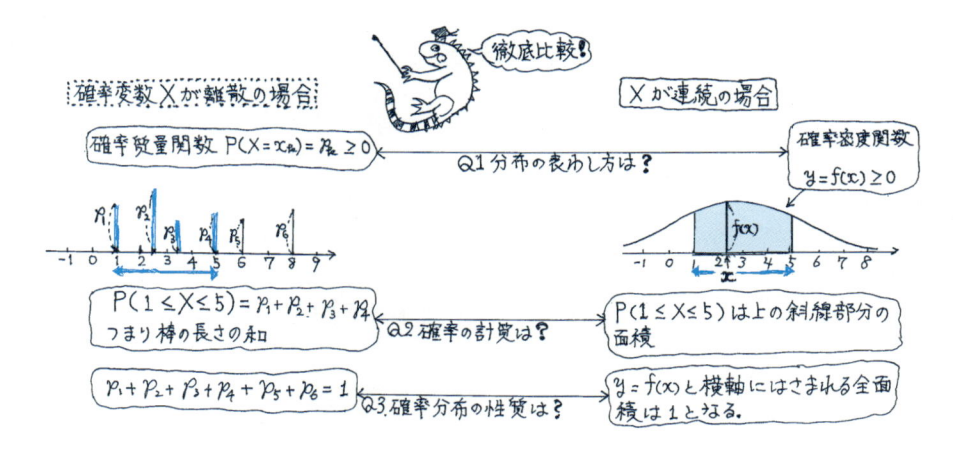

図 **7.6** 連続型分布と離散型分布の比較

離散型分布と同じように，連続型分布にも特徴を代表する値として，中心を意味する平均や，バラつきを表す分散が定義されます．しかし，詳しく説明するには積分や極限の知識が必要で，本書の範囲を超えてしまいます．連続型分布でも平均や分散は計算できるということは頭に入れておきましょう．

(2) 正規分布の特徴

正規分布の分布曲線は，平均 μ を中心として左右対称に広がり，広がり具合が標準偏差 σ で決まる美しい小山型形をしています．しかしその確率密度関数は，恐ろしい数式で表されます．

$$f(x) = \frac{1}{\sqrt{2\pi\sigma^2}} e^{-\frac{(x-\mu)^2}{2\sigma^2}} \quad \begin{cases} \mu : 平均 \\ \sigma : 標準偏差 \end{cases}$$

でもご心配なく！皆さんがこの式を直接どうこうすることはまずありません．ただ，形として何となく覚えておけばよいでしょう．大切なのは，次の性質を理解することです．

> 中心 μ から σ いくつ分離れているかという確率は μ, σ の値に関わらず同じ！（図 7.7）

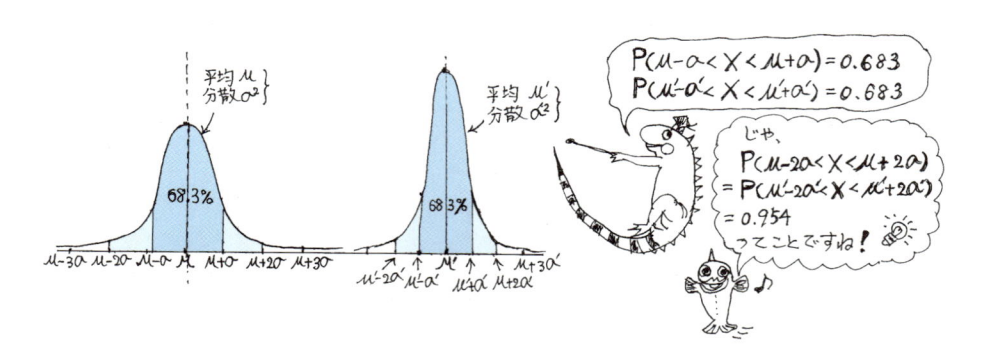

図 7.7 中心 μ から σ いくつ分離れているかという確率は μ, σ の値に関わらず同じ．

この性質はとても重要なので，必ず理解してください．図 7.8 のグラフィクスで視覚的に見てみましょう．たとえば図 7.8 は，確率変数 X が正規分布に従っているとき，平均 μ から 2σ 以内に入る確率は μ, σ の値に無関係に常に 0.9545 であるということを言っています．すなわち，平均 $\mu = 0$，標準偏差 $\sigma = 1$ の正規分布の場合は，

$$P(-2 \leq X \leq 2) = 0.9545$$

ということですね．

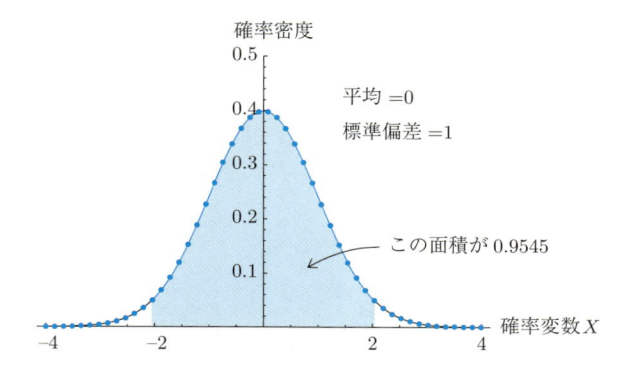

図 **7.8** 平均 0，標準偏差 1 の正規分布で，平均から 2σ 以内に入る確率は 0.9545 となる．

正規分布の性質から次のようなこともわかります．たとえば，あるテストの点数が平均 40，標準偏差 10 点の正規分布に従っていることがわかっているとします．ある生徒をランダムに選んだとき，彼の点数が $40 - 10 = 30$ 点から $40 + 10 = 50$ 点までの中に入る確率は 68.3% であり，$40 - 2 \times 10 = 20$ 点から $40 + 2 \times 10 = 60$ 点までの間に入る確率が 95.4% ということがわかるのです（図 7.9）．つまり平均から標準偏差いくつ分離れているかという情報だけで，その確率がわかってしまうのです．私たちは，恐ろしい数式をいじることなく，このありがたい性質だけを使えばよいのです．

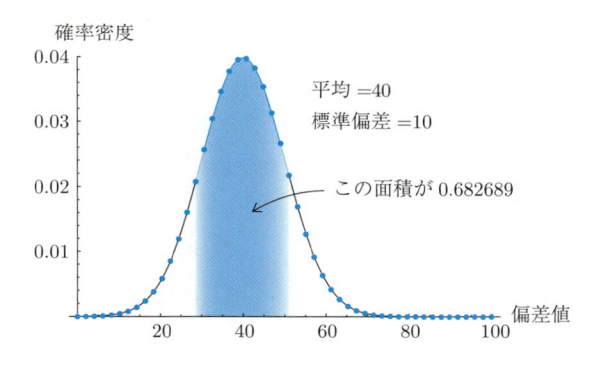

図 **7.9** 平均 40，標準偏差 10 のときの 30 点から 50 点に入る確率は 0.682689 となる．

練習問題 7-1：
　確率変数 X が $\sigma = 1$, $\mu = 0$ の正規分布に従っているとき，$P(-\sigma \leqq X \leqq \sigma)$ を 1σ（いちシグマ）の範囲の確率と呼びます．グラフィクスから，この 1σ の範囲の確率を読み取りなさい．同様に 2σ（にシグマ），3σ（さんシグマ）の範囲の確率を読み取りなさい．

答え：
　図 7.10, 7.11, 7.12 で結果を示します．すべての図において左側は，$\mu = 3$,

$\sigma = 0.5$ の正規分布で,右側が $\mu = 0$, $\sigma = 1$ の正規分布です.μ から 1σ の範囲の確率は,68.2689%(図 7.10),2σ の範囲の確率は 95.45%(図 7.11),3σ の範囲の確率は,99.73%(図 7.12)です. □

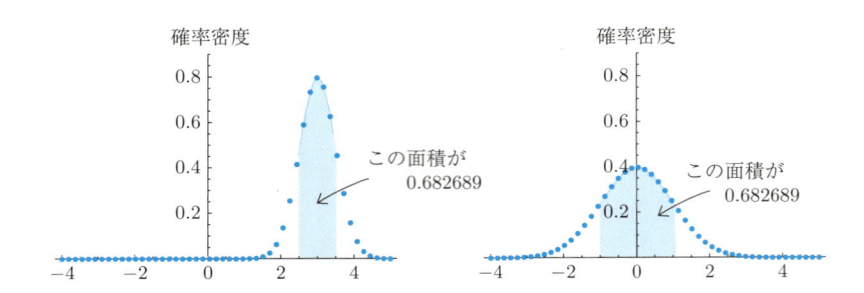

図 7.10 左側は $\mu = 3$, $\sigma = 0.5$ の正規分布.右側が $\mu = 0$, $\sigma = 1$ の正規分布.1σ の範囲に入る確率はいずれも 0.682689.

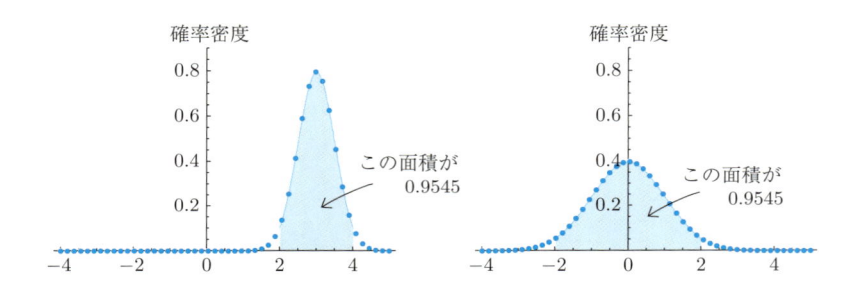

図 7.11 左側は $\mu = 3$, $\sigma = 0.5$ の正規分布で,右側が $\mu = 0$, $\sigma = 1$ の正規分布.2σ の範囲に入る確率は 0.9545.

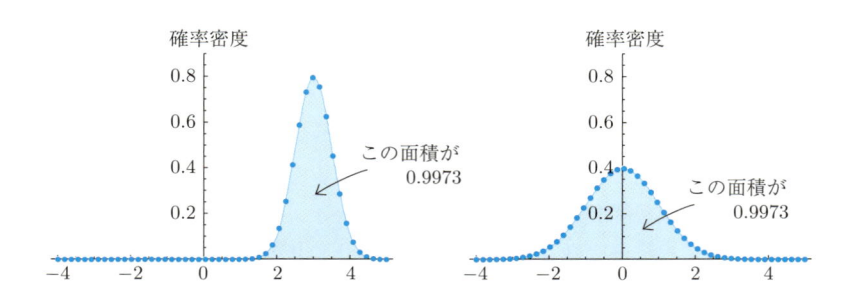

図 7.12 左側は,$\mu = 3$, $\sigma = 0.5$ の正規分布で,右側が $\mu = 0$, $\sigma = 1$ の正規分布.3σ の範囲に入る確率は 0.9973.

(3) 完全に調べ尽くされている標準正規分布の性質

正規分布は，標準偏差の何倍分離れているか？ということがわかれば確率は決まり，その確率はどんな正規分布であっても同じだということを説明しました．それならば，正規分布の中の代表を 1 つ決めて，その代表の確率分布を詳しく表にまとめておけば便利ですね．

正規分布の代表を，平均値 $\mu = 0$，標準偏差 $\sigma = 1$ の正規分布と決めて，<u>標準正規分布</u>と呼びます．標準正規分布の確率の分布のようすを詳しくまとめた表が<u>正規分布表</u>で（表 7.1），これさえあれば正規分布の確率密度関数をいじる必要はまったくありません．あの数式は，実際問題としては（こう言うと怒られそうですが）どうでもいいのです….

表 **7.1** 正規分布表

	0.00	0.01	0.02	0.03	0.04	0.05	0.06	0.07	0.08	0.09
0.0	0.500000	0.503989	0.507978	0.511966	0.515953	0.519939	0.523922	0.527903	0.531881	0.535856
0.1	0.539828	0.543795	0.547758	0.551717	0.555670	0.559618	0.563559	0.567495	0.571424	0.575345
0.2	0.579260	0.583166	0.587064	0.590954	0.594835	0.598706	0.602568	0.606420	0.610261	0.614092
0.3	0.617911	0.621720	0.625516	0.629300	0.633072	0.636831	0.640576	0.644309	0.648027	0.651732
0.4	0.655422	0.659097	0.662757	0.666402	0.670031	0.673645	0.677242	0.680822	0.684386	0.687933
0.5	0.691462	0.694974	0.698468	0.701944	0.705401	0.708840	0.712260	0.715661	0.719043	0.722405
0.6	0.725747	0.729069	0.732371	0.735653	0.738914	0.742154	0.745373	0.748571	0.751748	0.754903
0.7	0.758036	0.761148	0.764238	0.767305	0.770350	0.773373	0.776373	0.779350	0.782305	0.785236
0.8	0.788145	0.791030	0.793892	0.796731	0.799546	0.802337	0.805105	0.807850	0.810570	0.813267
0.9	0.815940	0.818589	0.821214	0.823814	0.826391	0.828944	0.831472	0.833977	0.836457	0.838913
1.0	0.841345	0.843752	0.846136	0.848495	0.850830	0.853141	0.855428	0.857690	0.859929	0.862143
1.1	0.864334	0.866500	0.868643	0.870762	0.872857	0.874928	0.876976	0.879000	0.881000	0.882977
1.2	0.884930	0.886861	0.888768	0.890651	0.892512	0.894350	0.896165	0.897958	0.899727	0.901475
1.3	0.903200	0.904902	0.906582	0.908241	0.909877	0.911492	0.913085	0.914657	0.916207	0.917736
1.4	0.919243	0.920730	0.922196	0.923641	0.925066	0.926471	0.927855	0.929219	0.930563	0.931888
1.5	0.933193	0.934478	0.935745	0.936992	0.938220	0.939429	0.940620	0.941792	0.942947	0.944083
1.6	0.945201	0.946301	0.947384	0.948449	0.949497	0.950529	0.951543	0.952540	0.953521	0.954486
1.7	0.955435	0.956367	0.957284	0.958185	0.959070	0.959941	0.960796	0.961636	0.962462	0.963273
1.8	0.964070	0.964852	0.965620	0.966375	0.967116	0.967843	0.968557	0.969258	0.969946	0.970621
1.9	0.971283	0.971933	0.972571	0.973197	0.973810	0.974412	0.975002	0.975581	0.976148	0.976705
2.0	0.977250	0.977784	0.978308	0.978822	0.979325	0.979818	0.980301	0.980774	0.981237	0.981691
2.1	0.982136	0.982571	0.982997	0.983414	0.983823	0.984222	0.984614	0.984997	0.985371	0.985738
2.2	0.986097	0.986447	0.986791	0.987126	0.987455	0.987776	0.988089	0.988396	0.988696	0.988989
2.3	0.989276	0.989556	0.989830	0.990097	0.990358	0.990613	0.990863	0.991106	0.991344	0.991576
2.4	0.991802	0.992024	0.992240	0.992451	0.992656	0.992857	0.993053	0.993244	0.993431	0.993613
2.5	0.993790	0.993963	0.994132	0.994297	0.994457	0.994614	0.994766	0.994915	0.995060	0.995201
2.6	0.995339	0.995473	0.995604	0.995731	0.995855	0.995975	0.996093	0.996207	0.996319	0.996427
2.7	0.996533	0.996636	0.996736	0.996833	0.996928	0.997020	0.997110	0.997197	0.997282	0.997365
2.8	0.997445	0.997523	0.997599	0.997673	0.997744	0.997814	0.997882	0.997948	0.998012	0.998074
2.9	0.998134	0.998193	0.998250	0.998305	0.998359	0.998411	0.998462	0.998511	0.998559	0.998605
3.0	0.998650	0.998694	0.998736	0.998777	0.998817	0.998856	0.998893	0.998930	0.998965	0.998999

では，この正規分布表の見方を簡単に説明しましょう．この表でわかる確率は，<u>標準正規分布に従う確率変数 Z が z 以下である確率：$P(Z \leq z)$</u>（分布曲線と横軸で挟まれる部分のうち z よりも左にある部分の面積，すなわち図 7.13 の斜線部分の面積）です．たとえば，$P(Z \leq 1.48)$ という確率を求めてみましょう．表の縦に並んでいる数字は小数第一位までの数を表し，横の並びは小数第二位の数

図 7.13 標準正規分布と z 変換，正規分布表の説明

を表します．1.48 の場合ですと，上から 15 行（1.4）と左から 9 列（0.08）がぶつかる場所にある数字を読みます．そこには 0.930563 とあります．これを読んで，$P(Z \leq 1.48) = 0.930563$ ということがわかるのです．

実は，標準正規分布以外の正規分布も，z 変換という計算方法で標準正規分布に変えてしまうことができます．ですから，どんな正規分布の場合も標準正規分布の表から確率を読み取ることができます．z 変換の説明をする前に，正規分布を表す記号を紹介しましょう．平均 μ，標準偏差 σ である正規分布を $N(\mu, \sigma^2)$ で表します．そうすると，標準正規分布は $N(0,1)$ ですね．z 変換というのは，正規分布に従う確率変数を $N(0,1)$ に従う別の確率変数に変換することです．

> $N(\mu, \sigma^2)$ に従う確率変数 X から μ を引いて σ で割った確率変数を Z とする．
>
> $$Z = \frac{X - \mu}{\sigma} \quad (z \text{ 変換})$$
>
> このとき，確率変数 Z は $N(0,1)$ に従う．

z 変換を利用して正規分布に従う確率変数のあらゆる確率を計算する方法については，練習問題を通じてこれから解説します．

練習問題 7-2：

あるパン屋で作られるロールパンは，平均の重さが 50 g，標準偏差が 3 g の正規分布になるように管理されているとします．このパン屋でロールパンを買うとき，47 g から 56 g までのものは全体の何％あるのでしょうか？

答え：

ロールパン 1 個の重さを確率変数 X とすれば，X は $N(50, 3^2)$ という正規分布に従っているということです．$P(47 \leqq X \leqq 56)$ という確率を求めたいのですが，まずは z 変換を用いて $N(0,1)$ に従う確率変数 Z に変えましょう（図 7.14）．

$$Z = \frac{47-50}{3} = -1, \quad Z = \frac{56-50}{3} = 2$$

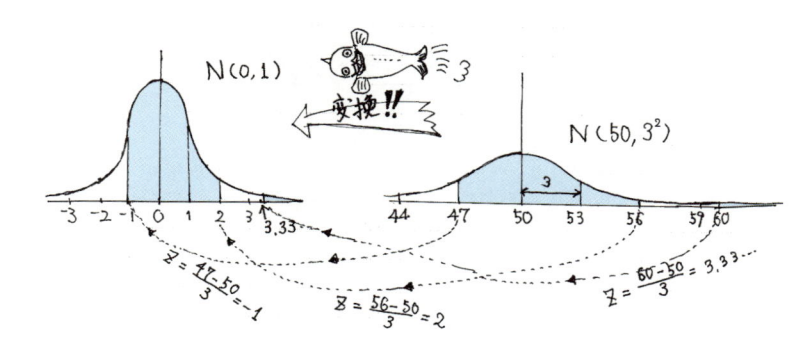

図 **7.14** z 変換の視覚的な説明

よって求める確率は，$P(-1 \leqq Z \leqq 2)$ になります．これは $N(0,1)$ の分布曲線と横軸で挟まれた部分のうち -1 から 2 までの間にある部分の面積に相当します．この確率を求めるには，$Z \leqq 2$ となる確率から，$Z \leqq -1$ となる確率を引いてやれば求まります．正規分布表から $P(Z \leqq 2) = 0.97725$ ですが，$P(Z \leqq -1)$ は表にはありません．しかし，正規分布は左右対称ですから，$P(Z \leqq -1) = P(Z \geqq 1)$ です．また $P(Z \leqq 1)$ は表から一目でわかるので，

$$P(Z \geqq 1) = 1 - P(Z \leqq 1) = 1 - 0.841345 = 0.158655$$

と計算できます（図 7.15 を見て考えてみてください）．結局，求める確率は

$$P(-1 \leqq Z \leqq 2) = P(Z \leqq 2) - P(Z \leqq -1) = 0.97725 - 0.158655 = 0.818595$$

となります．したがって，全体の 82% くらいが 47 g から 56 g の間に収まってい

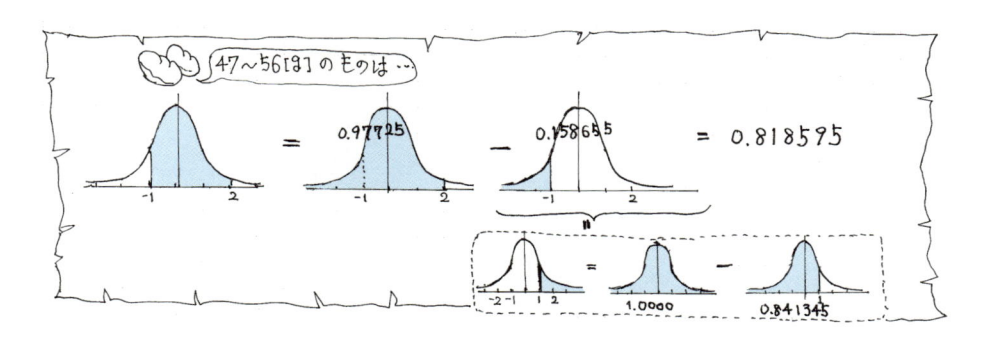

図 **7.15** 正規分布表の使い方（対称性を利用して確率を求める．）

るということがわかりました！

横軸のスケールの違いに注意しましょう！ 実際は図 7.16 の左の分布曲線はかなり横に広がっています． □

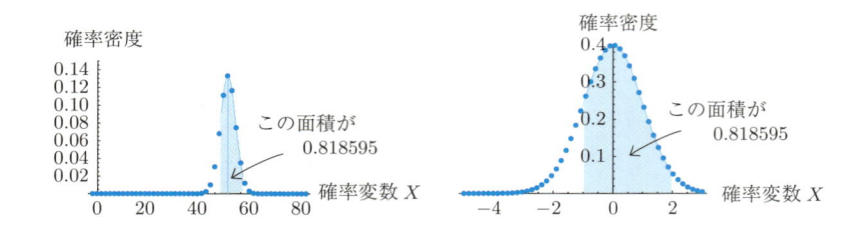

図 **7.16** 左は $N(50, 3^2)$ で，右は $N(0, 1)$．山の高さが違っているが，横軸のスケールが左のほうが大きいので，山全体のトータル面積は両方とも 1 になる [1]．

練習問題 7-3：
次に，このロールパンを 1 個無作為に取り出したときに，60 g 以上である確率を求めてください．

答え：
$N(50, 3^2)$ に従う確率変数 X が 60 以上である確率を計算するということですね．いままでの例と同様に 60 を z 変換すると，$z = \frac{60-50}{3} = 3.33$ ですから，求める確率は，$N(0,1)$ に従う確率変数 Z が 3.33 以上である確率となります．$P(Z \geqq 3.33)$ は表にはありませんが，$P(Z \leqq 3.33) = 0.999566$ 表から一目でわかるので，先ほどと同様にして，

$$P(Z \geqq 3.33) = 1 - P(Z \leqq 3.33) = 1 - 0.999566 = 0.000434$$

と計算することができます（図 7.17）．これより，60 g 以上のパンにお目にかかる確率はたったの 0.0434%…，これはまた，1000 個のパンのうち 5 個もないということを意味します． □

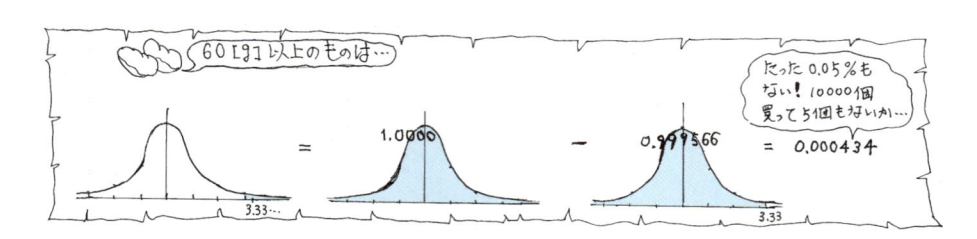

図 **7.17** 正規分布表を用いた確率の計算法の説明

練習問題 7-4：

ある大学の学部の入学試験に 5000 人の受験者が集まりました．400 点満点の試験で，試験の素点の結果は，だいたい $N(210, 30^2)$ の確率分布に従っていることがわかっています．合格者数を 500 人とすると，合格最低点は何点となるでしょう？

答え：

まず上位 10% の人をとるための，合格最低ラインとなる点数をグラフィクスで見ていきましょう．図 7.18 の左の図を見てください．確率 10% 以下となる点数で最大の点は，249 点です．そして，そのときの合格者の確率は 0.0968 となります．10% は 0.1 ですから，それよりほんの少し小さい値です．

視覚的イメージがわかったところで標準正規分布表から求める方法をみていきましょう．標準正規分布表を見れば 90% = 0.9 を越える z 値がわかります．$P(z = 1.29) = 0.901475$ より $z = 1.29$ です．$\sigma = 1$ ですから $1.29\sigma = 1.29$ 以上の点数の人の確率が $1 - 0.901475 \cong 0.09853$ であることがわかります．これが境界ラインです．ですから，本問の場合，1.29σ は何点かと計算してみると，$210 + 1.29 \times 30 = 248.7$ 点です．10% 以内に合格者数を抑えるために，切り上げをして，249 点が答えとなります． □

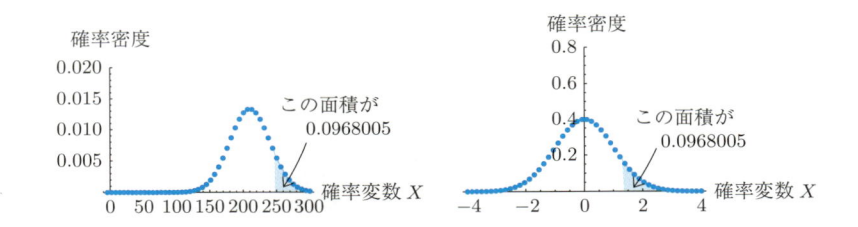

図 7.18 左が $N(210, 30^2)$，右が $N(0, 1)$．10% を超えない範囲で最大の点数は 249 であることがグラフィクスで見てとれる [1]．

7.3 統計的推測

(1) Introduction〜全体を調査しなくていいのか？

「世論調査によると内閣支持率は○○%」
「□□局の人気ドラマは，視聴率△△% を突破」

などということがよく話題になりますが，世論調査の調査員に直接会ったり，視聴率調査をされたという知人はあまり聞いたことがありません．有権者全員を調査するのは，大がかりな作業で費用も膨大ですし，苦労して集めた膨大な資料を分析しているうちに選挙が終わってしまうかもしれません．視聴率にしても，全国民がどんな番組を見ているか調べ尽くすのは不可能です．関東地方ではテレビの視聴率調査が始まった初期の頃は 250 世帯のデータしか用いていなかったそうです．ということは，2〜3 世帯違うだけで 1% 違う計算になりますね．この場合，

視聴率1%の変動に一喜一憂するのは意味があるのでしょうか？現在はシステムが変わって600世帯だそうですが，それでもまだ少なすぎる気がします．似たような例はたくさんあります．たとえば商品の品質や耐久性の調査だって，調査するたびに破壊されるわけですから，全部の商品を調査したら売り物がなくなってしまいます．できるだけ少数のサンプルで全体の品質を把握する方法を考えたいものです．

　調査したい全体のことを母集団といいます．視聴率調査では視聴者全員が母集団，世論調査では有権者全体が母集団です．母集団をすべて調査する方法を全数調査といいます．国勢調査は国の人口に関する全数調査です．しかし，全数調査は時間・費用・労力の点で難しいので，母集団から一部のサンプル（標本といいます）を取り出して全体の性質を推測する方法が使われます．これが標本調査です．缶詰の品質調査，電球の耐用時間，視聴率，政党の支持率に関する調査は標本調査です．そう言えば，シチューや味噌汁の味見をするとき，全体をさっとかき混ぜ小皿に少し取って，全体の味を「大体こんなもんでしょ」と推測しますね．スーパーの試食だって，書店で雑誌をパラパラめくって内容をざっと把握するのだって，まさに標本抽出の考え方に基づいた簡単な調査です．しかし，シチューの味は厳密に言えば鍋の中の場所で少しずつ違います．ちょっと舐めたくらいでは味見になりませんが，よくかき混ぜて適量味見すればだいたいの味がわかります．これと同じで，**母集団をよくかき混ぜて上手く標本を選ぶことができれば**，そして**標本の大きさが適当**ならば，標本調査は母集団の特徴を推測する方法としてかなり優れています．

　標本調査では，標本の大きさはもちろん大切ですが，それと同じくらいに質も大切です．雑誌をパラパラめくって全体を把握するのに，漫画のところだけ選んでは意味がありません．みそ汁を味見するのに，上澄みだけすくっても正しい味見ではありません．母集団をまんべんなくかき混ぜて無作為にすくい取るというのが，正しい標本の選び方なのです．よくかき混ぜられ，選び好みせずにでたらめに取り出されるほど，言い換えれば，どの標本も取り出される確率が同様に確からしいほど，良い標本といえます．このように，標本が母集団を正しく代表するように抽出することを無作為抽出といいます．

　さて，標本の質が無作為抽出によって保障されていることを大前提として，標本調査はどれくらい信頼できるものなのか考えてみましょう．

(2) 母集団の平均と標本の平均の関係は？

　無作為抽出による標本だとしても，標本調査による結果が母集団すべてを調べた結果と一致することはほとんどないでしょう．たとえば，平均について考えてみると，標本の平均（標本平均）と母集団の平均（母平均）はまったく別物です！このことを理解するために，次のような例を考えてみましょう．

　次の数字の羅列は，従業員数が100人のある会社の，従業員の月給を全部並べたものです．

17, 22, 28, 20, 25, 24, 20, 65, 16, 17, 17, 17, 22, 16, 20, 17, 27, 42, 31, 89, 25, 15, 34, 18, 29, 23, 24, 20, 26, 18, 35, 32, 55, 24, 27, 18, 25, 16, 16, 17, 27, 32, 29, 21, 38, 19, 21, 18, 22, 22, 18, 22, 31, 25, 23, 24, 29, 21, 26, 21, 26, 19, 28, 25, 25, 26, 40, 42, 29, 19, 22, 25, 20, 17, 19, 17, 18, 19, 17, 24, 20, 22, 37, 28, 28, 28, 18, 30, 16, 45, 52, 21, 51, 23, 26, 30, 35, 42, 23, 18

この会社の従業員の給料の平均を知りたければ，上の 100 個の数をすべて足して 100 で割ればよいでしょう．

$$\frac{17+22+28+20+25+24+\cdots+23+28}{100}=26.08$$

この会社全体の給料の集まりを母集団とします．母平均を μ とおくと $\mu = 26.08$（万円）となります．μ は母集団に対して定まる不確定要素は何もない 1 つの値（定数）です．

まず，先ほどの数字の集まりを度数分布表にて整理しましょう（図 7.19）．横軸の単位は万円，縦軸は人数です．縦軸の値を全人数 100 で割った値は相対度数になります．縦軸を相対度数にとれば，このグラフは確率分布のグラフと考えることができます．つまり，このグラフは母集団の確率分布のグラフになります．単なる数字の山が確率分布に変身しました！

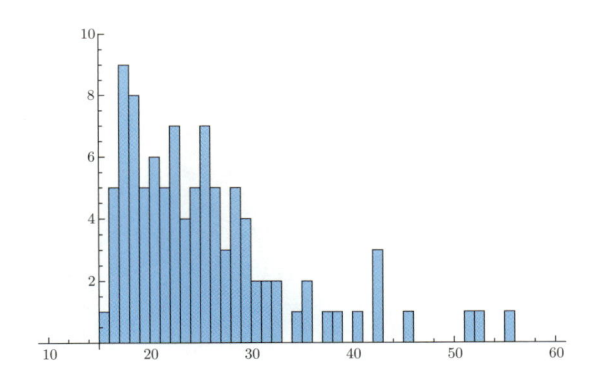

図 7.19 ある会社の 100 人の従業員の月給額の分布．この分布を見ただけではわからないが，計算すると，平均は 26.08 万円となっている．

この中から，10 個の標本を無作為に抽出して平均をとります．たとえば，25,16,16,17,27,29,19,22,25,20 を抽出したとすれば，その標本平均は

$$\frac{25+16+16+17+27+29+19+22+25+20}{10}=21.6$$

ですし，30,35,42,23,18,18,19,17,24,20 を抽出すれば，その標本平均は

$$\frac{30+35+42+23+18+18+19+17+24+20}{10}=24.6$$

となります．このように，大きさ 10 の標本平均を取る実験を 200 回繰り返してグラフにしたものが図 7.20 です．横軸は標本平均の値，縦軸は相対度数（この場

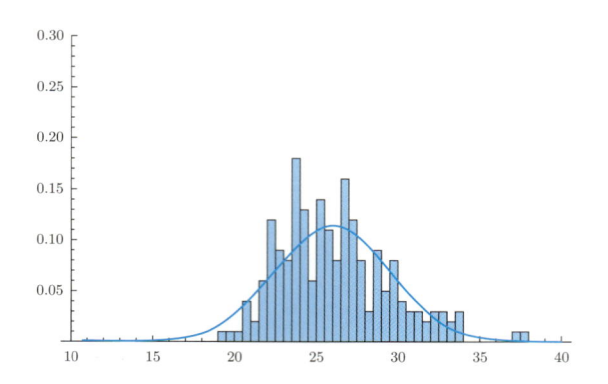

図 7.20 10 人の月給額をランダムに選択して，その 10 人分の月給額のグループの平均値をとった．それが大きさ 10 の標本平均．その標本平均をとる試行実験を 200 回繰り返して結果を確率度数分布で表したようす．

合，度数を 200 で割った値）です．

こうしてみると，標本平均が確率変数のように見えてきませんか？無作為に抽出された標本は母集団の分布に従う確率変数と考えることができます．ですから，その平均である**標本平均も確率変数**になります．ただ，標本平均の分布は，母集団の分布とはずいぶんようすが違うことに注目してください．

今度は，大きさ 20 の標本を抽出してその標本平均を取る実験を 200 回繰り返した場合も，同様なグラフを作ってみましょう（図 7.21）．

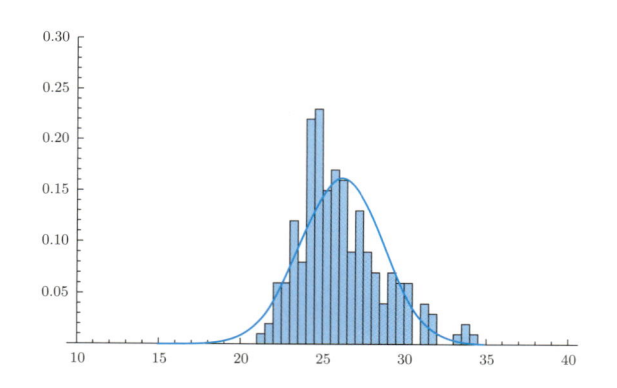

図 7.21 20 個の月給額をランダムに選択して，その 20 人分の月給額のグループの平均値をとった．それが大きさ 20 の標本平均．その標本平均をとる試行実験を 200 回繰り返して結果を確率度数分布で表したようす．

いま，標本数 10, 20 の例を見てきましたが，この調子で標本数を増やしていくとしたら，標本平均の分布は母平均の近くに集まってきて，左右対称な小山型のグラフに近づいていくように思えます．この予想が正しいことは次項で説明しましょう．

さて，母集団をすべて調査できない場合には母平均はわかりません．そして，実世界ではこのような場合がほとんどです．こんなとき，標本平均から母平均を予

測できたら便利です．ただ，実際は，先ほどの抽出実験のように何回も標本平均を取るわけにはいかず，1 回計算した標本平均の値から母平均を予測しなければならないことが多いものです．しかし，たった 1 回の標本平均の値で母平均を予測しようとすれば，標本としてたまたま 17, 16, 17, 20, 19, 21, 18, 17, 20, 21 を選んだ場合，標本平均の値が 18.6 というように母平均に比べて小さすぎる値が出ることがあるでしょう．一方，35, 20, 65, 89, 17, 16, 22, 29, 24, 20 を選べば，標本平均は 37.22 というように母平均に比べて大きすぎる値が出てしまうこともあります．**標本平均の値は，母平均を予測するのになかなか良い値（推定値）になることが多いですが，そのまま母平均と考えるのは危険です**．ただし，先ほど見たように，標本数が大きくなれば，標本平均の分布は母平均の近くに密集するので，母平均に近い値をとる確率が大きくなります．これが標本平均と母平均の関係です．この関係はこれから説明する中心極限定理によって，ハッキリと言い表されることになります．

(3) 中心極限定理

前項の話を整理すると，**母平均は母集団に対して計算された定数**で，標本平均とは別物，**標本平均は確率変数**であるということでした．ここがポイントです！そして，標本平均は何らかの確率分布をもつのですが，標本の大きさを増やすにつれて母平均の近くに密集し，母平均を中心とした左右対称の小山型の分布に近づいていくように見えました（図 7.22）．

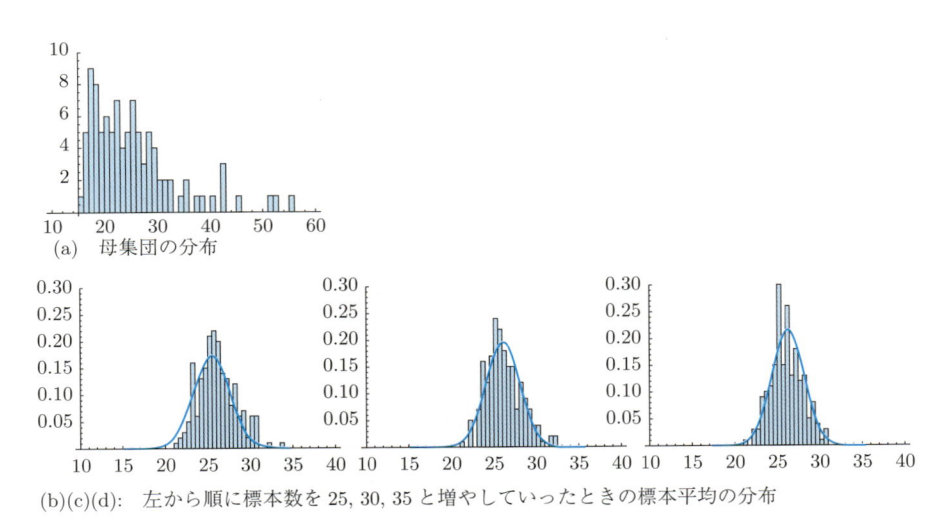

(b)(c)(d)：左から順に標本数を 25, 30, 35 と増やしていったときの標本平均の分布

図 7.22 中心極限定理を実感するための図．図 7.20 は，100 個の月給額から 10 人分をランダムに選択して，その 10 人分のグループの月給の平均値をとって（大きさ 10 の標本平均）標本平均をとる試行実験を 200 回繰り返して結果を確率度数分布で表したようすだった．母集団分布の分布は，(a) のようにもちろん正規分布でなくてよい．標本のサイズを 25 (b), 30 (c), 35 (d) と増やすにつれて分布の形が正規分布に近づくようすが見られる．試行回数はいずれも 200 回．

実は，標本平均が近づいていく左右対称の小山型の分布の正体は，前節で学んだ正規分布であることがわかっています！このことをきちんと述べたものが，中

心極限定理という驚くべき定理なのです．

> 平均 μ，標準偏差 σ の母集団から無作為に抽出した大きさ n の標本平均の分布は，n が大きくなるにつれて，平均 μ，標準偏差 $\frac{\sigma}{\sqrt{n}}$ の正規分布に近づく．

何に驚くべきかというと，母集団の分布は何でもよいということです！平均と分散が決まっていれば何でもよいのです．そして標本の大きさが大きければ，標本平均の分布は正規分布と見なしてよいといっています．さらにその標本分布（正規分布と見なしています）の平均は母平均と同じ μ，標準偏差は母集団の標準偏差 σ の $\frac{1}{\sqrt{n}}$ 倍ですから，母集団のばらつき σ よりも小さくなって母平均の近くに密集していくともいっているのです（図 7.23）．実用的には，標本の大きさ $n \geq 30$ であれば，この定理を適用して近似してもよいといわれています．つまり標本の大きさが 30 以上のときは，標本平均の分布は $N\left(\mu, \frac{\sigma^2}{n}\right)$ に従うと考えて実用上さしつかえないのです．実際問題では，標本の大きさは十分に大きいことが多いので，母集団の分布を気にすることなく正規分布の性質に則って平均に関する問題を考えることができるのです[1]．

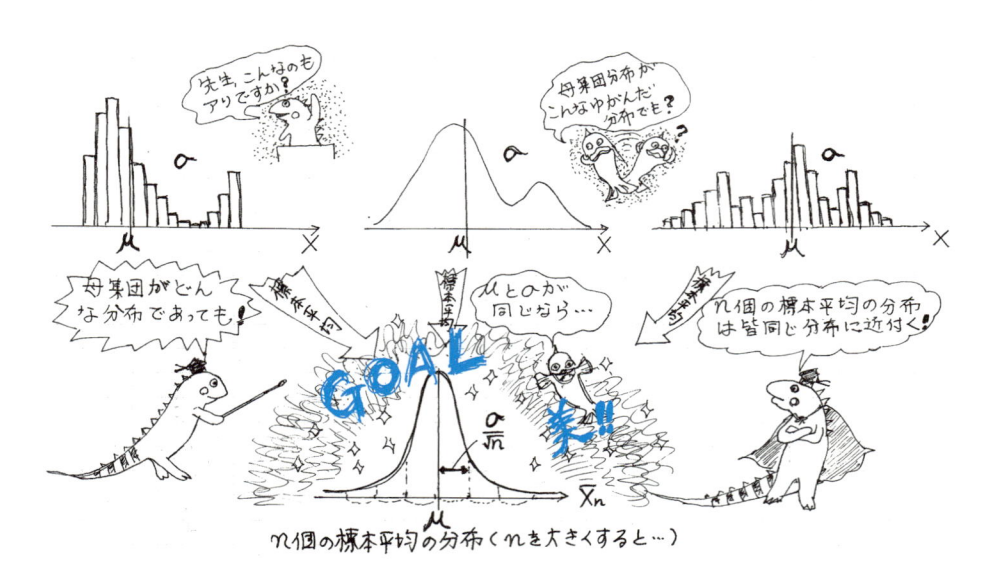

図 7.23 中心極限定理の視覚的な説明

(4) 統計的推測（信頼区間）

さてこの章の最後のテーマです．標本平均の値は，母平均を予測する値としてどんな意味をもつのでしょうか？たとえば，1万人が受験する全国試験の平均点

---

[1] ほとんどの場合，母集団の大きさは標本に比べて十分に大きいものです．このような場合，復元抽出と非復元抽出を区別しなくても差し支えないので，本書ではあえて触れないことにしました．

を，試験終了後1時間以内に推定したいとします．しかし，全員のデータを入力するだけで時間がかかりますし，入力ミスもチェックしなければならないので，全受験者1万人という母集団の全数調査をするは無理です．そこで，母集団の中から無作為抽出により50人を選んで標本平均を計算することにします．母集団の標準偏差は予備調査から135点だとわかっているとします．標本の個数が30以上ですから，中心極限定理により，標本数50の標本平均は，標準偏差が $\frac{135}{\sqrt{50}}$ の正規分布に従うと考えてよいことになります．さて，ここで問題です！

練習問題 7-5：

標準偏差が135の母集団があります．ある50人の標本平均値が655点でした．この時，母平均の取りうる値の範囲を95.4%の確からしさ（確率）で求めなさい．

答え：

母平均 μ が分からないというのに，どうして母集団の標準偏差が135であることが分かるかというと，これは過去のデータ等から，標準偏差はこの値としてもよいだろう，と決めたからです．

以下では，標本平均を $\bar{X}$，母平均を μ で表わします．$\bar{X}$ は確率変数で，標本をとるごとに異なる値を取ります．μ は未知ですが決まった定数（この例では600）です．

「$\bar{X}$ は確率 0.954 で母平均 μ から ± 38.18 点の範囲に収まる」

という日本語は，不等式を使って表現すると

「$\mu - 38.18 < \bar{X} < \mu + 38.18$ となる確率が 0.954」

になりますね．μ を中心にして，以下のように区間を決めています．

$$\mu - 38.18 < \bar{X} < \mu + 38.18$$

この不等式を変形していきます．まず，この不等式のすべての辺から μ を引き

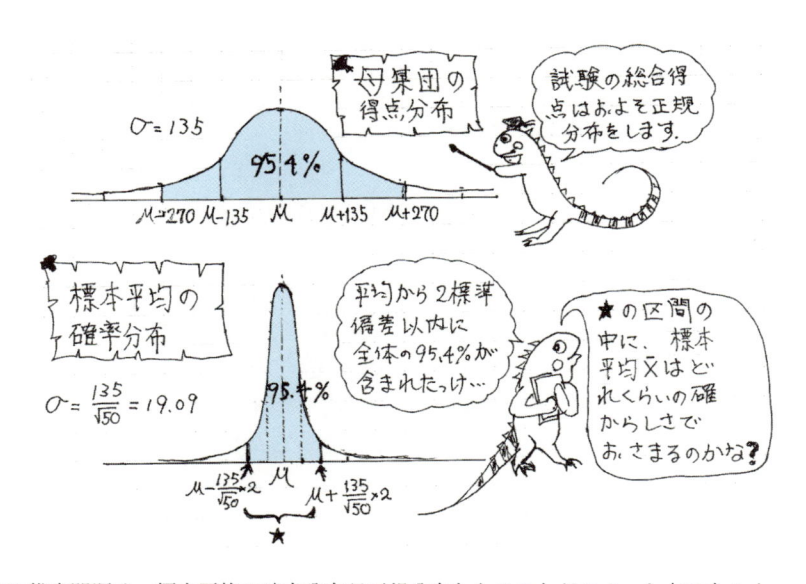

図 7.24 平均の推定問題は，標本平均の確率分布が正規分布となることがスタート点である！

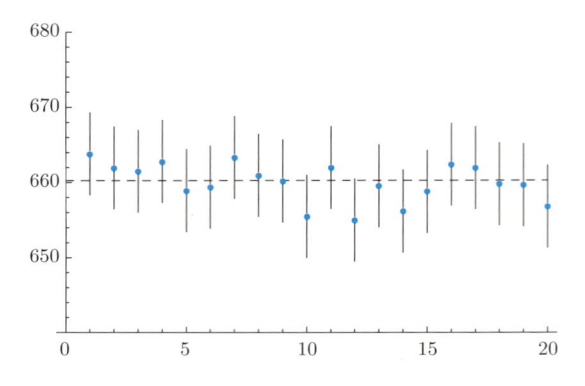

図 7.25　1 万個のデータの母集団から，大きさ 50 の標本平均を 20 回繰り返しとったようす．青点が標本平均の値，上下の線の部分が信頼区間分の範囲を示す．標本数を大きくしていくと信頼区間分の範囲がどんどん小さくなっていく [1]．母平均 (660) と標本平均の関係がわかるだろう．

ます．

$$-38.18 < -\mu + \bar{X} < 38.18$$

次にすべての辺から $\bar{X}$ を引きます．

$$-38.18 - \bar{X} < -\mu < 38.18 - \bar{X}$$

最後にすべての辺にマイナスをかけます．マイナスを掛けると不等号の向きが逆転します．

$$38.18 + \bar{X} > \mu > -38.18 + \bar{X}$$
$$-38.18 + \bar{X} < \mu < 38.18 + \bar{X}$$

先ほどは，μ を中心とした区間に $\bar{X}$ が入る確率は 0.954，と言っていたのを，今度は，視点を $\bar{X}$ に変えて，$\bar{X}$ を中心とした区間に μ が入る確率は 0.954 と，言い直したのです．

　多数回繰り返して標本をとれば，確率 95.4%で，その区間に母平均 μ が含まれる，と言う意味です．そして，その区間に母平均を含んでいない確率は 4.6%あります．大事なことは確率的に考えなくてはいけない点です．この例で 1 回サンプリングを行い，標本平均値 500 となったとしましょう．「標本平均 500 を中心とする区間 461.82 から 538.18 に，母平均 600 は含まれるか？」と聞かれれば，NO です．つまり具体的なひとつの値で区間を示されれば，答えは YES か NO とはっきりしますので，95.4%の信頼度です，ということはありません．多数回サンプリングを繰り返すことを考えて，標本平均 1 つから計算できる区間が母平均 μ を含む確率は 95.4%である，と考えるのです．この区間を信頼区間と言います．このように，信頼区間を定めることによって，母平均 μ の値を推定する方法を区間推定と言います．

　95.4%の信頼区間というのは，何回も繰り返し標本平均をとってみると，そのうちの 95.4%の標本の信頼区間が母平均 μ を含んでいる，という意味です．図 7.25

では，20回標本平均をとっていますが，標本平均 $\bar{X}$ の値は毎回異なっています．しかし，腕のように突き出ている信頼区間の長さ，これは一定です．信頼区間に母平均が含まれているか観察してみると，たまに含まれていないことがあります．これが，$\bar{X}$ を中心とした区間に μ が入る確率は 0.954 の意味です．この図の結果では，20回のサンプリングのうち，1回だけ信頼区間に母平均が含まれていませんでした．この20回のサンプリングでは，$\frac{20-1}{20} = 0.95$ で95%の確率で信頼区間に母平均を含んでいます．

説明が長くなりましたが，この問題の答えです．

母平均 μ の信頼度 95.4% の信頼区間は，$-38.18 + 655$ から $38.18 + 655$ となります．616.82 から 693.18 の間です．

□

母集団の標準偏差が σ である母集団から，標本数 n の標本平均 $\bar{X}$ をとる時，母平均 μ の 信頼区間 は， 信頼度 95% ($= 0.95$) では，$\bar{X} - 1.96\frac{\sigma}{\sqrt{n}}$ から $\bar{X} + 1.96\frac{\sigma}{\sqrt{n}}$ となります．

信頼区間の式中に 1.96 が出てきたのは，信頼度 95% に対応するのは $\frac{\sigma}{\sqrt{n}}$ の 1.96 倍の区間だからです．

信頼度 95.4% では，信頼区間は $\bar{X} - 2\frac{\sigma}{\sqrt{n}}$ から $\bar{X} + 2\frac{\sigma}{\sqrt{n}}$ となります．

信頼度 95.9% では，信頼区間は $\bar{X} - 2.58\frac{\sigma}{\sqrt{n}}$ から $\bar{X} + 2.58\frac{\sigma}{\sqrt{n}}$ となります．

信頼度をあげると信頼区間が広がります．信頼区間が広すぎると，推定の精度が下がります．例えば，「ある地域の女子中学生の平均身長の信頼度 99% の信頼区間は，120 cm から 180 cm です」と言われても，あまり意味がありません．もう少し狭い区間の情報がほしいところです．

標本数を大きくすれば，同じ信頼度でも，信頼区間は狭くなります．$\frac{\sigma}{\sqrt{n}}$ は n が大きくなるに従い，小さい値となります．信頼区間の式中で σ を $\sqrt{n}$ で割っているのは，中心極限定理から，そのような標準偏差の正規分布になることが分かっているからです．忘れた人は，前に戻って確認しましょう．

練習問題 7-6：
上の問題で，信頼度 68% の母平均の信頼区間を求めてみましょう．

答え：
μ から $\pm\frac{135}{\sqrt{50}} \cong \pm 19.09$ の区間に標本平均の全体の約 68% が含まれるということが分かっています．

$$655 - 19.09 = 635.91, \quad 655 + 19.09 = 674.09$$

従って，母平均は信頼度 68% で信頼区間 635.91 から 674.09 にあります．母平均 μ の信頼度 68% の信頼区間は 635.91 から 674.09 までの区間です．このように，信頼度が低くなれば信頼区間は狭くなります．

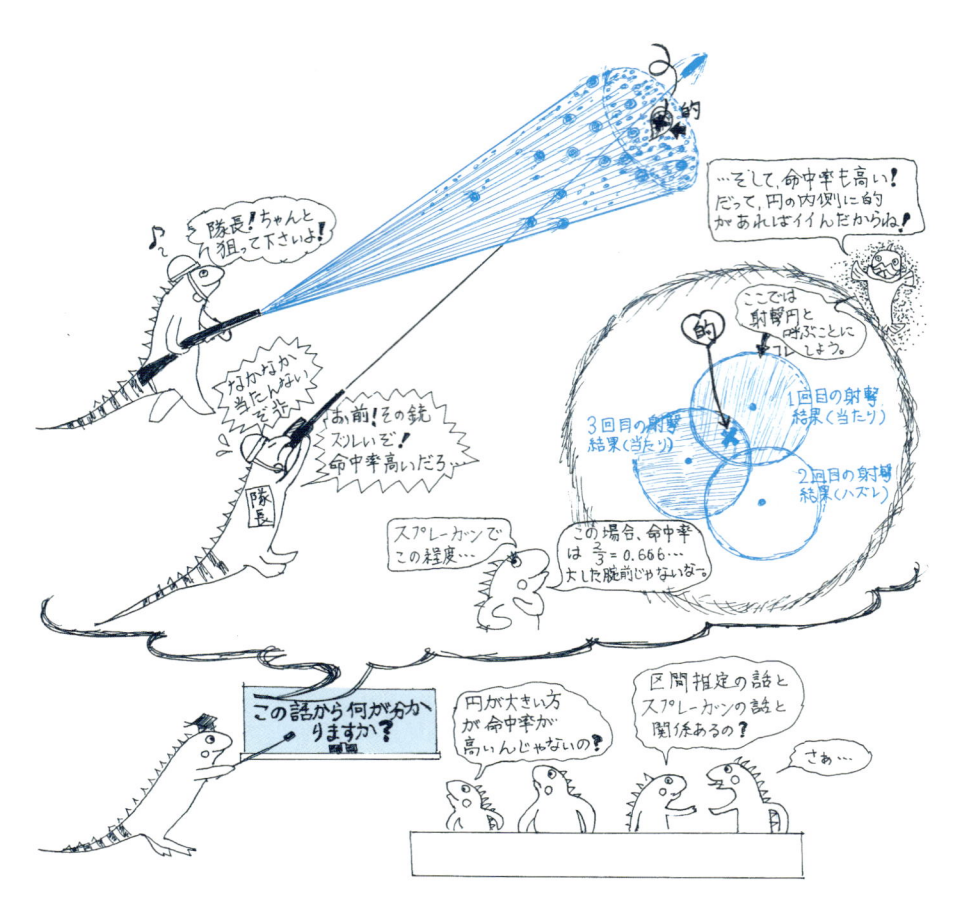

図 7.26 区間推定の信頼度とはスプレーガンの命中率のようなもの

☞ スプレーガン射撃の例え話で区間推定を説明しましょう．図 7.26 は，スプレーガンの命中率とできたスプレーマークについて説明しています．普通の銃はピンポイントで的を撃ち抜いたら命中ですが，スプレーガンの場合は，マークは狙った点を中心とする円状になります．説明のために，この円状のマークを射撃円と呼ぶことにします．スプレーガンを 1 発撃つと 1 つ射撃円ができると考えます．スプレーガンで撃った場合，この円の中に的が含まれたら命中したと定義しましょう．（的は見えません．）

さて，命中率 95% のスプレーガンの射撃手がいるとしましょう．命中率 95% ということは，言い換えると，この射撃手は平均して 20 発中約 19 発命中当てるという腕前だということです．彼が一発スプレーガンを撃つと，1 つの射撃円ができます．この射撃円は，もう撃ってしまったものなので固定されています．このたった 1 発の射撃円を見て，どう判断できますか？ この円は，的を含んでいるかいないかのいずれかです．でも，彼の腕前からすればおよそ 95%（20 発中 19 発という意味）の確率で的を含んでいると言ってよいでしょう．95% という確率は，この意味で腕前の信頼度と呼ぶにふさわしいですね．そして，射撃円の大きさと命中率の関係を観察すれば，射撃円が大きければ当然命中率も高くなるでしょう．

この 1 つの射撃円を見て，あなたは「この射撃円は信頼度 95% で的に命中する程度の信頼性がある！」と自信をもって言えるでしょう．しかし，注意してほしいことは，結局のところは，勝つ確率が 95% というかなり有利な賭けをしているのと同じことです！外れる確率も 5% あるのですから．

さて，これは射撃の例ですが，区間推定の考え方もこの例とまったく同じなのです！どのような部分が同じなのでしょうか？

スプレーガンの命中率と射撃円の問題を母平均の区間推定の問題と結びつけてみましょう．標本平均を 1 回取ると 1 つの値 ($\overline{x_n}$) が決まります．この値は固定されたもので，この値を用いて未知の母平均 μ を挟むように固定された区間 $\overline{x_n} - r$ から $\overline{x_n} + r$（信頼区間）が得られましたね．標本平均を 1 回取るということと，スプレーガンを 1 回撃って射撃円を得るということは，似ています．そこで，次のような読み替えをしてみましょう．

$$1 回の射撃 \leftrightarrow 1 回標本平均を取る$$
$$命中率 \leftrightarrow 信頼度$$
$$射撃円の大きさ \leftrightarrow 信頼区間$$
$$見えない的 \leftrightarrow 母平均$$

このように置き換えて射撃の問題と区間推定の問題を見比べてみましょう（図 7.27）．

射撃円の中に的を含む命中率は 95% ↔ 信頼区間の中に母平均を含む確率（信頼度）は 95%

命中率 95% の射撃手が撃った射撃円 1 つ取ると，この円内に的を含む確率は 95%

$\updownarrow$

信頼度 95% の信頼区間 ($\overline{x_n} - r$ から $\overline{x_n} + r$) 1 つ取ると，この中に母平均を含む確率は 95%

どうでしょう？ よく似ていることがわかりますか？ もちろん，信頼度とか信頼区間という仰々しい用語を使って推定したといっても，スプレーガンの命中率と同様，基本的には賭けをしていることには変わりはありません．（勝つ確率がかなり高い賭けですが！）

(4) おわりに

標本の個数を 30 個以上とれる場合は，中心極限定理より，直接知ることはできない母平均を統計的に推定することができます．「母集団の一部である標本から，未知の母平均を推定できる」というのは一見不思議なことですが，標本を無作為抽出によって正しく選べば，標本の変動の具合（分布）はいい加減に動くのではなく，偶然性の規則に従って正しく動くことが確率の理論から保障されるのです！

現実には標本が少ししかとれない場合もあれば，いつも母集団の標準偏差がわかっているとも限りません．このような場合，少しの標本から母集団の情報を統計的に推定する方法もありますが本書の程度を越えます．

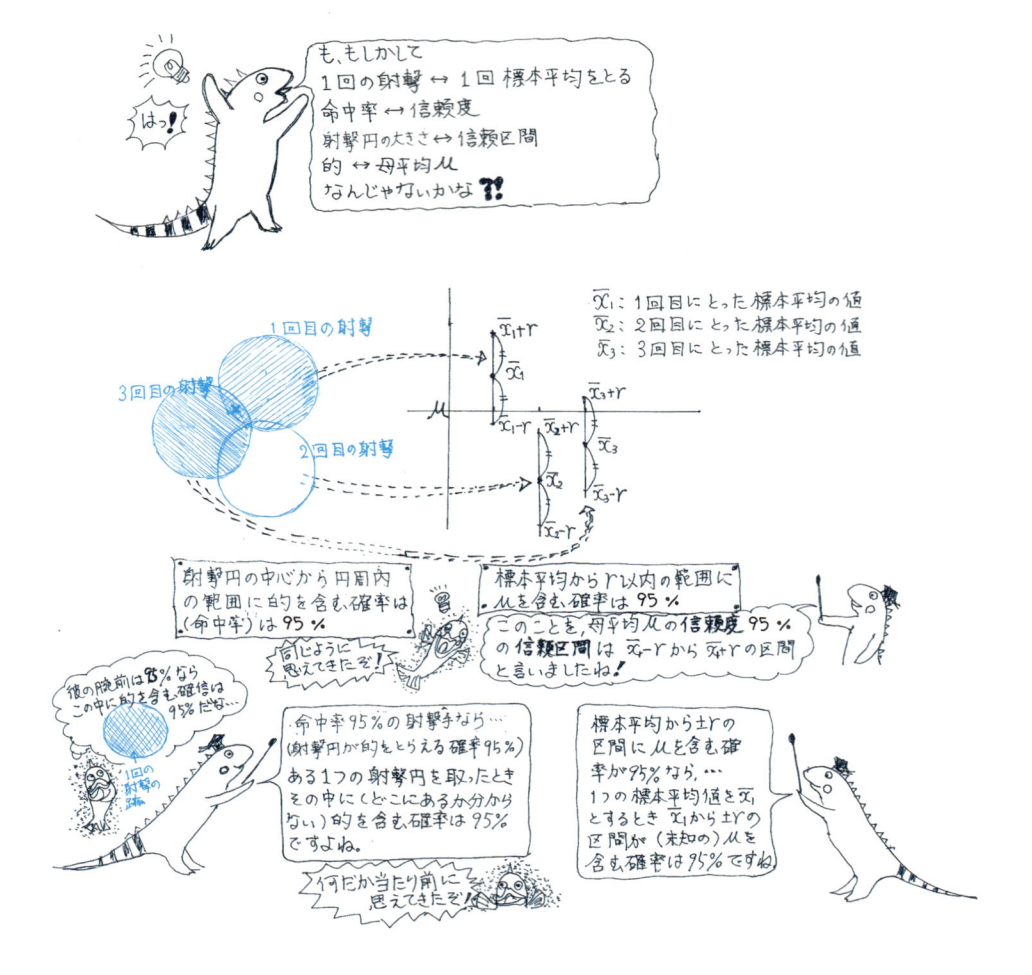

図 7.27 区間推定とスプレーガンの例を関連づけた説明

　統計的分析が正確であるためには母集団から標本を無作為抽出をすること，そして，無作為抽出による標本の平均がどのように分布するかを見てきました．標本を抽出する作業は，くじ引きやサイコロ投げのような無作為実験と見ることができて，そうすると標本平均は確率変数と考えることができます．この部分が確率と統計をつなぐ架け橋になります．ほとんどの調査は標本調査によるもので，統計的分析は正しい偶然性の理論（確率論）に則って成り立ちます．換言すると，正しく選ばれない標本を分析しても意味がありません．世の中には，都合のよい結果を出すために捏造されたデータや，いいかげんに選んだ標本をもとにした分析結果が散乱しています．広告や宣伝の統計データや分析結果を見たとき，「何か変だ」と感じたらデータの出所を疑う科学的な目をもちましょう！

e で広がる関数の世界

　スプレーガンの射撃円と，その中心位置の相対度数をシミュレーションで見てみましょう（図 7.28）．ひとつひとつの射撃円は毎回位置が違います．標本数は同じにして，標本平均をとる試行回数を増やしていくと，スプレーで色がだんだん濃くなります．あわせて，相対度数の分布も次第に正規分布に近づきます．母平均は全数平均をとらない限り確定できませんが，最も色の濃い位置が母平均であるといえます．

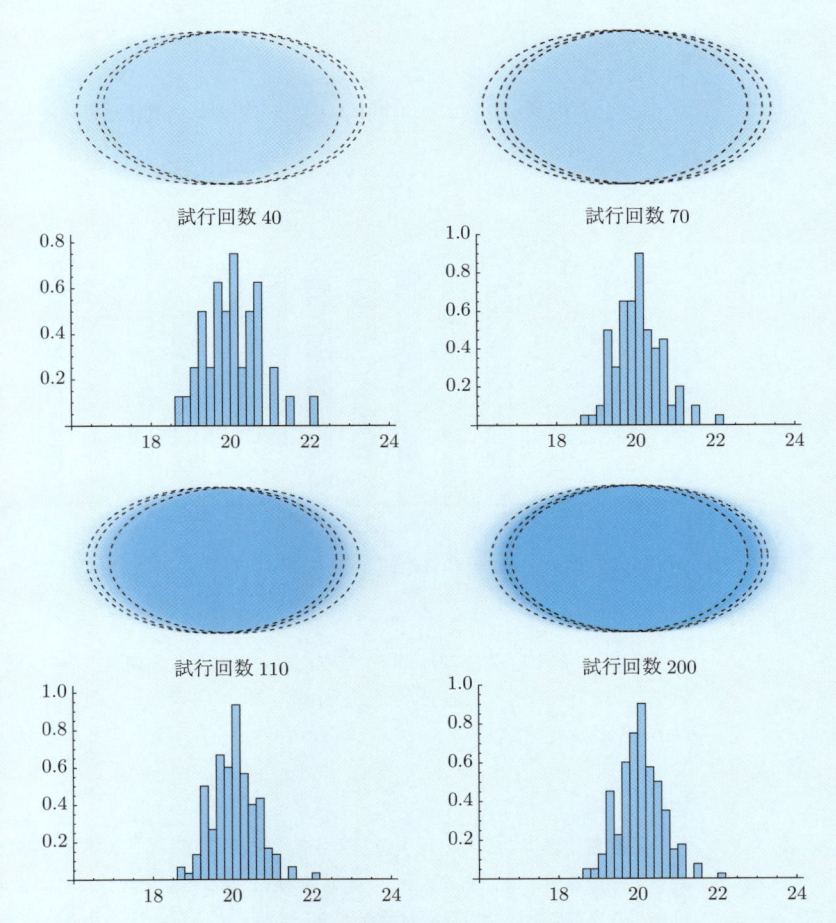

図 7.28　スプレーガンのマークが楕円で示されています．その下にはスプレーガンのマークの中心位置の値の相対度数表が示されています．マークの中心位置は毎回少しずつ違います．しかし半径は同じです．数を多く打っていくと，マークの色がしだいに濃くなります．最も濃い所が真の平均値です．そしてマークの中心位置の分布が，正規分布に近づいていきます．その正規分布の示す平均値が，母集団の平均です [1]．

ドリル

ドリル 7-1：

あるLED電球は平均寿命40,000時間，標準偏差が20時間の正規分布になるように設計されています．寿命が39960時間から40040時間までに入る割合を求めなさい．

答え：

電球の寿命は，平均 $\mu=40000$，標準偏差 $\sigma=20$ の正規分布に従い，$39960=\mu-2\sigma$，$40040=\mu+2\sigma$ となるから，正規分布の性質より μ から $\pm 2\sigma$ の範囲に含まれる割合は95.4%．

ドリル 7-2：

図7.29のヒストグラムは1000人のサラリーマンの月給額のデータです．

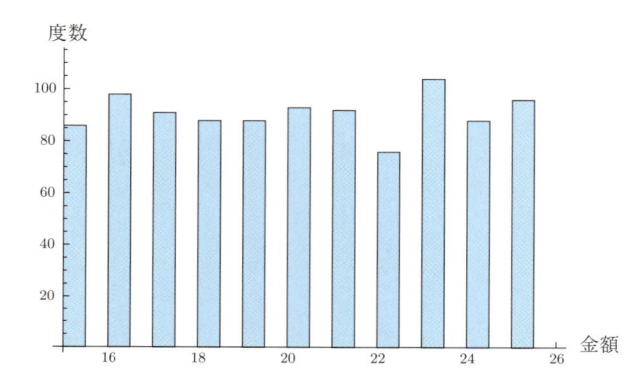

図 7.29 1000人のサラリーマンの月給額

標本数 n を 10, 20, 30, 40 と増やしていったとき，標本平均の分布がどのような分布に近づくかを答えてください．ただし，計算によってこのデータの平均 μ は 20.03，標準偏差 σ は 3.18 とわかっています．

答え：

中心極限定理によって，標本の大きさを増やしていけば，標本平均の分布は正規分布に近づきます．一般的には標本の大きさ n が30以上のときに正規分布でよく近似できるのですが，母集団の分布がだいたい左右対称な形をしているときは，n が小さい値でもかなりよく近似できます．（反対に，たとえば図7.19のように母集団の分布が著しく歪んでいる場合は，n が50以上でないとよい近似にならないようです．シミュレーションしてみると，n が30を超えても正規分布への近づき方が悪く見えます．）それに比べて，この問題の場合は，母集団分布がだいたい一様な分布をしているので n が10あたりでもかなり良い近似になっています．図7.30の4つのグラフに描きこんである曲線が，近似の正規分布の分布曲線です．これらの正規分布曲線は，すべて平均は母平均 μ に一致するので 20.03 となり，標準偏差は $\frac{\sigma}{\sqrt{n}}=\frac{3.18}{\sqrt{n}}$ ですから，順に，$\frac{3.18}{\sqrt{10}}\cong 1.006$，$\frac{3.18}{\sqrt{20}}\cong 0.711$，$\frac{3.18}{\sqrt{30}}\cong 0.581$，$\frac{3.18}{\sqrt{40}}\cong 0.503$ となっています．図7.30をよく観察してください．

(a) 標本数 10

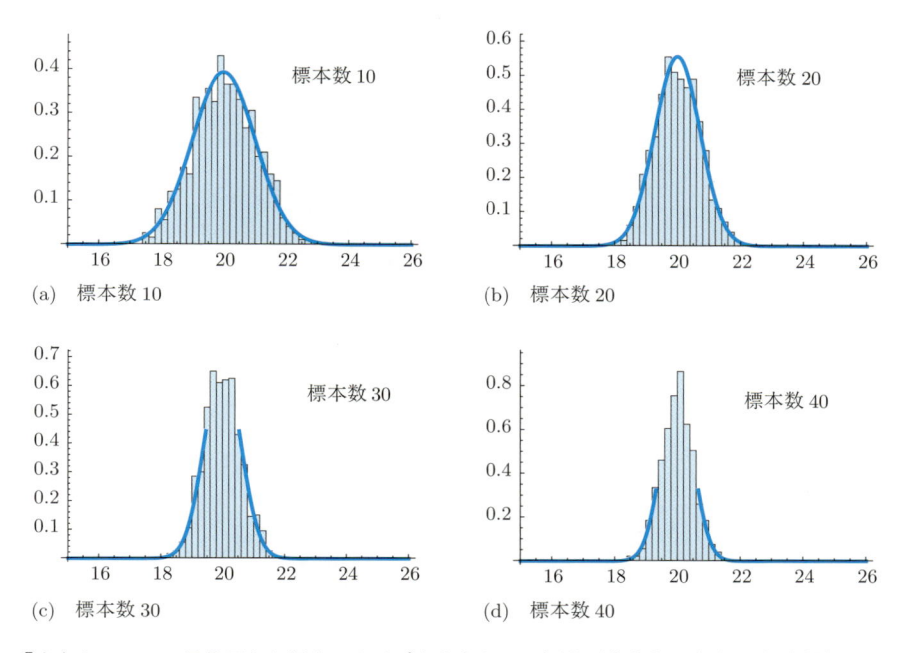

(b) 標本数 20

(c) 標本数 30

(d) 標本数 40

図 7.30 「大きさ 1000 の母集団から標本のサイズを変えながら標本平均をとる」という試行を 1000 回繰り返した．

ドリル 7-3：

　　ドリル 7-2 の 1000 人のサラリーマンの月給額のデータから標本数 n を 10，20，30，40 と変えて 20 回ずつ標本平均をとります．そして，その標本平均値に上下に $1.96 \times \frac{\sigma}{\sqrt{n}} = 1.96 \times \frac{3.18}{\sqrt{n}} = \frac{6.23}{\sqrt{n}}$ の幅をもたせた範囲をプロットしたのが図 7.31 のグラフです．（標本数を大きくするほど，母平均値の周囲での変動幅が小さくなるようすを観察してください．）この幅に母平均が入っている確率を求めてください．確率の求め方は，μ が範囲の中に入っている回数を数え，それを 20 で割って割合を求めます．理論的には 1.96σ の範囲は 95％つまり 0.95 ということがわかっています．この実験では，標本数 n がいくつ以上のとき，0.95 となっていますか？

答え：

　　$n = 10$ のとき，標本平均値の上下の変動幅は $\frac{6.23}{\sqrt{10}} \cong 1.970$ で，この区間に母平均が入っている確率は $\frac{17}{20} = 0.85$ でした．17 本数えられましたか？ 母平均を範囲内に含んでいないものが 3 個と数えたほうが楽です．$n = 20$ のとき，標本平均値の上下の変動幅は $\frac{6.23}{\sqrt{20}} = 1.393$ で，この区間に母平均が入っている確率は $\frac{18}{20} = 0.9$ でした．$n = 30$ のとき，標本平均値の上下の変動幅は $\frac{6.23}{\sqrt{30}} = 1.137$ で，この区間に母平均が入っている確率は $\frac{19}{20} = 0.95$ です．$n = 40$ のとき，標本平均値の上下の変動幅は $\frac{6.23}{\sqrt{40}} = 0.985$ で，この区間に母平均が入っている確率は $\frac{20}{20} = 1$ です．この実験では，n が 30 以上のときに 0.95 以上となりました．

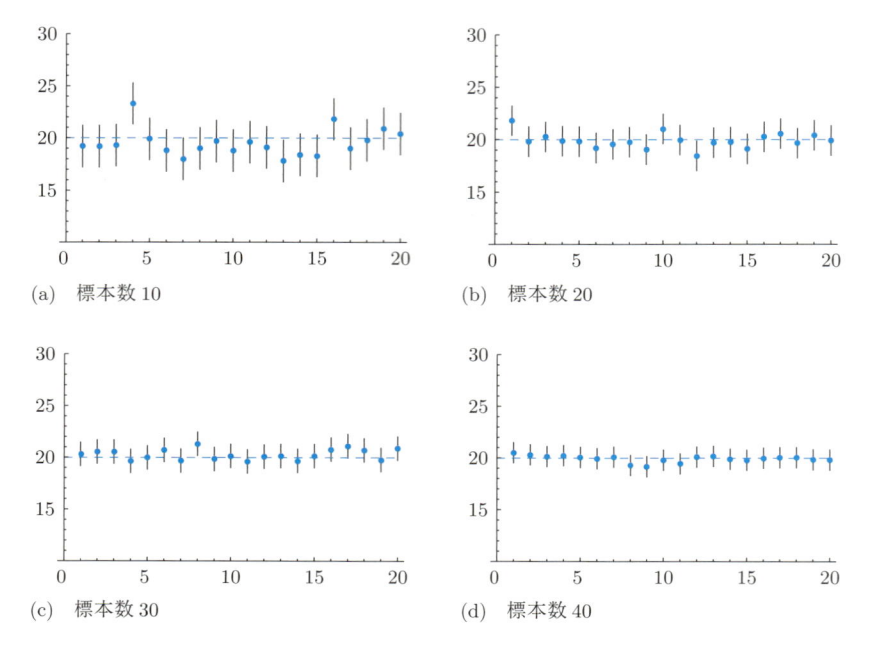

図 7.31 母集団のサイズが 1000，標本数 10, 20, 30, 40 と増やしながら 20 回標本平均をとったようす．1.96σ の範囲を線で示している．

参考文献

[1] 白田由香利：グラフィクス教材サイト, http://www-cc.gakushuin.ac.jp/~20010570/ABC/
[2] Y. Shirota, and S. Suzuki, "Visualization of the Central Limit Theorem and 95 Percent Confidence Intervals," Gakushuin Economics Papers, Vol.50, No. 3–4, 2014.
[3] 穴太克則：『講義：確率・統計』，学術出版，2012．
[4] 蓑谷千凰彦：『統計学のはなし』，東京図書，1987．
[5] 竹之内脩：『理系のための確率・統計』，培風館，1985．
[6] C.R. ラオ 著 藤越康祝 他訳：『統計学とは何か—偶然を生かす』，丸善，1993．
[7] 東京大学教養学部統計学教室：『統計学入門』，東京大学出版会，1991．
[8] T.H. ウォナコット，R.J. ウォナコット 著，国府田恒夫 訳：『統計学序説』，培風館，1978．
[9] 長岡亮介：『長岡先生の授業が聞ける高校数学の教科書数学（考える大人の学び直しシリーズ）』，旺文社，2011．

8

CHAPTER EIGHT

ベキ乗則

　株価の大暴落の頻度，Web 上の各種ランキングなど，わたしたちの興味のある確率分布の数々が，正規分布ではなくベキ分布であることがわかってきました．ベキ分布のほうが，平均値から離れた裾野が広いのです．ということは，正規分布で考えるよりも，実は株価の大暴落の頻度は大きかったのだ，ということがわかりました．本章では，興味深いベキ分布の事例をあげ，その関数形を示します．ベキ乗と混同されやすい関数が指数関数です．数学的にまったく別のものですので，指数関数とベキ乗の区別をつけられるようにしましょう．また，ベキ乗を対数スケールでグラフを描くとどうなるのか，見ていきます．これは知っておくと大変役に立つ知識です．この最終章では，今まで学んだ指数，対数，確率密度などの概念が出てきます．それらを統合して，ベキ乗則を理解してください．

8.1　正規分布とベキ分布

　経済物理学の大きな成果のひとつとして，「株価の変動の大きさの分布は，正規分布よりはるかに大きな裾野をもつ分布である」という発見があります[1]．これをベキ分布と呼びます．

　正規分布の形を覚えていますか？　きれいなベル型（小山型）をしています．正規分布では，5σ, 6σ あたりで，0 に近づきます．（ゴシグマ，ロクシグマ，と読んでもいいのですが，金融の世界では，シックスシグマという用語が，よく使われますので，覚えて使ってみましょう．なんとなく響きがかっこいいですね．）

　一方のベキ分布の特徴は，裾野がダラダラといつまでも続き，なかなか 0 に近づかないことです．ベキ分布であるということは，株価の大暴落は思った以上に頻繁に起きる事件だったのです[2]．

　金融工学の根本的な公式として，ブラック・ショールズ方程式と呼ばれるものがあります[3]．これは株価の変動をブラウン運動（ガラスのプレパラートの上に花粉を置くと，小刻みに振動して，拡散していくという運動）で表したもので，正規分布に基づいています．このブラック・ショールズの公式は，オプションと

呼ばれる金融商品の期待値を計算する便利な公式で，金融の世界では非常によく使われています．期待値，覚えていますか？（離散型確率変数の期待値は，第6章です）．この公式を使って，その金融商品の期待値を計算して，「このくらいの価値があるから，いくらに値付けしよう」というように使います．その際，株価の変動の確率分布の形状が大問題となります．正規分布を使うと，大概の場合（95%に入るくらいの小さい変動の場合），よく合うのですが，しかし，大きな値の変動である残りの5%に対しては合わないことに気づいた人がいたのです[1]．

言い換えると，小さい株価変動の場合はブラウン運動，つまり正規分布でよいのですが，大きな変動，たとえば株価大暴落とか株価急騰とかいう場合には，もっと裾野が広い，ベキ分布が適しています．実際に，多数の株式で，大暴落を含めた株価の変動の度数を計測したところ，ベキ分布であることがわかりました[2]．

正規分布では 6σ の裾のほうでは分布は0ですが，ベキ分布では0ではありません．正規分布では，株価が大きく暴落する頻度を過小評価してしまうという問題があります．現在の金融工学では，標準偏差の値を多変数関数化したりするなどして，大きな株価変動にも対応できるように工夫がなされています．

ですから，実用的な応用を志す皆さんは，正規分布のその次の分布として，ぜひとも，ベキ分布を知っておいてください．そのうち，きっと経済の分野，あるいは自然科学の分野で役に立つはずです．

前置きはこのへんでやめて，数式で見てみましょう．

ベキ分布の確率密度関数は，指数が負であるベキ乗，$y = Cx^{-a}$（C は定数，$a > 0, x > 0$）です．変形すれば，以下のように書けます．x が正のときだけで定義します．

$$Cx^{-a} = C\frac{1}{x^a}$$

において，この関数は減少関数です．正規分布と比較をするときは，正規分布は平均値よりも右側の片半分をイメージしてください．

連続型確率変数 X が，$f(x) = Cx^{-a}$（C は定数，$a > 0, x > 0$）という確率密度関数をもつ場合，その確率分布を<u>ベキ分布</u>と呼びます．

関数 $y = Cx^{-a}$（C は定数，$a > 0$）の代表は，反比例の $y = \dfrac{1}{x}$ です．

皆さん，中学校のときに，反比例を表す関数を習いましたね．$y = \dfrac{C}{x}$ という関数でした．C の値によって，この反比例のようすがどのように変わるか，グラフで見てみましょう（図8.1参照）．$x > 0, y > 0$ の第1象限に注目してみます（図8.2参照）．（参考までに，$x < 0, y > 0$ が第2象限です．1, 2, 3, 4，と反時計まわりになると覚えてください）

図8.2に示すように，関数 $y = \dfrac{1}{x}$ は，第1象限において，x の値が大きくなるにつれて，y の値はゼロに近づきます．この関数形は確率分布として使える形状です．

ベキ分布の形状の特徴として<u>ロングテール</u>があります．直訳すれば，長い尻尾です．

たとえば，代表例として，$y = \frac{1}{x}$ の反比例の関数の第1象限を思い出してくだ

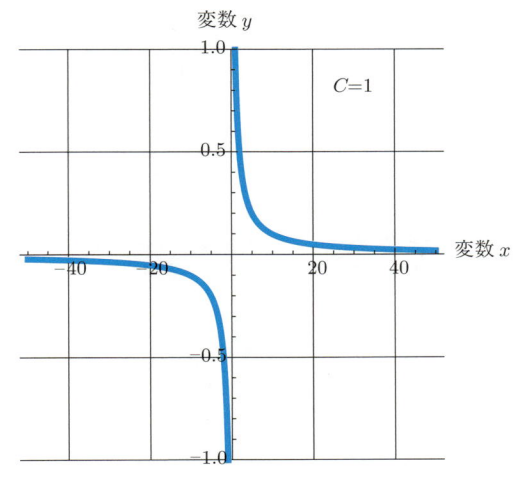

図 8.1 反比例の $y = \dfrac{C}{x}$ の定数 C を変化させる[4].

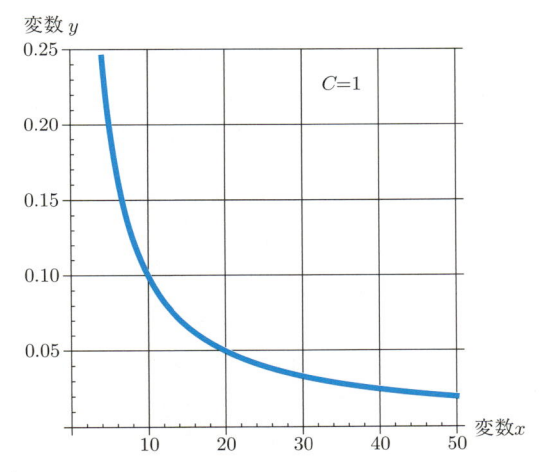

図 8.2 反比例の関数 $y = \dfrac{1}{x}$ の第 1 象限部分 $(x>0, y>0)$ のみ示した[4].

さい（図 8.2）．x の値が増加するにつれて，y の値が減少していきます．この関数は，細い尻尾が延々と続いているような形状をしています．この尻尾の部分の太さ細さ加減が関数によって違ってきますが，その程度が重要となります．x が大きくなっても，なかなか y が 0 に近づかない場合，つまり尻尾が続く場合，ロングテールと呼びます．ベキ乗の式によっては，すぐに y 値が 0 に近づいて，尻尾が短い場合もあります．

> ポイント：ベキ分布を見たら，尻尾の伸び加減（尻尾の太さ）に注目する．

8.2 ベキ分布 ──実例とその解説──

以下では，ベキ分布となっている例を3つ示します．反比例のグラフをイメージしながら読み進めてください．

(1) 高所得者の分布

個人の所得額と，その度数分布を考えてみます．度数が多いということは，その所得額の人がたくさんいる，ということです．高所得者だけ選んで，その度数分布をとってみます．実は，上位1%（このパーセンテージは国や状況によっても変わります）の高所得者の分布はベキ分布になることが知られています[1]．そのなかでも，高所得者になればなるほど，度数が小さくなります．仮に，プロ野球選手が全員高所得者だとしても，その中で抜群に高所得者は誰かと考えれば，その数が減ることは想像できるでしょう．その分布がベキ分布となることが，経験的にわかっています．これはどこの国においても成り立ちます．興味深いですね．このような高所得者のベキ分布の特性については，100年以上前，パレートという経済学者によって報告されていて，ベキ分布の累乗の指数はパレート指数と呼ばれて，国の経済状況を特徴づける量として使われています．

まとめると，お金持ちだけを集めて，所得額を横軸にして，人数の分布を描くと，ベキ分布になっています．所得額の増加につれて，人数が減少することは想像できましたが，その関数がどこの国でも $y = Cx^{-a}$（C は定数，$a > 0$，$x > 0$）であることが，大発見だと思います．

(2) Amazon のランキング

Web 上の書店を考えてみましょう．昔は，人手で各種の作業を行っていたため，書籍点数が1000000を超える販売など不可能でした．しかし，昨今はIT化とWebの普及で，多種の書籍を低コストで販売できるようになりました．その代表がAmazonのWeb上での書籍販売です．服部哲弥氏の研究によると，Amazon書店における注文頻度の度数分布は，ベキ分布に従うことがわかっています[5]．ランキングの高い，いわゆるビッグヒットから，売れない書籍までランキング順に横軸にそって書籍を並べ，その注文された頻度をプロットしていきます．その分布がベキ分布となります．町の小さな書店では，置ける本の数に限りがあるので売れ筋の本しか置けません．しかし，Web上の書籍販売では，マニアしか買わないような売上数が小さい書籍でも販売できます．そして，広い購買層を対象とすれば，売上数の小さい書籍もチリも積もれば山となるのたとえのように，合算で売上数を伸ばすことができます．つまり，ベキ分布の密度関数の尻尾の部分が太ければ，ロングテールの全体の売上数への寄与度が大きくなります．ロングテールの売上が寄与してくれるか否かは，ケースバイケースです．

具体的な関数グラフを描いてみます（図8.3参照）．この関数形は以下のようになります．少し難しいので，ベキ分布になっていることだけ確かめられれば，詳細を理解する必要はありません．

ランキングが x 番目の書籍の注文頻度を関数 $y = f(x)$ とします．

$$f(x) = a \times N^n \times x^{-n}$$

N：書籍の総点数，$N = 80$ [万冊]

a：一番売れない書籍の注文頻度，$a = 5 \left[\dfrac{冊}{年}\right]$

n：累乗の指数，$n = 1.23$

式，および，上記の数値は [5] から引用しました．[5] では，関数 $f(x)$ は b を使って表されています $\left(b = \dfrac{1}{n}\right)$．この式を見るときは，"注文頻度は，ランキング順位 x の n 乗に反比例する" という部分に着目してください．

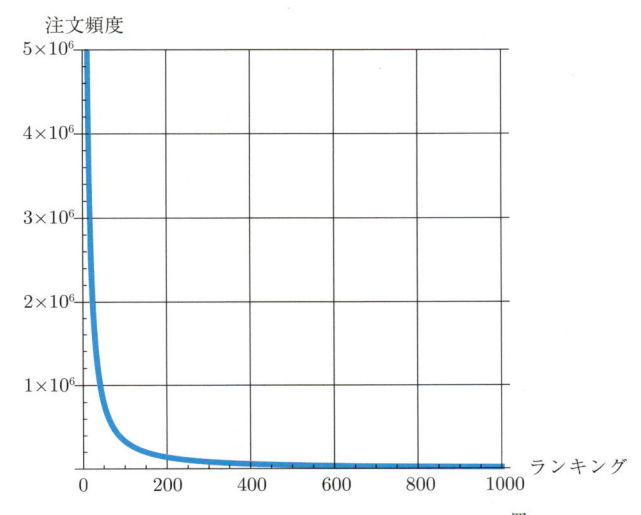

図 8.3 Amazon のランキングと注文頻度．総点数 $N = 80$ 万冊，$a = 5\dfrac{冊}{年}$，$b = 0.809$ ($n = 1.23$)．パラメータ値は [5] より引用

図 8.3 のランキングと注文頻度の分布のグラフを見てみましょう．人気のある一部の本だけが売上に貢献していて，それ以外は貢献していないようすが見て取れます．尻尾の部分がすぐに 0 に近くなっています．グラフ横軸も，総点数 80 万のうち，あとはほとんど 0 に近いので 1000 番目までしか描きませんでした．これは予想に反してロングテールではなかった例です．

Web 上の他の人気ランキングにおいてもベキ分布が発見されています[5]．

(3) 万有引力

万有引力は 2 つの物体の間に働く力で，物体間の距離の **2 乗に反比例**します．つまり距離が大きくなるほど働く力は小さくなります．万有引力の大きさ y は，距離を x とすると，$y = GMmx^{-2}$ と表せます．ここで，G は万有引力定数 ($G = 6.67384 \times 10^{-11}\,\mathrm{m^3\,s^{-2}\,kg^{-1}}$)，2 つの物体の質量を M, m としています．$G \times M \times m$ をまとめて，たとえば変数 a で表すとすると，$y = a \times x^{-2}$ となり，指数が負の値 (-2) のベキであることがよくわかります．2 つの物体間の距離の 2 乗に反比例して，距離が遠くなると万有引力の力が減少するのですね．

8.3 ベキ乗関数のグラフ

ベキ乗といったときには，指数 a の正負を問いません．正の場合も含みます．本節では，$f(x) = Cx^a$（C は定数）のベキ乗が，a の値によってどう変わるかをまとめて見てみましょう．指数 a が正の値をとる際，$y = x^{\frac{1}{n}}$（n は正の整数）を特に**累乗根**と呼びました．覚えていますか？（第 4 章 指数関数の復習：$y = x^{\frac{1}{2}}$ は，$y = \sqrt{x}$ とも書きます．この場合の累乗は，いずれも $x \geqq 0$ において定義できる増加関数です．)

累乗根の関数 $y = x^{\frac{1}{n}}$ の n の部分を，さまざまな値にしてグラフを見てみましょう（図 8.4）．どのような n の値をとっても，$x = 1$ のとき，必ず $y = 1$ となることをグラフ上で確認しましょう．

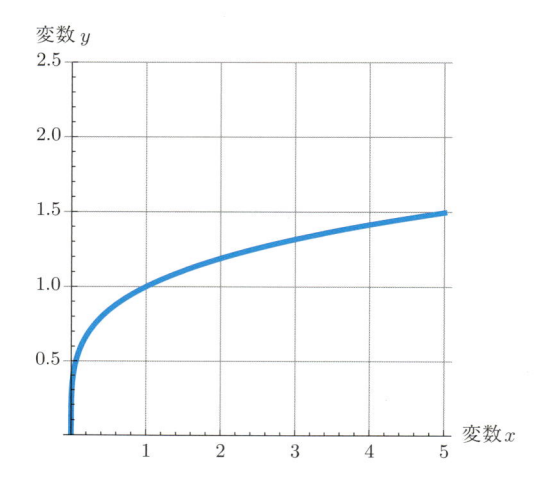

図 8.4 $y = x^{\frac{1}{n}}$ の n を変えてみる．図は $n = 4$ の場合 [4]

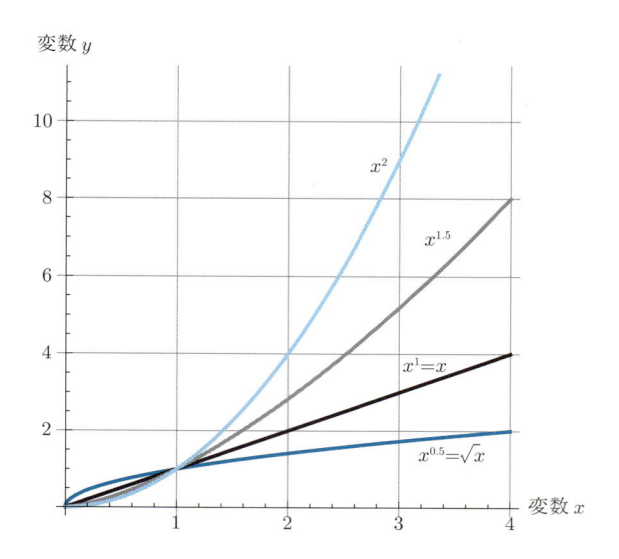

図 8.5 $y = x^a$ $(a > 0, x \geqq 0)$ に関して，指数 a を，$a = 0.5, 1, 1.5, 2$ と 0.5 刻みで増加させた場合，$x = 1$ を境にして 4 つの関数の大小関係が逆転する．

次に指数が正の値をとるベキ乗をまとめて見てみましょう．累乗根も含めて書いています．この場合は，定義域は $x \geqq 0$ となります（図 8.5）．

最後に，指数が負の場合（ベキ分布の確率密度関数）も含めて 1 枚のグラフにまとめてみましょう．図 8.6 では $y = x^a$ を，a を負，0，正と取り，$a = -2, -1.5, -1, -0.5, 0, +0.5, +1, +1.5, +2$ の場合で描いています．グラフィクス教材ではスライダーで a の値をする指定すると，そのベキ乗が太い線で描かれるようになっています．スライダーを動かしてみてください[4]．ベキ乗は，このように体系的に見ていくことが大事です．

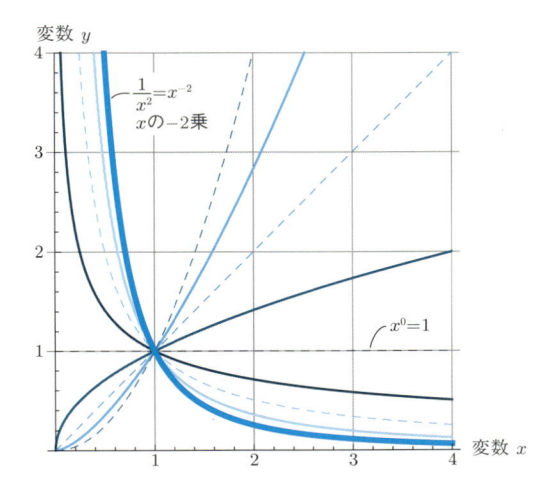

図 8.6　$y = x^a$ を $a = -2, -1.5, -1, -0.5, 0, +0.5, +1, +1.5, +2$ と変えて描いたようす．図では，$a = 2$ のベキ乗 $y = x^2$ が太線で示されている[4]．$a = 0$ は，水平線となる．

8.4　ベキ乗と指数関数の区別

本節では，$y = Cx^{-a}$（C は定数，$a > 0$, $x > 0$）と指数関数を，対数グラフで描くことで区別する方法を説明します．

困ったことに，指数関数とベキ乗を混同する人がよくいます．同じように見えてしまうのでしょうか？　これは形を見れば違いはすぐわかります．以下の例を見てください．

・指数関数の例：$y = 10^x$
・ベキ乗の例：$y = x^{-2}$

指数関数とベキ乗の違いは，変数 x が指数なのか，底なのか，ということです．ここは，関数の形が重要なので，違いをきちんと理解してください．

図 8.7 に，指数関数 $y = 10^x$ を描きました．次に，同じ関数 $y = 10^x$ を，縦軸を片対数スケールにして描いてみました（図 8.8 参照）．片対数スケールについて忘れた人は第 5 章の対数関数に戻ってください．

この対数スケールは 10 を対数の底としており，1 から 10 と，10 から 100 へ増加

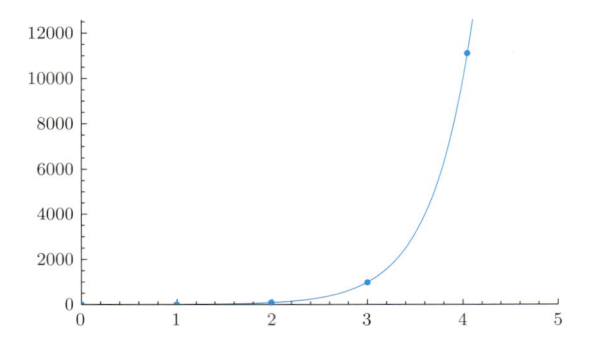

図 **8.7** 指数関数 $y = 10^x$

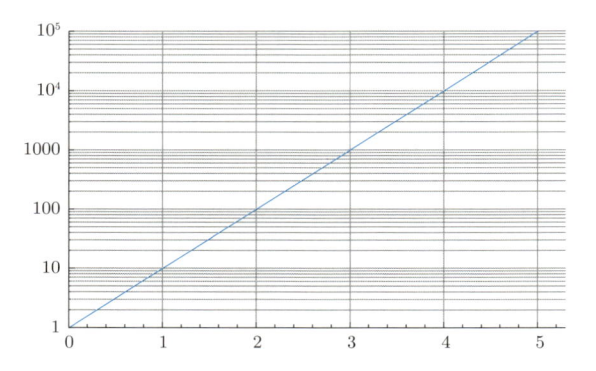

図 **8.8** 指数関数 $y = 10^x$ を片対数グラフで描くと直線になる．図上 2 軸の交点は 0 ではなく 1 であることに注意．$10^0 = 1$．

する際のスケール上の距離が等しくなっています．2 つの図で描いている関数は $y = 10^x$ で，同じです．スケールのほうだけを変化させているのです．その結果，図 8.8 のように直線になります．$y = 8^x$ を片対数グラフで描いても直線になります．（忘れた人は第 4 章「指数関数」を参照してください．）

> 指数関数 $y = a^x$（a は 1 を除く正の定数）は，片対数グラフを描くと直線になる．

次は，ベキ乗 $y = x^{-n}$ $(n > 0)$ です．$y = x^{-1}$, $y = x^{-2}$, $y = x^{-3}$ の 3 つを一緒に描いてみましょう（図 8.9 参照）．

3 つのベキ乗はいずれも減少関数です．一番上に来ている濃い青色のカーブが $y = x^{-1}$ です．$y = x^{-1}$ の尻尾が一番長くまで伸びているロングテールです．$x = 1$ において，3 つの曲線はいずれも $y = 1$ となり，そこで交わっています．それでは，先ほどのように縦軸を片対数グラフで描いてみましょう（図 8.10）．

直線になるかと期待しましたが，直線にはなりませんでした．しかし，水平軸も対数スケールにすると，図 8.11 のような直線になります．このような 2 つの軸の両方ともが対数スケールのグラフを両対数グラフといいます．

図 8.11 の水平軸を見て，$x = 1$, $x = 10$, $x = 100$ の 3 点間の距離が等しいことを確認してください．10 倍したときのスケール上の距離が等しくなっています

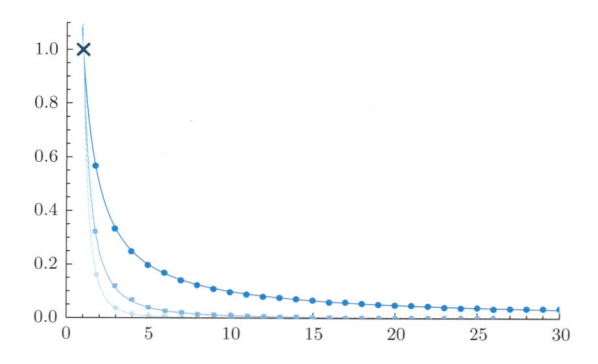

図 **8.9** ベキ乗 $y = x^{-1}$, $y = x^{-2}$, $y = x^{-3}$ のグラフ

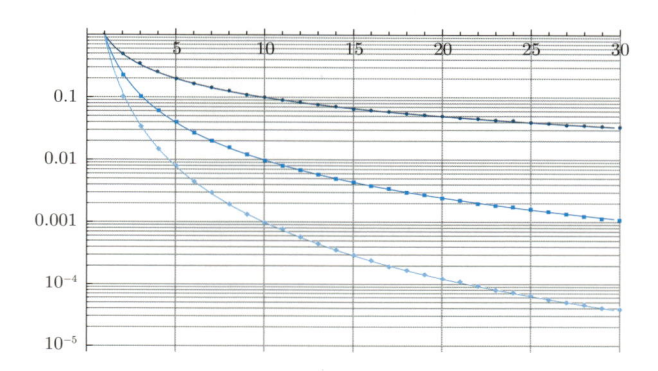

図 **8.10** ベキ乗 $y = x^{-1}$, $y = x^{-2}$, $y = x^{-3}$ を片対数グラフで描いても直線にならなかった．

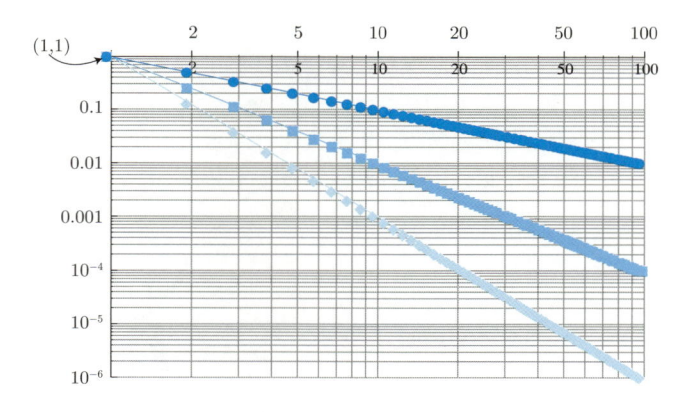

図 **8.11** ベキ乗 $y = x^{-1}$, $y = x^{-2}$, $y = x^{-3}$ を両対数グラフで描くと直線になる．傾きは，ベキの指数 $-1, -2, -3$ を表す．

ね．直線の傾きは，ベキの指数を表しています．上から，$-1, -2, -3$ です．

> ベキ乗 $y = x^n$ は両軸を対数スケールで描くと直線になる．

この意味を考えてみましょう．関数は変化させずそのままにして，スケールのほうを対数に変えています．スケール上の目盛の間隔を変えるのです．変換後の距離は，対数をとれば求まります．

直線にする方式として，今やったような対数グラフを用いる方法と，変数を対数をとったものに変えるという方法があります．後者を説明します．

$f(x) = Cx^{-a}$ の式の両辺の対数をとると，以下のように変形されます．（忘れた人は，第 5 章の「対数関数」を見ましょう．）

$$\log(f(x)) = \log(Cx^{-a})$$
$$= \log C - a \cdot \log(x)$$

$\log(f(x))$ を変数 YY，$\log(x)$ を変数 XX として，XX と YY の関係をグラフ化します．

$$YY = \log C - a \cdot XX$$

これを普通のスケールのグラフ上に描くと，傾き $-a$，y 切片は $\log C$ の直線になります．

慣れないうちは，対数グラフを用いる方法と変数を対数をとったものに変えるという方法の違いがわかりにくく，混同しやすいかと思います．グラフの目盛間隔が均等であれば後者です．この例をドリル 8-5 に示しますので，やってみてください．

8.5　スケールの不変性

ベキ分布の特徴は，スケールの不変性にあります．これを例で説明してみましょう．岩のサイズと数の分布はベキ分布となることが知られています．たとえば，宇宙船に乗って惑星に降り立ったと想像してください．周囲には岩石しかないと想像してみてください．そして，自分の身体のサイズを物差しとして世界の岩や砂のサイズと数の分布を調べてみましょう．

スケールの不変性とは，身長が大きくなっても小さくなっても，周囲の岩や砂

図 8.12　スケールの不変性のイメージによる理解．
　　　　身長が 10 倍になっても，身長を基準に周囲の大きさを測ると，同じに見える．このイラストは，仮に岩の幾何学的配置についてもスケールの不変性があるとしたら，という仮定の下に描いたイメージ図．岩のサイズと数の分布がベキ分布であることは本当だが，岩の幾何学的配置（レイアウト）はこのようにはなっていない．幾何学のスケールの不変性に興味のあるかたは，以下の本をどうぞ．
・ベノワ・B・マンデルブロ，リチャード・L・ハドソン（高安秀樹，雨宮絵理 訳），『禁断の市場 フラクタルでみるリスクとリターン』，東洋経済新報社，2008．

の分布は同じように見える，ということです．もし5倍の身長になっても，自分の身長を物差しにして，周囲の岩の大きさの分布を調べたら，同じように見える，ということです．

数式で説明しましょう．岩石のサイズによる数の分布関数が $y = x^{-1.3}$ だったと仮定しましょう．指数が -1.3 です．あなたの身長は始め $x = s\,(\mathrm{m})$ でした．そのときに，自分の身長と同じくらいの岩の数は，$y = s^{-1.3}$ です．あなたの身長の2倍の大きさの岩の分布の数は，$y = (2s)^{-1.3}$ です．その両者の比率は以下のようになります．

$$\frac{(2 \times s)^{-1.3}}{s^{-1.3}} = 2^{-1.3} \quad (\text{計算がわからない人は第4章「指数関数」へ})$$

さあ，身長が5倍に伸びて巨人になったとします．$x = 5s\,(\mathrm{m})$ です．巨人であるあなたの身長と同程度の岩の数と，身長の2倍の大きさの岩の数との比率はいくらでしょうか？

$$\frac{(2 \times 5s)^{-1.3}}{(5s)^{-1.3}} = 2^{-1.3}$$

先ほどと同じ比率 $2^{-1.3}$ になりました．これが，巨人になっても，岩のサイズと数の分布は同じように見える，という意味です．図8.13, 8.14を使って，スケールの不変性を図で理解してください．$s = 1$ が，$s = 2$ になっても，小さい砂も大きな岩も，分布の特徴に違いがないので，自分の長さを基準とすれば，周囲は同じように見えます．

皆さんも自分の仕事や研究で，ベキ分布となる現象を探してみてください．探す方法は，両対数グラフで描いてみることです．直線になればベキ分布です．また，高所得者の分布にもあったように，全体ではなく，一部分だけがベキ分布の例もあるので注意してください．

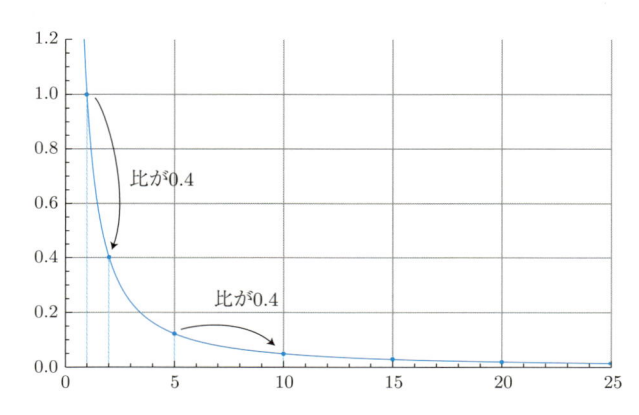

図 **8.13** $y = s^{-1.3}$ のグラフ．$s = 1, 2, 5, 10$ でマークがしてある．両者の縮小率は等しい．

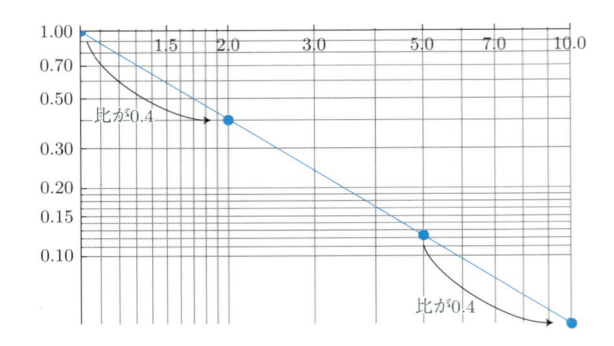

図 8.14　$y = s^{-1.3}$ の両対数グラフ．$s = 1, 2, 5, 10$ でマークがしてある．

ドリル

ドリル 8-1：

ベキ分布でロングテールを示す 2 つの関数，$y = x^{(-0.5)}$ と $y = \dfrac{1}{\sqrt[3]{x}}$ のうち，尻尾が太いのはどちらでしょうか．

答え：

$y = x^{-\frac{1}{2}}$ と，$y = \dfrac{1}{\sqrt[3]{x}} = x^{-\frac{1}{3}}$ の比較となる．$x > 1$ の範囲では，$y = \dfrac{1}{\sqrt[3]{x}} = x^{-\frac{1}{3}}$ のほうが大きいので，尻尾が太い．

ドリル 8-2：

$f(x) = x^{-1}$ の反比例の関数において，$f(20)/f(2)$ の比と，$f(50)/f(5)$ の比の値を計算し，両者が等しいことを確かめなさい．

答え：

$f(20)/f(2) = 0.05/0.5 = 0.1$，$f(50)/f(5) = 0.02/0.2 = 0.1$ で同じ．

ドリル 8-3：

$f(x) = x^{-2}$ の反比例の関数において，$f(20)/f(2)$ の比と，$f(50)/f(5)$ の比の値を計算し，両者が等しいことを確かめなさい．

答え：

$f(20)/f(2) = 0.0025/0.25 = 0.01$，$f(50)/f(5) = 0.0004/0.04 = 0.01$ で同じ．

類似問題を 2 題説くことで，スケールの不変性を理解できるようになってもらえたでしょうか．

ドリル 8-4：

地震の規模 M（マグニチュード）と地震累積数 N の関係は，$\log_{10} N = a - bM$ と表すことができます．これをグーテンベルク・リヒター則といいます．b 値は通常 1 に近い値を示します[6]．この式を変形して，N について解きなさい．また，M と N の関係をグラフで表すとき，片対数グラフと両対数グラフのどちらで描いたとき，関係は直線になるでしょうか．

答え：
$$N = 10^{a-bM},\ N = 10^a \times 10^{-bM}$$

横軸に M，縦軸に N をとるとき，N を対数スケールで描くと直線となる．答えは，片対数グラフで描くと直線になる．

ドリル **8-5**：

独立行政法人 宇宙航空研究開発機構（JAXA，ジャクサ）の発表による，「はやぶさ」が惑星イトカワから採取してきたサンプルの破片のサイズと数の分布を示したグラフを見てください（図 8.15）．破片のサイズを S，累積個数を N としましょう．このグラフは，$x = \log S$，$y = \log N$ と，変数の対数をとった後の $y = f(x)$ の関係を $y = -1.2697x + 3.1545$ と近似しています．それでは，この 1 次関数式から，$N = g(S)$ の関係式を求めてください．対数の底は a とおいてください．

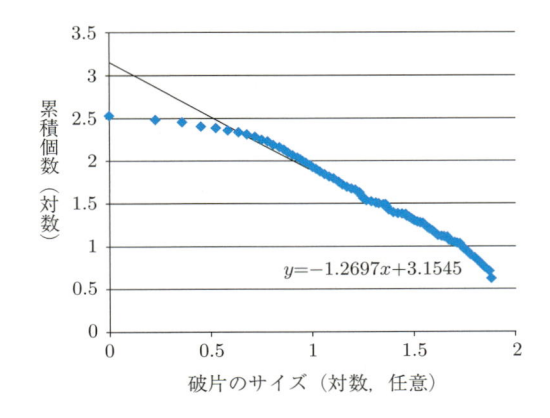

図 **8.15** 「はやぶさの破片のサイズと数の分布の両対数グラフ（提供：国立天文台）」（出典：国立天文台 メールニュース No.13（2010 年 9 月 22 日発行））
http://pholus.mtk.nao.ac.jp/~satomk/hayabusa/result/

答え：
式を変形すると，$\log_a(N) = \log_a(S^{-1.2697}) + 3.1545$，$N = a^{(\log_a(S^{-1.2697}) + 3.1545)} = S^{-1.2697} \cdot a^{3.1545}$

参考文献

[1] 高安秀樹：『経済物理学の発見』，光文社新書，2004．

[2] Sornette, Didier: *Why Stock Markets Crash —Critical Events in Complex Financial Systems*, Princeton University Press, 2003.

[3] 松原望：『入門確率過程』，東京図書，2003．

[4] 白田由香利：グラフィクス教材サイト，http://www-cc.gakushuin.ac.jp/~20010570/ABC/

[5] 服部哲弥：『Amazon ランキングの謎を解く：確率的な順位付けが教える売上の構造』，化学同人，2011．

[6] 防災科学技術研究所：「マグニチュード 9 クラスの東北地震 (2011) やスマトラ地震 (2004) に先行した 10 年スケールにおける b 値の低下」，http://www.hinet.bosai.go.jp/researches/b-decrease2012/?LANG=ja

9

CHAPTER NINE

女性の人生の15のストーリーを数式で見る

　　総仕上げの巻末問題として，女性の人生のストーリーに数学文章題を入れてみました．人生の応援歌となるように，中年女性のシンデレラストーリー的に書いてみました．「人生はもっと厳しくて，そのようにうまくいくものではない」というお叱りの声が聞こえてきそうですが，目的は，今の若い人たちの多くが将来のことを何もイメージしていないことへの警鐘です．数学的思考で自分の未来を意志をもって設計してほしいと願っています．以下では，文章題の係数は，計算のしやすさを考慮し，本文の年代と無関係に決めています．また，種々の計算式は個人の実感に基づくものとして，あくまで一例として捉えてください．文中の団体名，個人名なども実際のものとは関係がありませんので，ご了承ください．

9.1　22歳：晴れて社会人1年生！

　　1995年4月．「希望に燃えた社会人1年生」といきたいところだけれど，正直，就職先を決めるだけで精一杯だった．ここ数年は，私のような文系の女子大生には特に厳しい「就職氷河期[1]」が続いている．私だって，この「オフィス機器製造メーカーの子会社（ここがポイント！）」に拾ってもらえなかったら，どうなっていたかわからない．規模は中堅だし，お給料も決して高くないけれど，贅沢は言っていられない．

　　4歳年上の姉が就職活動をしていた時は，「バブル景気[2]」が崩壊する前で，まだまだ状況は良かったらしい．姉と私は同じ大学を出ているのに，景気の良い時に就活ができた姉は大手商社の一般職に採用されて，優雅にOL[3]をやっている．お給料も私よりずっと高い．たった4歳年齢が違うだけで，こんなにも待遇が違うのかと思うと，なんだかすごくうらやましい．運の良し悪しってあるのだなあと実感してしまう．

　　でも姉は，バブルがはじけて株価が下がったことがとても不満らしい．姉の周りは皆

---

[1] バブル景気崩壊後の就職が困難であった時期（1993年から2005年頃）．
[2] 1986年頃から1991年頃までに日本で起こった資産価格の上昇と好景気，およびそれに付随して起こった社会現象．
[3] Office Ladyの略．「女性の会社員や事務員」を意味する和製英語．

リッチな人ばかりらしく，バブルがはじけて株で大損したのだそうだ．お金があると，その分損するときも大きいのだろう．

その姉が，昨日，私に「外貨預金」というのをやらないか，と話を持ちかけてきた．

「商社の人も大勢やっているのよ．今，銀行にお金を預けていても，全然利子がつかないでしょ．それに比べれば，外貨預金の利子はすごく高いのよ．やらなきゃ損よ．」

さして多くもない給料だけど，毎月3万円くらいは貯金したいなと思っていた．「外貨預金」という聞きなれない単語に不安を感じつつも，気持ちが動く．本当に姉の言うとおり，やらないと損なのだろうか？　やって損することはないのだろうか？

問題 9-1：外貨預金をやってみる

オーストラリアドル（以下，豪ドルと略す）は，現在，1豪ドルあたり 88.4971 円であるとします．目白馬場信託の豪ドル預金では，税引き後年利率 1.59 ％，手数料は 1 豪ドル当たり片道 0.4 円です．さて，目白馬場信託で，1 年間 150 万円を豪ドルで外貨預金します．1 年後に日本円に戻したとき，いくらになるでしょうか？　1 年後は円高で 1 豪ドルが 87 円になったと仮定します．

答え：

$$\frac{1500000}{88.4971 + 0.4} \cong 16873.44132 \text{（豪ドル）} \quad 150 万をこの額の豪ドルに交換．$$

$$16873.44132 \cdot (1 + 0.0159) \cong 17141.72903 \text{（豪ドル）} \quad 1 年後の元利合計．$$

$$17141.72904 \cdot (87 - 0.4) \cong 1484473.734 \text{(JPY)} \quad その豪ドルを日本円に戻す．$$

約 148 万 4474 円です．元金 150 万を割ってしまいました．年利率が 1.59％と一見高そうに見えても，手数料と為替次第で容易に元金を割ってしまうのです．

□

9.2　27歳：結婚は墓場？

2000 年 6 月 3 日．今日，同期入社の彼と結婚する．真面目だけが取り柄の地味な人だけれど，彼となら着実に人生を歩んでいける気がする．

入社してすぐに始めた外貨預金は，手数料が高くてばからしくなって，すぐにやめてしまった．今は，財形貯蓄と定期預金で地道に貯金している．

4歳上の姉も，3年前に総合商社の先輩と結婚して，会社を寿退社した．去年，女の子も生まれている．東京，月島のタワーマンションに住んで，優雅な専業主婦暮らしをしている．旦那さんの実家が不動産業を営んでいるらしく，マンションの頭金として 3000 万円を出してもらったとのこと．お金持ちのところにはお金が集まるのだなあと，うらやましくなる．

うちの実家は裕福ではないし，彼の実家もごく普通の家．マンションの頭金に 3000 万援助してもらうなんて夢のまた夢．

彼とは，いつかマンションを買いたいねと話をしているけれど，それにはまず頭金を貯金しなくてはならない．だから仕事も続けないといけない．専業主婦にはとてもなれない．

私の現在の貯金は約150万，彼の貯金は約200万．5000万円のマンションを購入するためには，1000万くらい頭金がほしいところ．あと650万ためるには，どれくらい時間がかかるのだろう．これまで実家だったから家賃はただだったけれど，これからは違う．計算してみる．

問題9-2：積立貯金

現在金利が年率0.03％です．今から，半年ごとに二人合わせて30万円ずつ積み立て貯金をしたとします．半年複利で計算すると，650万になるのは何年後でしょうか？ 円の単位で切り上げて求めなさい．最後の1回の貯金は貯金合計に含めるとします．

答え：

半年複利ですから，複利計算ごとに $R = 1 + \dfrac{0.0003}{2}$ 倍されていきます．n 年後に650万たまる，とします．つまり n 年後の将来価値が650万です．求めたい未知数は n 年後の n です．n について方程式を解きます．

今からすぐに貯金を始めます．また，「最後の1回の貯金は貯金合計に含めるとします」と文章に書いてあるので，貯金の回数は，植木算の考えかたで $(2n+1)$ 回となります．

初回の貯金は，貯金期間がまるまる2年となるので，かけ算する係数は，R の $2n$ 乗になります．

n 年後に，最後の30万を貯金します．この預金期間はゼロなので，30×1 となります．この合計が目標金額の650万になる n を求めます．

$$30 \cdot \left(1 + \frac{0.0003}{2}\right)^{2 \cdot n} + 30 \cdot \left(1 + \frac{0.0003}{2}\right)^{2 \cdot n - 1} + \cdots$$
$$+ 30 \cdot \left(1 + \frac{0.0003}{2}\right) + 30 = 650$$

等比級数の和の公式を使って書き換えます．

$$R = 1 + \frac{0.0003}{2}, \quad \frac{30 \cdot (1 - R^{2 \cdot n + 1})}{1 - R} = 650$$

R に値 $\left(1 + \dfrac{0.003}{2}\right)$ を代入して式を変形します．

$$R^{2 \cdot n + 1} = \frac{650}{30} \cdot (R - 1) + 1, \quad 1.00015^{2n+1} = 1.00325$$

この式の両辺の対数をとります．底は10としました．10でなくても，両方の底があっていれば正しく答えが求まります．嘘だと思う人は，自然対数で計算してみてください．

$$\log_{10}(1.00015) = 0.000065139\ldots$$
$$\log_{10}(1.00325) = 0.0014092\ldots$$

指数の $2n + 1 = \cdots$ の形に変形します．その式から $n = \cdots$ の式に変形し

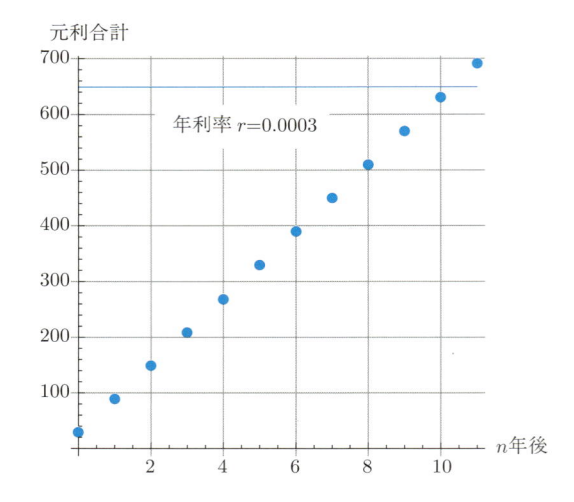

図 **9.1** 1 年ごとにどのように積立貯金が増えていくかを示したグラフ．低金利のため，増加のようすが直線的である．年利率を大きくすると，増加が指数関数的に増える [1]．そのようすをグラフィクスで確認できる．

ます．

$$n = \frac{\left(\frac{0.001409168406}{0.00006513928696} - 1\right)}{2} = 10.31657838$$

答えは 11 年となりました． □

　半年ごとに 30 万円（すなわち年 60 万円）積み立てて，650 万円になるのは 11 年後．年に 60 万円積み立てるということは，月 5 万円を貯金するということだ．言うのは簡単だが，家賃や光熱費などを払いながら月 5 万円貯金するというのは結構大変．この分だと，貯金が 1000 万になる前に，40 歳になってしまいそうだ．彼も私も中堅企業のサラリーマン．生涯年収だってたかが知れている．もっと貯金できるように頑張らなくてはいけない．

　結婚するのは幸せなことなのかもしれないけれど，現実の厳しさも身に染みる．「結婚は墓場」ってよく聞く言葉だけれど，本当かもしれない．

9.3　29 歳：第一子誕生！

　2002 年 8 月 25 日，長男誕生．2800g の元気な赤ちゃんに恵まれた．彼もすごく喜んでいる．出産は大変だったけど，子供はすごくかわいい．さっそく親戚の叔母様から連絡がきた．彼女は，某大手生命保険会社の生保レディをしている．大変なやり手で，トップセールスなのだそうだ．

　「学資保険に入らなきゃ．子育てってすごくお金がかかるのよ．積み立て方式で，学費をサポートしてくれる保険があるので，これに入りなさい．」

　叔母の押しの強さにはいつも負けてしまう．でも教育は大切だ．やっぱり保険は入っておこう．子供だってもう一人ほしいし．

問題 9-3:

ある学資保険の仕様が以下のようになっています.

0才加入, 22才満期, 18才払込み終了, 払込み回数は19回. 年度始めに払い込みます.

学資金の受取りは以下の5回.

- 18才で40万受取り
- 19才で40万受取り
- 20才で40万受取り
- 21才で40万受取り
- 22才で40万受取り（満期）

掛け金を年10万円とします. 学資保険に入らず, 自分でその分, 積立貯金をした場合と比較検討します. 金利年率0.03％の複利計算の積立貯金をすると, 18才の払い込み終了時に元利合計はいくらになっているか求めなさい.

また, この積立貯金から, 学資保険と同様18才から5回, 年度初めに40万を引き落とします. 最後の引き落とし直後の貯金の残額がいくらになるか求めなさい. 複利計算は年1回とします.

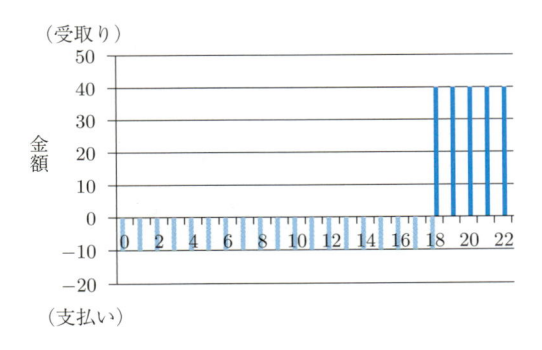

図 **9.2** この学資保険の払い込みと支払いのお金の流れ

答え:

毎年10万円ずつ, 金利0.03%の複利計算の積立貯金を18年間続けたとすると,

$$10 \cdot (1+0.0003)^{18} + 10 \cdot (1+0.0003)^{17} + \cdots + 10 \cdot (1+0.0003) + 10$$

$$R = 1 + 0.0003, \quad \frac{10 \cdot (1 - R^{19})}{1 - R} = 190.5138731$$

18才の払い込み完了時で元利合計は190.5138131万円です. ここから, 40万円引いて, 残額を年利率0.03%でさらに1年間預金します. 19才の年度初め時に, 約150.5590万円です.

$(190.5138667 - 40) \cdot R \cong 150.5590273$ （19才の年度初め）

$(150.5590209 - 40) \cdot R \cong 110.592195$ （20才の年度初め）

$(110.5921886 - 40) \cdot R \cong 70.61337268$ （21才の年度初め）

$(70.61336626 - 40) \cdot R \cong 30.62255669$ （22 才の年度初め）

$(30.62255027 - 40) \cdot R \cong -9.380256545$ （22 才の分を引こうとしたが赤字になった）

最後の 40 万が残高不足で引き落とせませんでした．ということは，金利年率が 0.03 ％のままで上昇しなかった場合，この積立貯金よりは，この学資保険のほうが得ということになります．図 9.4 は年 40 万円引き出しても預金が増えていくという，夢のような高金利の場合の計算のようすを示しています．

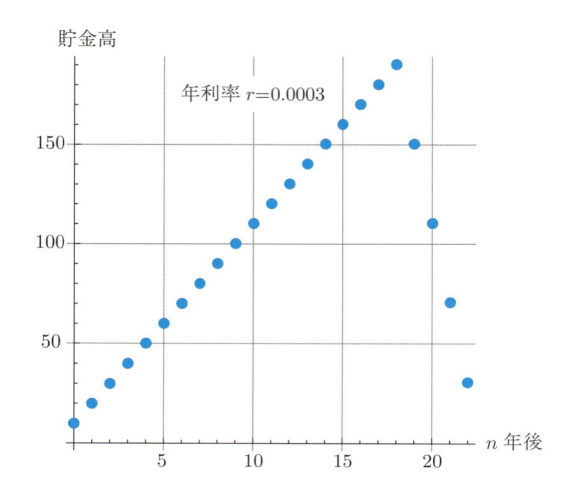

図 **9.3** 年度初めの金額の変化のようす．最後の 22 歳の年度初めで 40 万を引き出せなくなる．

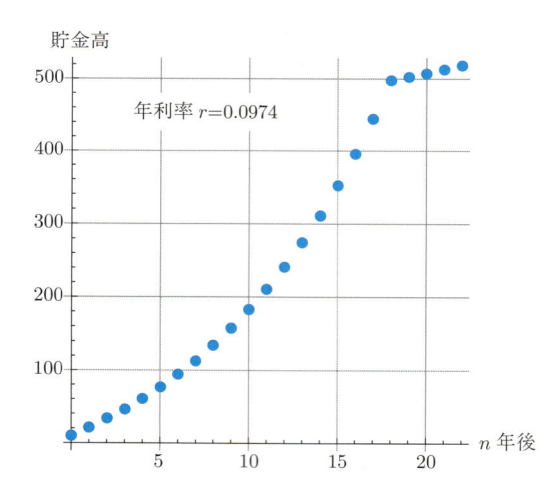

図 **9.4** 年利率が 9.7 ％などというありえない高利率の場合，おもしろいことに，18 才以降毎年 40 万を引き出しても貯金額は増えていく．

□

ちなみに姉のところは，子供は一人と決めたらしい．一人っ子に愛情もお金も注ぎこむそうだ．今は，再来年の小学校受験に向けたお教室通いで忙しくしている．小学校受

験って，すごくお金がかかるらしく，「毎月，10万単位でお金が逃げていく…」とぼやいていた．うちは小学校受験は無理だけど，ちゃんとお稽古事をさせたいし，中学受験はしたい．子育てって本当に大変だ．

だから私は仕事を続けるつもり．姉のような専業主婦にあこがれる気持ちもあるけれど，仕事は楽しいし，辞めたら生活できなくなるし…．育児休職を取得して，その後，職場に復帰予定だ．

9.4　30歳：職場復帰！

2003年4月1日．7か月の育児休職を経て，ついに職場復帰．

頭で想像していたのと，実際とでは全然違う．育児と仕事の両立がまさかこんなに大変だったとは思いもよらなかった．

なんといっても保育園探しで苦労した．このところワーキングマザーが増えているらしく，保育園はどこもいっぱい．本当は認可保育園に入れたかったのだが，待機児童30人とのことで，どこも空きがなかった．仕方なく，無認可保育園に入れることにした．

保育所不足を背景に，保育料も徐々にあがっているようだ．月5万円の保育料は本当に痛い．

姉のところは，来年のお受験に向けて，ますますお教室通いが忙しい．週3回の幼児教室で，月10万円．それに加えて個別指導というのがあるらしく，1回の個別指導につき2〜3万円以上かかる場合もあるらしい．

「トータルで月20万円くらい必要なのよ．」

それはすごい．いくら姉の旦那さんが大手商社のサラリーマンだとしても，そんなに払えるだろうか．と思って聞いてみたら，旦那さんの実家からそれなりの援助を受けているそうだ．どおりで，姉の家の車は外車だし，ブランド物のバッグもたくさん持っている．

「全部ローンよ．買い物はカードでしているから，分割払いも簡単なのよ．」

それもすごい．まさかリボ払いなんてしていないと思うけれど．リボ払いは怖いっていう話を聞いたことがある．

問題 9-4　リボ払い

24万円のブランドバッグを購入しました．年利15％のリボ払いで，ひと月に2万円の返済を考えた場合，何ヶ月で返済できるでしょう．また総支払額はいくらになるでしょうか？

リボ払いでは，その締切日での累積残高に対する利息を考えなければなりません．利息の支払いには，支払い金額に加えて別途利息を払う「ウィズアウト方式」と，支払い金額に利息を含めて払う「ウィズイン方式」の2種類がありますが，両方で計算してください．なお，利息は各月で

$$\text{支払い残額} \times \text{月利率} = 1\text{ヶ月間の利息}$$

$$\text{月利率} = \frac{\text{年利率}}{12}$$

として計算します．

答え：

・ウィズアウト方式

ウィズアウト方式は，各月での返済金額（今回の場合は 20,000 円に設定）に手数料を加えて支払う方法です．毎月確実に元本分として 20,000 円が返済残高から引かれる支払い方法です．

n ヶ月後の残金は　"借入額 $-$ n ヶ月までに支払った元本の総額"ですから，

$$n \text{ヶ月後の残金} = 240000 - 20000 \cdot n$$

n ヶ月後の手数料は　"前月までの残高・利率"なので

$$n \text{ヶ月後の手数料} = (240000 - 20000(n-1)) \cdot (0.15/12)$$

n ヶ月後の支払いは　"月の返済額（20,000 円）$+$ n ヶ月後の手数料

$$n \text{ヶ月後の支払い} = 20000 + (240000 - 20000(n-1)) \cdot (0.15/12)$$

となります．念のため表で確認してみると，

ウィズアウト方式

支払	月額返済	元本分	利息分	返済後残額
1 ヶ月後	23,000	20,000	3,000	220,000
2 ヶ月後	22,750	20,000	2,750	200,000
3 ヶ月後	22,500	20,000	2,500	180,000
4 ヶ月後	22,250	20,000	2,250	160,000
5 ヶ月後	22,000	20,000	2,000	140,000
6 ヶ月後	21,750	20,000	1,750	120,000
7 ヶ月後	21,500	20,000	1,500	100,000
8 ヶ月後	21,250	20,000	1,250	80,000
9 ヶ月後	21,000	20,000	1,000	60,000
10 ヶ月後	20,750	20,000	750	40,000
11 ヶ月後	20,500	20,000	500	20,000
12 ヶ月後	20,250	20,000	250	0
	259,500	240,000	19,500	

答：　12 ヶ月．　259,500 円

12 ヶ月で返済ができます．

・ウィズイン方式

ウィズイン方式は，各月での利息を返済金額（今回の場合は 20,000 円に設定）に含めて支払う方法です．元本と利息を含めて毎月の返済分が 20,000 円なので，20,000 円の内の元本分が返済残額から引かれます．

ウィズイン方式の場合，計算が複雑になるので，ゆっくりと見ていきましょう．

$$1 \text{ヶ月後の残高} = \text{借入額} \times (1 + \text{月利率}) - \text{返済月額}$$

$$2\text{ヶ月後の残高} = (1\text{ヶ月後の残額}) \times (1 + \text{月利率}) - \text{返済月額}$$
$$3\text{ヶ月後の残高} = (2\text{ヶ月後の残額}) \times (1 + \text{月利率}) - \text{返済月額}$$

これを表にすると以下のようになります．実際のリボ払いでは小数点以下は切り捨てになりますが，今回は計算を簡単にするために端数の処理は考慮していません．

ウィズイン方式

支払	月額返済	元本分	利息分	返済後残額
1ヶ月後	20,000	17,000	3,000	223,000
2ヶ月後	20,000	17,213	2,788	205,788
3ヶ月後	20,000	17,428	2,572	188,360
4ヶ月後	20,000	17,646	2,354	170,714
5ヶ月後	20,000	17,866	2,134	152,848
6ヶ月後	20,000	18,089	1,911	134,759
7ヶ月後	20,000	18,316	1,684	116,443
8ヶ月後	20,000	18,544	1,456	97,899
9ヶ月後	20,000	18,776	1,224	79,123
10ヶ月後	20,000	19,011	989	60,112
11ヶ月後	20,000	19,249	751	40,863
12ヶ月後	20,000	19,489	511	21,374
13ヶ月後	20,000	19,733	267	1,641
14ヶ月後	1,662	1,641	21	0
	261,662	240,000	21,662	

答： 14ヶ月． 261,662円

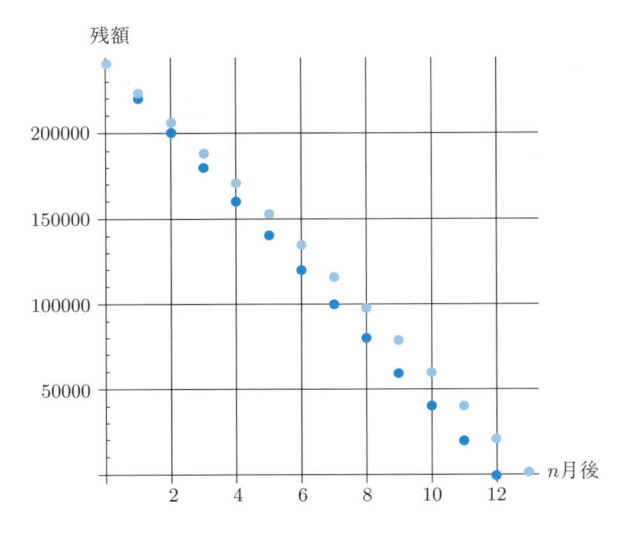

図 9.5 リボ払いの残額の減るようす．ウィズアウト方式（●）は元本2万プラス利息分を払って，残高を確実に2万円ずつ減少させる．それに対し，ウィズイン方式（●）は，月々2万円の返済額の中から利息分を支払うので，残額がなかなか減らない．

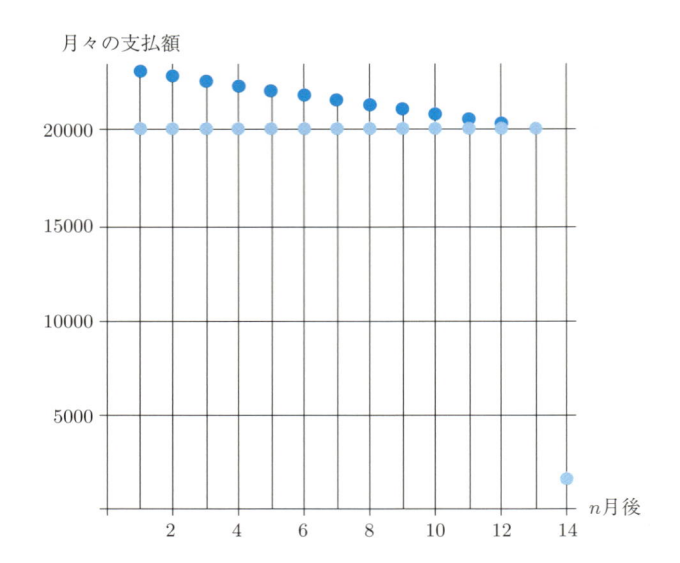

図 9.6 月々の返済額の比較．ウィズアウト方式（●）では，残額を確実に 2 万減らすため，元本 2 万円プラス利息分を支払う必要がある．よって 12 か月で支払いが完了する．他方，ウィズイン方式（●）では，月々 2 万円返済で，最後の 1 回のみ，端数を払うことになる．当然，支払期間はウィズアウト方式よりも長くなる．

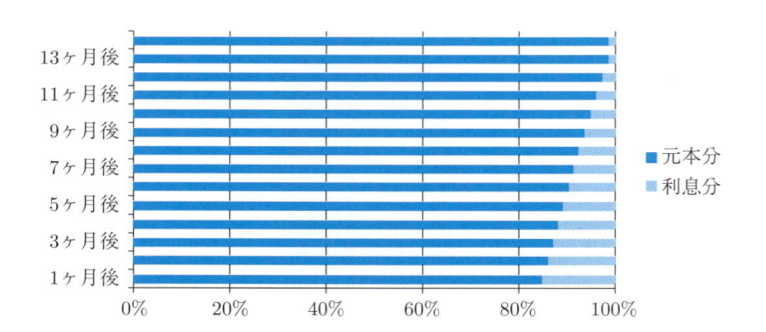

図 9.7 24 万円の借入で月 2 万ずつ返済するウィズイン方式における，月々の返済額の中での元本の返済額と利息の支払い額の割合．借入金額が多くなればなるほど，また月々の返済額が少額になればなるほど，利息分の割合は大きく，なかなか減らない．たとえば，500,000 円を借り入れ，年利 15 %，ひと月の返済額を 10,000 円と設定した場合，第 1 回目の支払額のうち，実に 62.5%が利息支払い分となってしまう．

返済方法の違いだけで，上記の答のように返済期間や返済総額が異なってきます．リボ払いはきちんと理解して利用したいものですね．

9.5　33歳：第二子出産，マンション購入！

2006年12月1日，第二子誕生．姉のところと同様に子供は一人にすることも考えたけれど，やはり兄弟はいたほうがいい．夫と相談して，二人目の子供を作ることに決めた．今度は女の子．子育てはますます大変になるが，赤ちゃんはやっぱりかわいい．

第二子誕生を機に思い切ってマンションを買うことに決めた．東京近郊，3LDK，74m^2 で4000万．駅からバスで10分かかるのが難点だけれど仕方ない．駅近のマンションだったら，5000万は超えていただろう．精一杯頑張ったが，頭金は結局800万円しか貯めることができなかった．残りの3200万円を30年ローンで返済することにした．金利は2.0%．一生かかって，二人で3200万円を返済していかなければならない．それでも私たちが結婚した当初より，マンションの価格は下がり気味なので，まあお得に購入できたほうだと思う．

問題 9-5a：住宅ローン

年金利2%で，3200万を借ります．30年目に返済完了するためには，月々固定額としていくら返済すればよいでしょうか？（ローン開始とともに，返済を始めます．30年目に最後の1回を返済します．）1円単位で切り上げて，求めなさい．複利計算は簡単のため，月1回行うと仮定します．

ヒント：借金の3200万が月利率2/12%の複利で増えていくようすを式にします．他方，積立貯金を月利率2/12%で，月 x 円で行うとして式を立てます．両者が30年後に一致するように方程式を立て，x について解きます．複利で増加する借金を積立貯金で追撃する，という追撃法の考え方です．

答え：　月利率に1をたした数は

$$1 + \frac{0.02}{12} = 1.001666667$$

これを R とおくと，30 [年] × 12 $\left[\dfrac{月}{年}\right]$ = 360 [月] の後には，3200万円は以下に増える．

$$3200 \cdot R^{30 \cdot 12} \cong 5827.868734 \quad 万円$$

この金額を積立貯金で支払います．

$$x \cdot \left(1 + \frac{0.02}{12}\right)^{12 \cdot 30} + x \cdot \left(1 + \frac{0.02}{12}\right)^{12 \cdot 30 - 1} + \cdots + x \cdot \left(1 + \frac{0.02}{12}\right) + x$$

この式の項の数は361です．

増加した借金額と，この貯金金額が等しくなる x はいくらですか？

$$\frac{x \cdot (1 - R^{12 \cdot 30 + 1})}{1 - R} \cong 3200 \cdot R^{30 \cdot 12}$$

$$x = 11.78426618$$

答えは，月額 11 万 7843 円の返済となります．

□

問題 9-5b　リボ払い

問題 9-4 で説明したウィズイン方式で，最後の 1 回の支払金額がいくらになるか求めなさい．

答え：

考え方は住宅ローンの考え方と同じ「追撃法」です．追撃法を忘れた人は第 4 章「指数関数」を見てください．毎月 2 万円返すのだから，13 ヶ月目に返せるかもしれないと，以下のような計算をしたところ，13 ヶ月では返しきれないことが判明します．

$$月利率\ R = 1 + \frac{0.15}{12} = 1.0125$$

12 ヶ月後の時点で

借金総額：　$24 \cdot R^{12} = 27.85810843$

返済総額：　2 万ずつの積立貯金として $\dfrac{2 \cdot (1 - R^{12})}{1 - R} \cong 25.72072284$

2 万ではこの差は埋まらない．

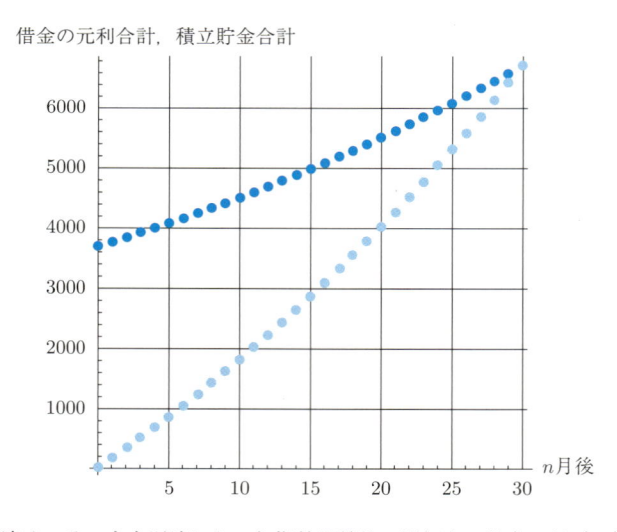

図 9.8　住宅ローンの返済は，そのまま返済しないと指数関数的に増加する借金の額（●）を，月々の返済の積立貯金（●）で追いかけていき，満期（30 年）で追いつく，という図式になる．月々の返済額を増やすと，30 年より前に返済完了する．

13ヶ月後の時点で

借金総額： $24 \cdot R^{13} = 28.20633478$

返済総額： 2万ずつの積立貯金として $\dfrac{2 \cdot (1 - R^{13})}{1 - R} \cong 28.04223187$

その差額に，1ヶ月分の利息を加えるので，$\times R$ の計算をします．

$$\left(24 \cdot R^{13} - \dfrac{2 \cdot (1 - R^{13})}{1 - R} \right) \cdot R \cong 0.166154$$

答えは，1円の単位で切り上げて，1662円となります．

□

さらに夫の保険を見直すことにした．住宅ローンを組むと，銀行に強制的に保険に入れられるのだ．彼にもしものことがあったら，ローンがチャラになるそうだ．

「俺の人生，3200万円か…」

夫が感慨深げにつぶやいた．本当だね．そばでその言葉を聞いていた私は，「もし彼が万一病気で寝たきりにでもなって，仕事ができなくなったらどうなるんだろう…」と心配になった．

こんな言い方はおかしいけど，彼があっさり亡くなった場合は，ローンの心配はなくなる．でも病気になって働けなくなったら，ローンを払えなくなるかもしれない．ああ不安．

9.6　35歳：2度目の職場復帰！

2008年4月1日，2度目の職場復帰．下の娘は1歳3ヶ月になった．本当は，去年の秋に職場復帰したかったのだけれど，年度途中で入れる保育園を見つけることはできなかった．次の年の4月まで入園を待つしかなかった．うちの会社自体は中堅規模のメーカーだけど，親会社がそこそこの大企業なので，育児休職制度などは，親会社のルールに従っている．だから育児休職も2年間まではとることができる．かなりラッキーだと思う．待機児童はますます増えているから，保育園を探すのは本当に大変だ．今回は，何とか認可保育園に入れることはできたが，上の子と下の子で別々の保育園になってしまった．ただ両方とも認可保育園なので，無認可の保育園よりも費用が若干安い．それでも二人合わせて7万円を超えてしまう．時々保育料を支払うために働いているような気持ちになる．

長男は水泳教室，ピアノ教室に通っているので，その費用がそれぞれ7千円と1万円．息子の友達は，そろそろ塾通いを始めているらしく，息子も行きたがっている．そうするとさらに月7千円かかることになる．ピアノ教室に入るために電子ピアノも30万円で購入した．なんだかんだで子育てはお金がかかる．それなのにこの不景気で，彼と私の会社のボーナスは大幅に減額となった．今の調子で給料やボーナスを出していると，人件費の負担が大きくなり，会社の業績が悪化してしまうそうだ．去年の暮れのボーナスは，二人合わせて50万円程減額になった．リストラされるよりましなので，耐えるしかない．

9.7 35歳：1と2には大きな違いがある

2008年10月，2度目の職場復帰から半年．だいぶペースもつかめてきた．とはいえ，育児と仕事の両立は本当に大変だ．

まずなんといっても，長男の身体が弱かったこと．特にどこか悪いところがあったわけではないのだが，長男は風邪ばかりひいていた．3歳までは，月に1回（ピーク時は毎週）は熱を出し，保育園からの呼出しもたびたび．そのたびに会社の人に頭を下げて，会社を早退しなければならなかった．夜中に車を飛ばして，小児科に行くこともあった．病院に行くと，

「保育園児は風邪ひきやすいんですよね」

というお医者様の言葉．私のことを責めているつもりはなかったと思うけれど，「保育園に預けて，子供の世話をしない母親」と言われているようで，なんだかとても悲しくなった．

そして二人目の子供が生まれて，ますます忙しくなった．子供一人のときは，大人（父親と母親）二人がかりで世話をして，今にして思うとまだ余裕のある子育てだった．でも子供が二人になると，親二人で，子供二人の面倒をみなくてはならない．私たちも手一杯になってしまう．我が家のように保育園が別々だと，送り迎えも分担してやらないといけない．一人でお迎えの時は2か所を回る必要がある．風邪は，それぞれ別なタイミング（それも狙ったように最悪なタイミングで）でひいてしまう．保育園からの呼出しも，病院通いも2倍になる．子供が二人になって，子育ての忙しさは2倍どころか，もっと大変になったと感じる．子供一人と二人では，すごく大きな違いがある．3人になったら，親は二人で，子供は3人．完全に手が足りなくなる．4人以上は何人いても同じになるのかな？

でも上の息子は妹ができて，とても成長した．妹もお兄ちゃんのことを大好きだ．兄弟がいるっていいなあと感じることはたくさんある．子供たちにはいつまでも仲良くしていてほしい．

著者の感覚として，子供の数と子育ての大変さを図9.9のような関数で表してみました．子供1人の大変さを1とすると，2人の時は約2.7，3人の時は3.7…というように増加し，5人を超えると逆に大変さがあまり増加しなくなっていきます．これはあくまで私見で，参考程度に見ておいてください．

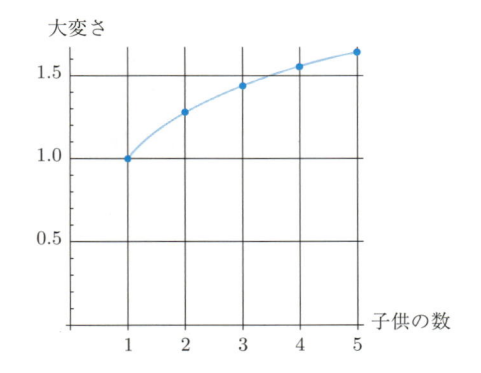

図 9.9 子供の数と子育ての大変さの関数．$y = 0.4 \log x + 1$（底は e の自然対数）

9.8 36歳：姉の離婚！

2009年4月，なんと姉が離婚した．

去年の8月にリーマンショック[4]が起こったせいで，株が大幅安になり，義兄の実家の不動産会社が倒産したらしい．義兄のお父さん（つまり姉にとって舅）が大損し，運転資金が回らなくなってしまったとのこと．結果的に自己破産したそうだ．

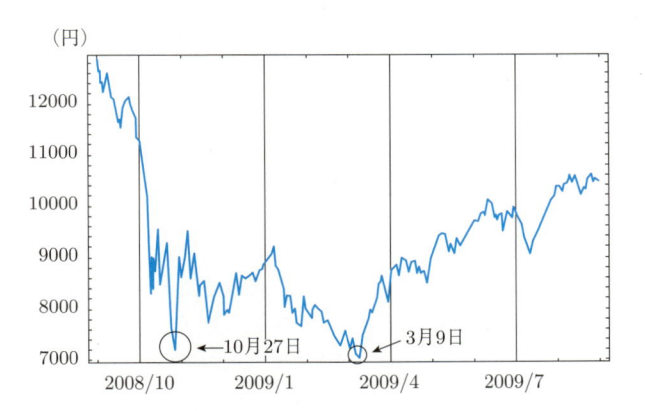

図 9.10 リーマンショックの前後の日経225構成銘柄株価指数（東京証券取引所第1部上場銘柄のうち市場を代表する225銘柄で構成される株価平均指数）．2008年9月12日（金）の終値は12214円だったが，10月28日には一時は6000円台（6994.90円）まで下落．（参考：http://tyoikabu.web.fc2.com/lehman.html）

数回しか会ったことがないけれど，義兄の実家はとても裕福そうに見えた．自己破産したなんて信じられない．姉が住んでいたマンションには，義兄の実家の持分が入っていたので，会社倒産後，債権者が押しかけてきて大変だったようだ．

さらに義兄の会社の業績も右肩下がりで，義兄はリストラされてしまったらしい．弱り目に祟り目ってこういう状況を言うのだろうか？

そんなこんなで，姉は義兄と離婚することを決めた．高級品をローンで買ってばかり

---
[4] 2008年9月15日，アメリカ合衆国にあるリーマン・ブラザーズという投資銀行が破綻したことにより世界的金融危機（世界同時不況）が起きた社会的現象．日本の株価も大きく下がった．

いたので思ったほど貯金はなかったようだが，貯蓄はすべて慰謝料の一部として姉が受け取り，残りの慰謝料と養育費は分割で支払ってもらうこととなった．姉は今，娘を連れて実家に戻ってきている．

義兄の再就職先は，うちと同規模の中堅会社．40歳を超えてからの再就職なので，贅沢は言っていられないが，大手企業でプライド高く働いていた人にとっては，つらい事も多いに違いない．先日，姉の引越しの手伝いで，久しぶりに義兄に会ったが，何だかしょぼくれた感じになっていた．

その一方で，姉は意外に元気そうだ．月々支払われる慰謝料と養育費があるし，実家にいれば家賃はかからない．母子家庭だと税制の優遇などもあるらしい．子供を親にみてもらって仕事も始めるといっていた．

問題 9-6:

リーマンショックで円高となり，2008年9月15日に1ドル104.8円が，2008年12月17日には87.1円になりました．徳川秀彦氏は，米ドル外貨預金で1万ドルを預金していました．この円高の影響で，日本円に換算するといくら目減りしたでしょうか？

答え:

$$(104.8 - 87.1) \left[\frac{円}{米ドル}\right] \times 10000 \, [米ドル] = 177000 \, [円]$$

17.7万円の減額です．

9.9　番外編：姉40歳：離婚してわかること

2009年12月，離婚してそろそろ1年．まさかこの私が離婚するなんて，想像もしていなかった．夫の実家はお金持ち，本人もそこそこの大学を出て大手商社勤務，見た目もまあまあ．私はてっきり勝ち組の男性を捕まえたと思っていた．

思い起こせば結婚当初から，いやな予感があったのだ．彼の実家は千葉県の不動産屋（といっても街の小さな不動産屋さん）．バブルの頃はかなり儲かったらしい．ある日彼にドライブに誘われて，期待もせずに行ったらBMWでやってきた．なるほどお金持ちの一人息子なわけだ．でもそんなに威張った感じはなくて，好感が持てた．だから結婚を決めた．そして，彼の実家に挨拶に行ってよくわかった．彼は優しいのではなくて，単に気が弱いだけなのだ．そしてマザコンだった．

「結婚するときはマンションを買ってあげますからね．大切な優ちゃん（彼のこと．優一という名前からして優しげだ）のためだもの．恥ずかしくないお家を買いましょうね．」

お義母さまは，ことあるごとに勿体つけてこう言っていた．最初はありがたいと思っていたけれど，次第に売れ残り物件を格安で購入しようとしていることに気がついた．結局，結婚するときに，月島の高層マンションの1室の頭金を払ってもらったのだが，37階建の4階の部屋．目の前には他のマンションがそびえたち，日当たりも悪い．妹や知り合いには，「旦那の実家から3000万円援助を受けた」といっておいたけれど，実態は，1500万円値引きしてもらって，1500万円援助してもらったということになる．そして週に一度はやってくるお義母様が付録でついてきた．お金を出したということは，自分に権

利があるということ，鍵を持てるということ．好きな時に部屋に入ることができるということだと気づいたのは，結婚した後だった．

それでも我慢していたのだ．子供のお受験には驚くほどお金がかかるから，サラリーマンの給料じゃすぐに足りなくなる．その都度，彼は実家に行って，10万円単位で援助してもらっていた．いろいろ不満はあるけれど，子育て中は仕方ないと思っていた．

夫の実家が突然おかしくなったのは，リーマンショックが起きてからだ．我家に督促状が届くようになった．彼に聞いても要領を得ない．そうこうしているうちに，マンションを売らなくてはならないという話になってしまった．リーマンショック後の株安のせいで，彼の実家が倒産してしまい，その借金のカタに家がとられるとのこと．彼も実家の会社の役員だったせいで，債務から逃れられない．さらに追い打ちをかけるように，彼のリストラ話が持ち上がった．

何もかもがすごいスピードで起きてしまったので，自分でも状況が把握できなかった．そして彼のほうから離婚を言い出した．

「実家が自己破産したから，これ以上一緒にいると君にも迷惑がかかる．」

そうなのだろうか．もしかして彼は，すべての責任から逃れたくなったのかもしれない．私もすごく冷静だった．離婚して失うものって何だろうか？ 商社マンの妻の座？（もうない），セレブなマンションの生活？（これもすでになくなってしまった），頼りになる夫？（そもそも頼りにならない）．自分が持っていると思っていたはずのものは，あっという間に消えていた．

これはある意味チャンスかもしれない．そう思って離婚に踏み切った．

離婚してみたら，世の中が意外に暮らしやすいことに気がついた．

実家に戻れば家賃はいらない．子供の面倒もみてもらえる．養育費は彼が月々5万円を支払ってくれると約束してくれた．母子家庭だから税金の免除もある．あとは私と娘2人が生きていくだけのお金を稼ぐだけだ．今回のことでよくわかった．モノなんてはかない．自分が努力せずに与えられたものは消えるのも早い．自分が欲しいものは，自分で努力して獲得しなくてはいけない．娘にはちゃんと教育を受けさせて，自分で稼げる人間に育てる．これが一番大切なことだ．

とはいえ，専業主婦の再就職は難しい．最初はパートで働くしかない．パートだとなかなか思うような収入は稼げない．早く正社員になりたい．

問題9-7：正社員とパートの生涯賃金の差

労働政策研究・研修機構：ユースフル労働統計 2012-労働統計加工指標集（http://www.jil.go.jp/kokunai/statistics/kako/documents/21_p241-279.pdf）より，女性の生涯年収について以下のデータが得られます．

　　一般労働者の生涯賃金（新規学卒から60才の定年まで，退職金を除く）
　　女性，大卒，企業規模1000人以上の場合，生涯年収：2億5430万円（2009年度）

それに対し，パート・アルバイトの生涯賃金はどのくらいに見積れるでしょうか．以下の条件で見積もり，比較してみましょう．

　　勤務年数：22才から60才まで38年間，1年間のうち，日曜以外は勤務，1日8時間労働で，時給800円とします．

答え：
　上記の正社員の生涯賃金：25430 万円
　パート・アルバイトの生涯賃金：7608 万円

$$38 \cdot 365 \cdot \frac{6}{7} \cdot 8 \cdot 800 \cong 76086857$$

差額：$25430 - 7608.68 \cong 7821.39$．つまり，正社員とパート・アルバイトでは生涯賃金に約 1.8 億の差がつきます． □

　比較すると，どう見ても正社員のほうが生涯年収が大きいことがわかります．

9.10　38 歳：東日本大震災

　2011 年 3 月 11 日，東日本大震災発生．そのとき，彼は営業で外回り中．私はオフィスで仕事をしていた．長男と長女は小学校．本当に怖かった．災害が起きたとき，家族が離れ離れになる恐怖を実感した．子供たちは学校で待機しており，外回りしていた彼が歩いて迎えに行った．私は地下鉄が再開するまで，職場で足止め．携帯電話の掲示板で彼とは連絡を取り合うことができ，ようやく安心することができた．

　地震の直後，円相場は急騰し円高が進んだ．オフィス機器製造メーカー（の子会社）に勤務する私たち夫婦にとって，円高は給料に直結する大問題だ．「円高を阻止するため，日米欧などの通貨当局が協調して為替市場に介入することで合意した」とのニュースを見て（朝日新聞，3 月 18 日夕刊）円高を進める力と，それを阻止しようとする財務省と日銀，そして G7 財務相・中央銀行総裁たちのグループの大きな力が衝突し，ぎりぎり音をたてて，為替相場の数値を作っているような感じがした．日本経済を守るために，日銀が大規模な資金供給を行ったと夫が言っていた．子供と不安な気持ちで TV ニュースを見ながら，これを子供たちに伝えなくてはと思い，円高騰を伝える新聞をスクラップしてみた（図 9.11）．

　震災後の日銀による資金供給のおかげで，行き過ぎた円高が阻止されたことがよくわかる．

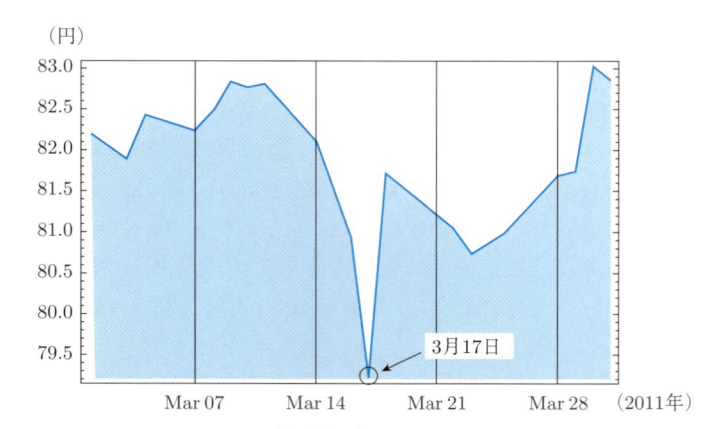

図 9.11　東日本大震災直後の為替レート $\left[\dfrac{円}{米ドル}\right]$ の変動．3 月 17 日には，円が 79.22 まで急騰．これを阻止するため，日本銀行が異例の大規模な資金供給を行った．（資料：http://www.boj.or.jp/statistics/　から為替データを取得）

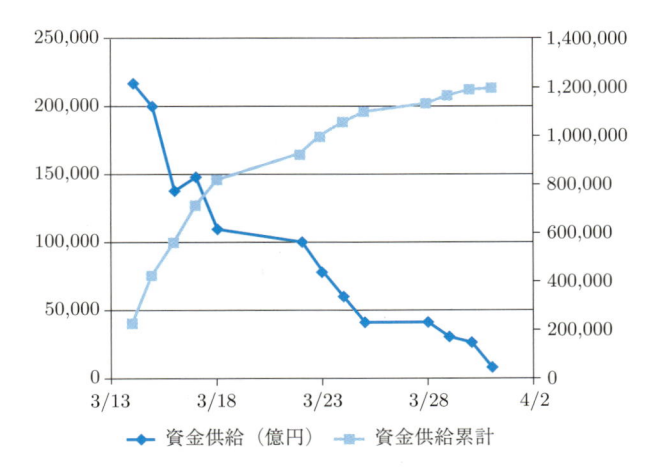

図 9.12 日銀の資金供給量とその累計．震災直後の週明け 1 日だけで，供給額は 21.8 兆円に（左側の軸）．累積で 1 週間で約 80 兆円を超えた（右側の軸）．（資料：オペレーション（2011 年 3 月），日本銀行金融市場局，2011 年 4 月 7 日，http://www.boj.or.jp/statistics/boj/fm/ope/index.htm/ から統計データ）

　何はともあれ，我が家はみな無事だったし，家も被害はなかった．震災で家族を失ったり，地元を離れなければならなくなった人たちも大勢いる．そういう人たちのことを考えると，いてもたってもいられなくなる．厳しい経済状況もあるけれど，頑張って日本のためになることをしていきたい．

　夫は，震災発生 1 か月後くらいから，毎週のように被災地へ行くようになった．週末，瓦礫の処理やら避難所の掃除やらをやっているらしい．こうした活動はとても大切なことなので，応援したい．

　一方で，息子の中学受験準備が始まっている．4 月から某 S という中学受験塾に通うことになった．息子はまだ 4 年生だが，このご時世，4 年生から始めるのが普通だそうだ．塾の費用は今のところ月 2 万円程度だが，学年が上がるにつれて，金額も上がるらしい．先輩ママに聞いたら，小 6 で月 7 万ほどになる場合もあるとか…．中学準備でどれくらいお金がかかるかを計算してみる．このお金を別なことに投資したら，どうなるんだろう．

問題 9-8：子育てにかかる費用

　小 6 の中学受験から，私立中高の 6 年間（合計 7 年間）で，概算で 1 年に 70 万円かかるとします．一方，子供がいなかったとして，教育費を出費せずに，その分，年 70 万円・年利率 1 ％の投資を行ったとしたら，7 年後にはいくらになっているでしょうか？　年度初めに支払いをして，半年後と年度末に複利計算をするとします．複利計算は半年複利で計算してください．

答え：
　はじめ貯金した 70 万円の貯金期間は 7 年間なので（中学受験の 1 年間を含む），14 回複利計算がなされる．最後の 70 万円の貯金期間は 1 年間なので，2 回複利計算がなされる．

$$70\left(1+\frac{0.01}{2}\right)^{14} + 70\left(1+\frac{0.01}{2}\right)^{12} + 70\left(1+\frac{0.01}{2}\right)^{10} + \cdots$$
$$+ 70\left(1+\frac{0.01}{2}\right)^{2}$$

上記は以下の公比 R，初項 A の等比数列となる．

$$R = \left(1+\frac{0.01}{2}\right)^{2} = 1.010025$$
$$A = 70 \cdot R = 70.70175$$

第 1 項から 7 項までの合計は以下の式から，約 510 万円となる．

$$\frac{A \cdot (1-R^7)}{1-R} \cong 510.0479$$

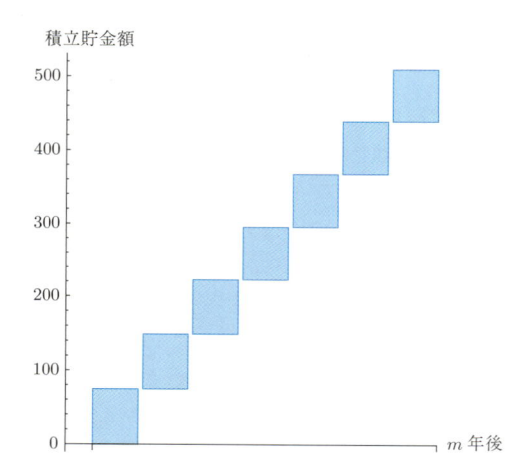

図 9.13 1 年ごとの積立貯金の元利合計（7 年後）．肉眼ではよくわからないかもしれないが，始めの貯金の方が期間が長いので，額が大きくなっている．

教育費は"支出"なので出ていくだけのお金です．そのお金を投資に回せば，若干の利益を得ることができるかもしれません．しかし，教育により子どもが将来得られる（稼げる）収入が変わってくるかもしれません．　　　□

やっぱり子育てはお金がかかる．2 年前に離婚した姉も，突然教育に目覚めたらしく，せっかく入った私立小学校なのに，中学受験で外に出すといい始めた．もっと良い大学に入れるために進学校を受験させるのだそうだ．そんなタイプではなかったはずなのに，離婚して人が変わってしまったようだ．

9.11　40 歳：長男の中学受験

2013 年 2 月 1 日，ついに息子の中学受験．この 3 年間，本当に大変だった．息子の成

績が思ったように伸びず，やきもきさせられた．専業主婦の母親とは違い，ワーキングマザーの私は手取り足取り子供の勉強をみることができない．もっとも時間があったとしても，今どきの中学の入試問題は結構難しいので，教えるは無理かもしれない．

特に算数には苦労した．長男はミスの多い子で，単純な計算問題を間違える．たとえば算数のテストでいうと，問 I, II あたりのサービス問題の得点ができないのだ．そのくせ，問 V とか問 VI の難問を解いたりするので，かえって性質がわるい．問 I の計算問題も 1 問 5 点，問 V の難問だって配点はそれほどかわらない．基礎ができていないと偏差値もあがらない．

ということで，算数の基礎計算力を上げるため，息子には日々こつこつと計算問題に取り組ませた．塾の説明会に行った時も，塾の先生が

「算数の偏差値を 40 から 50 後半に上げるのは簡単です．まず基本問題をきちんとやらせること．算数のテストの前半を取りこぼしなく得点できれば，すぐに偏差値は 50 後半になります」

と言っていた．それを信じてやってみたわけだ．

すると，指数関数的にとは言い難いが，でもそれなりに偏差値が向上した．やはり何ごとも基礎が大切なのだろう．

問題 9-9：偏差値

山中ジョジョ太郎君は，約 5000 人が受験するという，三ツ矢大塚の全国模試の算数で偏差値 20 を取りました．ママはかんかんに怒っています．パパは「おまえの下に何人いると思っているのか」と怒鳴りました．パパはジョジョ太郎君に，偏差値の仕組みを次のように説明しました．

「偏差値は，正規分布 $N(50, 10^2)$ となるように正規化されている．」

ジョジョ太郎君はこれを理解できませんでしたが，それはさておき，ジョジョ太郎の下に何人いると見積もればよいでしょうか？

また，偏差値が 10 上がって 30 になった場合，ジョジョ太郎の下に何人いると見積もればよいでしょうか？

解答：

3σ 以下である偏差値 20 以下は，全体の 0.135 %です．

$$5000 \times 0.00135 = 6.75$$

答えは，ジョジョ太郎の分 1 人を引き算して，5.75 人です．

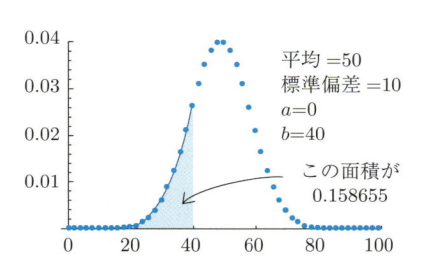

図 **9.14** 正規分布 $N(50, 10^2)$ において，偏差値 40 の場合，下に 15.9 %の人がいる．

ジョジョ太郎君の下には約 6 人の生徒がいることになります．すなわち，偏差値 20 は 5000 人中，下から 7 番目くらいとなります．偏差値が 10 上がって 30 になると，2σ ですから，2σ 以下である偏差値 30 以下は，全体の 2.275 % です．

$$5000 \times 0.02275 = 113.75$$

112.75 人に増えました． □

とはいえ，偏差値だけで人間の資質が測れるものではありません．偏差値がいいにこしたことはありませんが，低くても偏差値だけが尺度ではありません．自分の良さを認めてくれる世間を見つけにいけばよいのです．

9.12 40 歳：夫の早期退職

2013 年 10 月，夫が会社を退職すると言い出した．友人が立ち上げた NPO 法人を手伝うのだと言う．この 2 年余り，被災地のボランティア活動にのめりこんで，月に 2 度は週末を岩手県で過ごしていた．夏休みやゴールデンウィークなど，長期休暇の時は 1 週間帰宅しないこともあった．正直，ボランティアはお金がかかる．被災地にもただで行けるわけではない．夜行バスを使ったり，友人と車で分乗したりして，本人なりに工夫はしていたが，家計への負担は大きかった．ボランティアにかける費用は月 4 万円までとの約束で，なんとかやりくりしてもらってはいたが，本人の真剣なようすを見ていて，「もういい加減にやめてほしい」と言い出すこともできず 2 年が経っていた．しかし，会社を辞めてまで取り組むとは考えてもいなかった．

夫は今，42 歳．就職して 20 年足らず．計算したら，退職金は 800 万円程度出るらしい．早期退職制度を利用すると，さらに 1000 万円が加算されるとのこと．

「1800 万円入るから，これでなんとかならないか．NPO の手伝いのほかに，向こうでも再就職して働くから，多少の仕送りはできると思う．」

と夫は言う．いくら向こうで再就職するといっても，地方の小さな会社だろうから，今後の収入は激減するだろう．1800 万円の退職金を大切にしなくてはならない．

こういう時，私は「仕事を続けていてよかった」とつくづく思う．この状態で私が専業主婦だったら，我が家は破たんしてしまう．私にもそれなりの収入があるからこそ，彼の決断を理解することができる．（私が働いているから，彼も退職する決断ができたのかもしれない．）

問題 9-10：ベイズの定理

ある企業で調査したところ，妻が企業の正社員としてフルタイムで勤務している既婚男性社員が 40 % いました．既婚男性社員が会社から定年前退職を勧められたときに，妻が正社員で働いている場合，90 % の確率で退職する，と仮定します．一方，妻が正社員で働いていない場合でも，10 % の確率で退職する，と仮定します．今，既婚男性社員が定年前退職を勧められて退職を了解したとします．この人の妻が正社員で働いている確率を求めなさい．

答え：

退職を了解した事象，これが起こった事件で，X とします．フルタイムで働く妻がいる事象を♥マークで表し，妻がフルタイムで働いていない事象を $\overline{♥}$ で表すとします．記号 $P_X(♥)$ は，事象 X の下で，事象♥である確率です．まず，妻の勤務形態によらず，ともかく退職を了解する人の確率を計算しましょう．

$$P(X) = P(♥) \cdot P_♥(X) + P(\overline{♥}) \cdot P_{\overline{♥}}(X) = 0.4 \cdot 0.9 + 0.6 \cdot 0.1$$
$$= 0.42$$

これより，退職了解 42 % 中の 36 % が，フルタイムで働く妻がいて退職了解なので，求めたい確率は以下のように計算できます．

$$P_X(♥) = \frac{P(X \cap ♥)}{P(X)} = \frac{P(♥)P(X)}{P(X)} = \frac{0.4 \times 0.9}{0.42} \cong 0.857$$

となり，およそ 86 % となります．つまり，退職了解した人に，「正社員で働く妻がいる」確率は．86 % となります．

□

ということで，この 1800 万円のうち，1000 万円を住宅ローンの早期返済に回すこととする．そうして，ローンの借り換えを行うことにした．

問題 9-11：ローン借り換え

ローンの借り換えをします．残りの借入金額が 2500 万円，残りの借入期間が 20 年です．年率が 2 % のローンから，1.5 % のローンに変更しようとしています．20 年で返済金額にどれだけの差がでるでしょうか？ ローンの借り換え時から返済をスタートし，最後は返済して完済する，とします．簡単のため，複利計算を月ごとに行うとして，月々の返済額を求め，20 年分の支払金額の差を求めなさい．

答え：

年率 2 % と 1.5 % で，月々の返済額 (x_1, x_2) を計算します．

(1) 年率 2 %

年率 2 % のローンでは，月々の返済は 12.58 万円となります．1 年分で 151 万円です．

$$R_1 = 1 + \frac{0.02}{12}, \quad \frac{x_1 \cdot (1 - R_1^{12 \cdot 20 + 1})}{1 - R_1} = 2500 \cdot R_1^{20 \cdot 12}$$
$$x_1 \cong 12.583426$$

(2) 年率 1.5 %

年率 1.5 % のローンでは，月々の返済は 12.01 万円となります．1 年分で 144 万円です．計算は以下の通り．

$$R_2 = 1 + \frac{0.015}{12}, \quad \frac{x_2 \cdot (1 - R_2^{12 \cdot 20 + 1})}{1 - R_2} = 2500 \cdot R_2^{20 \cdot 12}$$

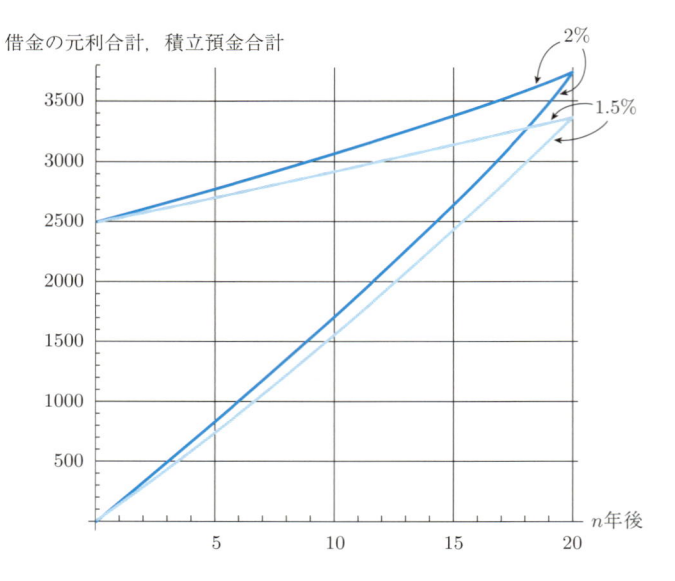

図 9.15 2500 万円の住宅ローンを年利率 2 % と 1.5 % で返済するようす．2 % のほうが，借金の元利合計が大きいところで返済完了となる．約 3033 万円に対し，約 2893 万円ですむ．その差は，約 139 万円となる．

$$x_2 = 12.005702$$

両者の差額を 241 倍します．答えは約 139 万円です．

$$(x_1 - x_2) \cdot (12 \times 20 + 1) = 139.2$$

□

これで，月々の支払いがかなり減る．ローンの借り換え手数料が仮に 60 万円かかったとしても，私の収入と彼からの仕送りでなんとかやっていけると思う．

9.13　41 歳：管理職への道

2014 年 4 月，なんとこの私が課長補佐に昇進した．去年，夫が会社を退職するのしないのでバタバタしていたとき，上司から管理職試験を受けることを勧められたのだ．それまで自分が管理職になるなんて考えたこともなかったが，夫が会社を辞めて収入が減ることを考えたら，自分の収入を増やすしかない！と思い，管理職コースを選択することにした．

ちょっと意地悪な男性の同僚からは，「今，どこの会社も女性の管理職の比率を上げようとしているからね．運がよかったんじゃない？」と嫌味も言われたが，そんなこと気にしていられない．管理職になれば基本給が 5 万円くらい上がる．この際，すこしでも収入を増やさなくては．

・平社員 41 歳の基本給 35 万円
・管理職の基本給 40 万円

問題 9-12：管理職と平社員の差

今 41 歳で，定年の 60 才まで 20 年間勤務できるとします．41 歳の基本給は 35 万円，管理職の基本給は 40 万円．今後，1 年で 3 ％ずつ昇給していったとして，60 歳定年までの 20 年間でどれだけ年収合計で差が出るか計算してください．ボーナスは，一律年間で 5 か月分支給されるとします．

答え：

・平社員の 41 歳から定年までの年収合計：1 億 5988 万円

$$35 \times (12+5) + 35 \times (12+5) \times 1.03 + \cdots + 35 \times (12+5) \times 1.03^{19}$$
$$\cong \frac{35 \cdot 17(1 - 1.03^{20})}{1 - 1.03} = 15987.87283$$

・管理職の 41 歳から定年までの年収合計：1 億 8272 万円

$$\frac{40 \cdot 17(1 - 1.03^{20})}{1 - 1.03} \cong 18271.85466$$

$$18271.85466 - 15987.87283 \cong 2283.98183$$

残りの生涯年収の差は約 2284 万円となります． □

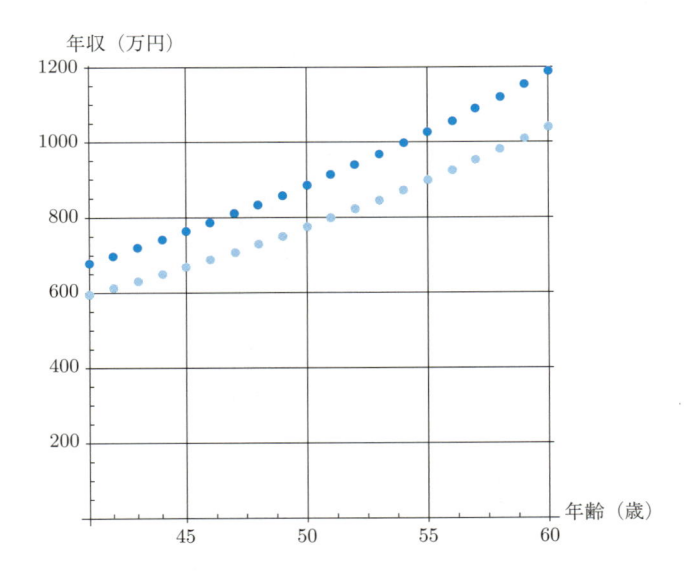

図 9.16 管理職になると年収に差が出る．● が管理職．

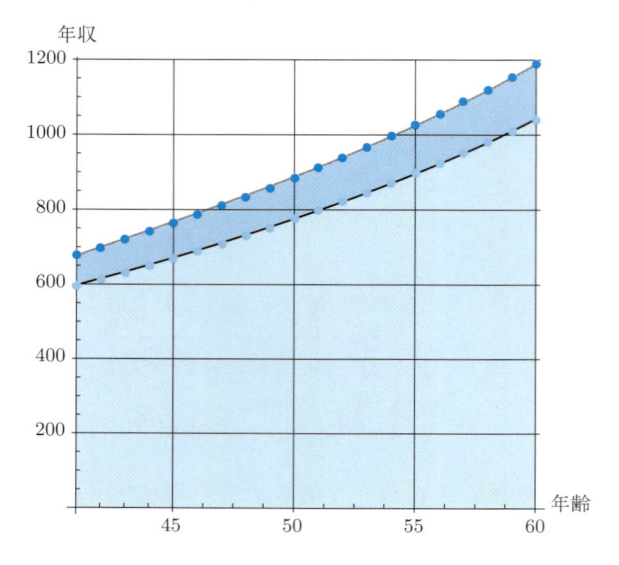

図 9.17 41 歳からの年収合計は，年収増加のカーブと水平軸との作る面積で近似できる．

実際は昇進するたびに階段状に基本給がアップするので，差はもっと大きくなります．

9.14 47 歳：死ぬまでいくら必要か？

2020 年 4 月，息子が無事に大学に合格した．娘も高校生になった．子育ての大変な時期は終わりつつある．もう保育園から呼び出されたり，夜中に小児科に駆け込んだり，塾の送り迎えに行ったりする必要はない．

でもお金は相変わらずかかっている．息子は私立大学の経済学部に入学した．学費は年 100 万円程度．娘は都立高校に通っているので，今は月謝は安いが，大学は理工学部を志望している．国立に入ってもらえたらうれしいけれど，私立大学なら 150 万円程度はかかるらしい．

夫は相変わらず岩手県で暮らしていて，月 2 回くらい東京に戻ってくる．ただラッキーだったのは，再就職先で順調に仕事ができていること．当初予想していたよりも若干多めに仕送りをしてくれる．

「定年後は岩手県に来ないか」

と夫は言う．それも良いような気もするが，お互いの両親の介護もあるだろうし，そんなに簡単にいくだろうか？

ということで，この先，とりあえず生活費と学費でいくらお金が必要になるかを試算してみた．

問題 9-13：

息子の学費が年 100 万円かかり，娘の学費が年 150 万円で，娘は大学院に進学するので計 6 年かかるとします．（理系は修士課程に進んだ方が生涯年収の点で得だと聞いたからです．）生活費に年 300 万円かかるとします．今，47 歳で，あと

40年間生きるとして，子供の教育費（息子の大学の学費，娘の大学の学費，大学院の学費）と生活費で概算はいくらかかるでしょうか？

解答：

$$100 \cdot 4 + 150 \cdot 6 + 300 \cdot 40 = 13300$$

概算で 13300 万円 □

まだまだお金がかかる．でも，自分の仕事があって，お金を稼げるというのは幸せなことだ．

9.15 55歳：人生は微分，変化を楽しもう

2028年4月，息子は大学を卒業後，無事に就職し，今は大阪で一人暮らしをしている．娘も地方の国立大学の理工学部に入学し，大学の寮で暮らしている．夫は相変わらず岩手県で NPO の手伝いをしつつ，働いている．私も変わらず会社勤めをしていて，20人の部下を抱える課長になった．もうすぐ役職定年なので，おそらく課長止まりだろうけれど，良い仲間に恵まれて，忙しいながらも楽しく働いている．

ここにきて，家族はバラバラになった．夫は月2回，東京に帰ってくるが，娘は長期休みの時だけ帰京する．息子にいたっては，年間で数日程度しか顔を見せない状態だ．

子供たちが小さい頃は当たり前だった4人そろっての食事が，今はとても貴重なイベントになっている．子供が小さかったり，職場に復帰したりしたときは本当に大変だったけれどそれも今は良い思い出だ．

大学を卒業して社会人になったとき，まさかこんな人生が待っているとは思わなかった．結婚して，子供ができたら仕事を辞めて，夫をサポートする主婦になるのだと思っていた．それが夫のほうが先に会社を辞めてしまい，私は勤め続けて，予想以上の昇進もして，今に至っている．

予想外といえば姉の人生もそうだ．セレブな奥様暮らしをずっと続けるのかと思って

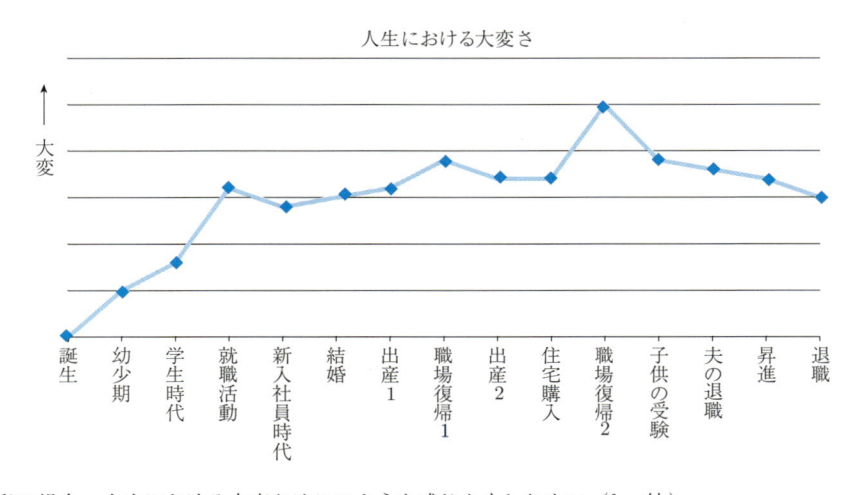

図 9.18 私の場合，人生における大変さはこのような感じかもしれない（by 妹）

いた姉は，離婚を経て，しばらくパートで働いたのち，今はエステサロンの雇われ店長としてバリバリ働いている．セレブな奥様時代に培った人脈で，そこそこ繁盛しているらしい．

　本当に人生はいろいろだ．予想していた通りにはいかないし，些細なことから大きく変化する．理工学部を志望していた娘が以前「微分はその瞬間の速度を表現する．速度が大きければ変化も大きい」といっていた．私の人生も姉の人生も，いろいろな変化を経験した．その都度，速度は大きかったに違いない．つらいこともあり，楽しいこともあり．でもだからこそ充実した日々を過ごせたのではないかと思う．変化してこその人生．この先，さらにいろいろな変化を経験するかもしれないが，一瞬一瞬を楽しんでいきたいと思う．

終

参考文献

[1] 白田由香利：グラフィクス教材サイト，http://www-cc.gakushuin.ac.jp/~20010570/ABC/

付　録

APPENDIX

グラフィクス教材で見る高次関数の形状

　高次方程式がどのようなグラフで表現されるかグラフィクスツール[1]使って見ていきます．2次関数から6次関数まで描いてみます．比較のために，1次関数と定数関数も合わせて示します．

グラフィクスツールの使い方 [1]

　まず，高次関数の次数 n の値を指定します．2次関数であれば，$n=2$ を指定します．次に，方程式の解 x の値をスライダーで決めます．すると，指定された解をもつ n 次式方程式のグラフィクスが描かれます．方程式の解の説明は後述するので，まずはグラフを見ていきましょう．

＜1次関数＞

1次関数のグラフは直線です（図1）．

＜2次関数＞

2次関数のグラフは，曲がりが1つあるグラフです（図2）．

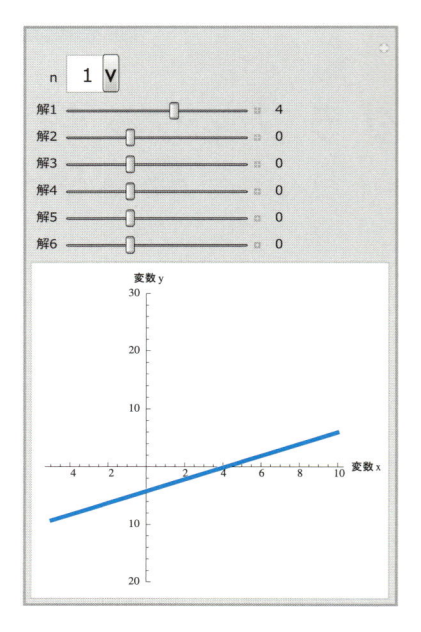

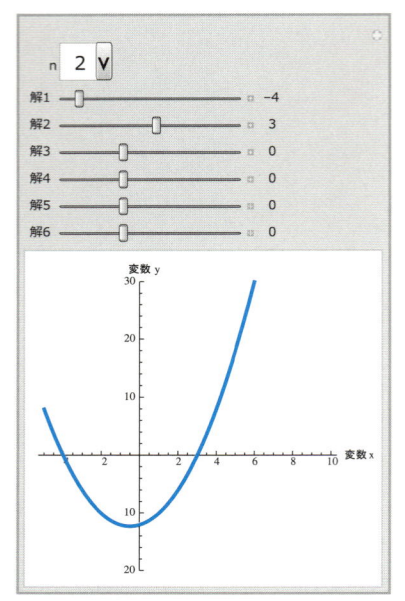

図1　1次関数 $y = x - 4$ のグラフ [1]

図2　2次関数 $y = (x+4)(x-3)$ のグラフ [1]

＜3次関数＞

この3次関数のグラフは，曲がりが2つあります（図3）．

ここで次数 n とグラフの形の間に何か規則がありそうだということが何となくわかってきたでしょうか？

＜4次関数＞

4次関数の場合，曲りは3つあることが観察されます（図4）．

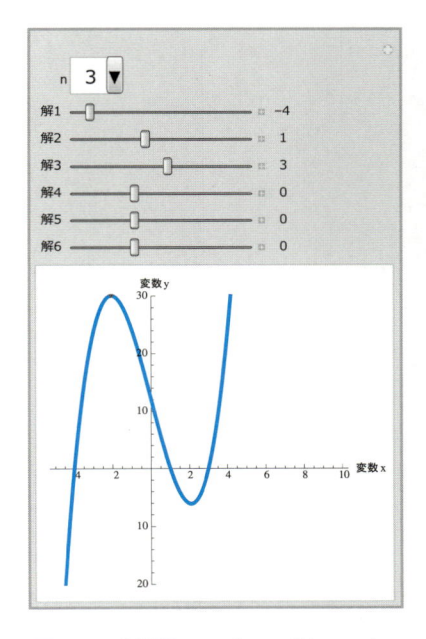

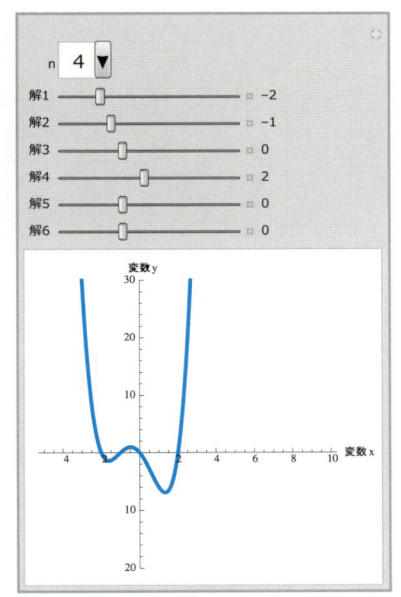

図 3　3 次関数 $y = (x+4)(x-1)(x-3)$ のグラフ [1]

図 4　4 次関数 $y = (x+2)(x+1)x(x-2)$ のグラフ [1]

＜5 次関数＞
　このグラフでは，曲がりは 4 つ観察されます（図 5）．

＜6 次関数＞
　6 次関数を指定するとき，6 個の解を上手に選べば，6 次関数の曲りを 5 個作ることができるのでは，という気がしてきませんか？
　図 6 のグラフから，曲りが 5 個あることが確認できました．

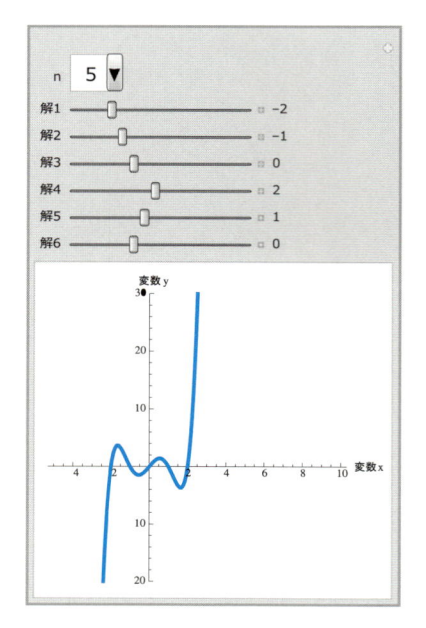

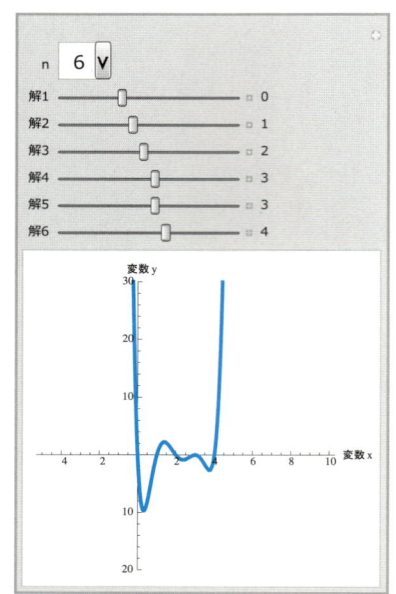

図 5　5 次関数 $y = (x+2)(x+1)x(x-2)(x-1)$ のグラフ [1]

図 6　6 次関数 $y = x(x-1)(x-2)(x-3)(x-3)(x-4)$ のグラフ [1]

< n 次方程式の解と n 次関数 >

一般に，x の次数が最も高い項が x の n 乗である方程式を，**n 次方程式**と呼びます．n は $1, 2, 3, 4, 5, \cdots$ のような自然数です．

n 次方程式の実数解は，n 次関数のグラフと x 軸との共有点の値に一致します．また一般に，**n 次関数と x 軸との共有点**は高々 n 個（n 個以下）であることがわかっているので，n 次方程式の実数解は高々 n 個となります．皆さんがグラフィクス教材で見たケースは，n 次関数と x 軸との共有点がピッタリ n 個となっている場合です．

上記のグラフィクス教材で作成したグラフでは，x 軸と関数との共有点の個数を 1 個，2 個，3 個，4 個，5 個，6 個，と増やしていって，n 次関数のグラフを描かせる方程式を定義していただきました．式で書くと，以下のようになります．a_i $(i=1,2,3,4,5,6)$ が実数解を表しています．

$$(x - a_1) = 0$$
$$(x - a_1)(x - a_2) = 0$$
$$(x - a_1)(x - a_2)(x - a_3) = 0$$
$$(x - a_1)(x - a_2)(x - a_3)(x - a_4) = 0$$
$$(x - a_1)(x - a_2)(x - a_3)(x - a_4)(x - a_5) = 0$$
$$(x - a_1)(x - a_2)(x - a_3)(x - a_4)(x - a_5)(x - a_6) = 0$$

確かに，指定した x の値が解となっていることを確認してください．式を展開したければ，グラフィクス教材の上にマウスポインタをもってくると，展開した形で式を表示してくれます．

n が 1 以上の n 次関数はわかりました．では，$n=0$ の場合はどうなるのでしょうか？

＜0次関数（定数関数）＞

0次関数は定数関数になります．このグラフは，x 軸に平行な直線になります．

「y の値が変わらないのに，関数と呼ぶのですか？」と，質問がでそうですが，値が不変，ということも変化の1つの状態であると考えます．x の0乗は1と定義されています．式では，以下のように表現されます．

$$x^0 = 1$$

(このように約束しなければ数学の体系として矛盾が起こってしまいます．)

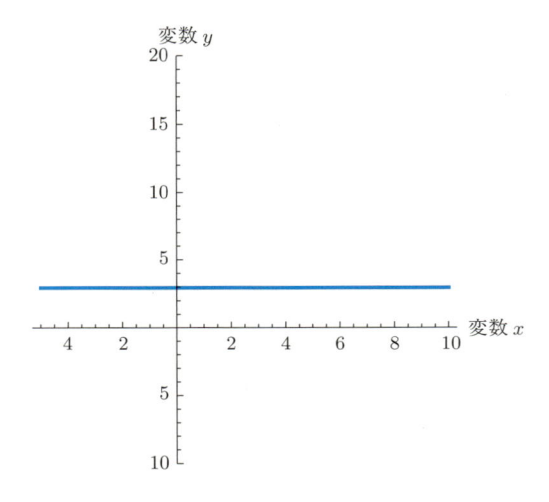

図 7 定数関数 $y=3$ のグラフ

＜極小値，極大値＞

最大値，最小値，極大値，極小値については，第3章「微分」のところで詳しく説明したので，忘れた人はそちらも参照してください．

前節までで，「曲がり」と表現した部分では，その瞬間の値がグラフ上で局所的に極大，極小になっています．この値のことを極小値，極大値といいます．極小値，極大値とは，関数のグラフの局所的な最大値または最小値のことです．極小値，極大値は必ずしも関数全体の最小値，最大値となるわけではありませんが，それらの候補となりうる点です．

たとえば，図8の2次関数はどこで極小値になっているでしょうか？

答え：

曲がりは一か所しかありません．答えは，$x=0$ のときです．

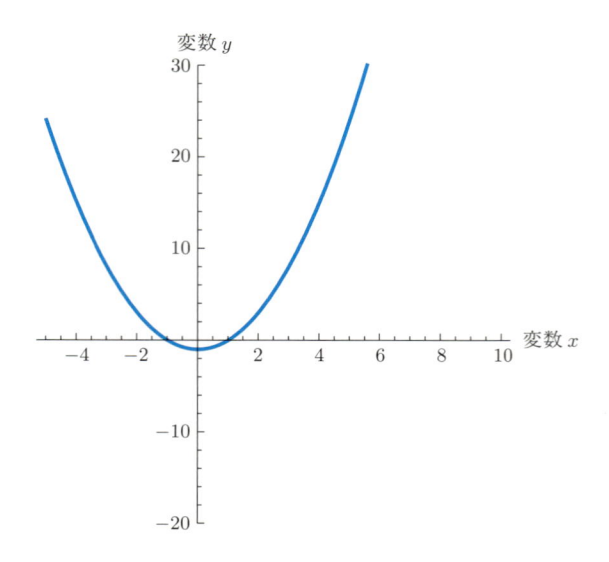

図 8 本図の 2 次関数は $x=0$ のとき，極小値

□

ドリル

ドリル 1:

以下の関数を $y = a \cdot x^6 + b \cdot x^5 + c \cdot x^4 + d \cdot x^3 + e \cdot x^2 + f \cdot x + g$ の形になるように展開して，定数 $a, b, c, \ldots, g$ はいくつになるか求めてください．（解答として展開式を示すので，係数の対応は自分で考えてください．）

(1) $y = 3 \cdot x^0$ 答え：$y = 3$
(2) $y = x - 5$ 答え：$y = x - 5$
(3) $y = (x-1) \cdot (x+1)$ 答え：$y = x^2 - 1$
(4) $y = x \cdot (x-1) \cdot (x+1)$ 答え：$y = x^3 - x$
(5) $y = (x+2) \cdot (x+1) \cdot x \cdot (x-1)$ 答え：$y = x^4 + 2x^3 - x^2 - 2x$
(6) $y = x^2 \cdot (x+2) \cdot (x+1) \cdot (x-1)$ 答え：$y = x^5 + 2x^4 - x^3 - 2x^2$
(7) $y = (x+1) \cdot (x+2) \cdot (x-1) \cdot x \cdot (x-3) \cdot (x-1)$
答え：$y = -2x^5 - 6x^4 + 8x^3 + 5x^2 - 6x$

ドリル 2:

ドリル 1 で求めた展開された形の関数のグラフを，グラフィクス教材を使って描いてみましょう．そして，x 軸との共有点の値が方程式の実数解と一致することを確かめましょう．

(1) $y = 3 \cdot x^0$

答え：図 7 参照．

(2) $y = x - 5$

答え：省略．

(3) $y = (x-1) \cdot (x+1)$

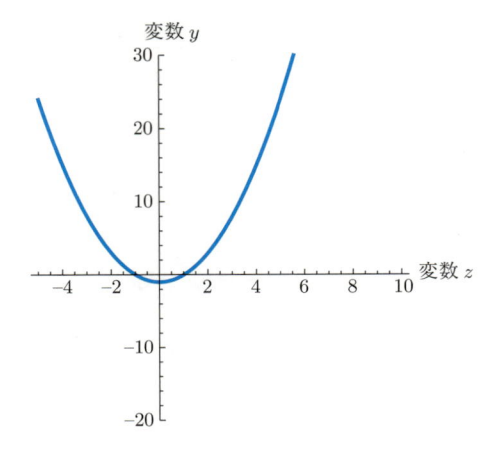

図 9 $y = (x-1) \cdot (x+1)$ のグラフ

(4) $y = x \cdot (x-1) \cdot (x+1)$

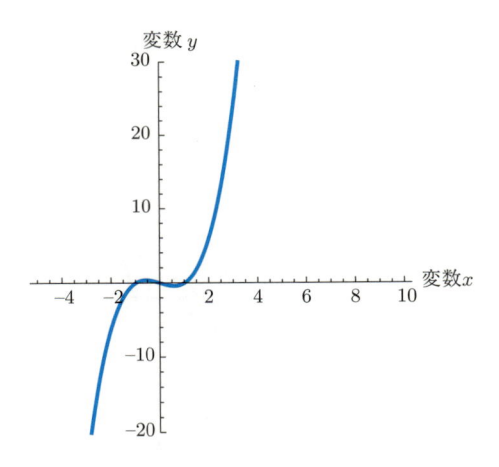

図 10 $y = x \cdot (x-1) \cdot (x+1)$ のグラフ

(5) $y = (x+2) \cdot (x+1) \cdot x \cdot (x-1)$

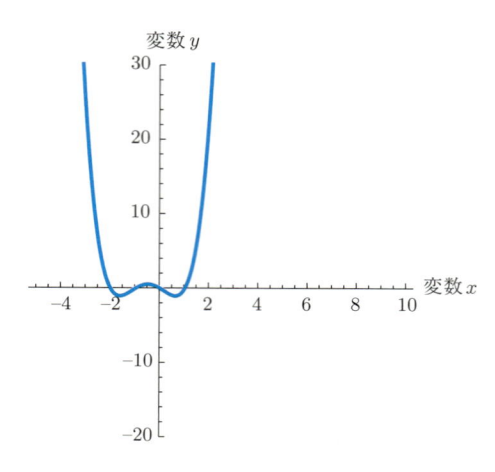

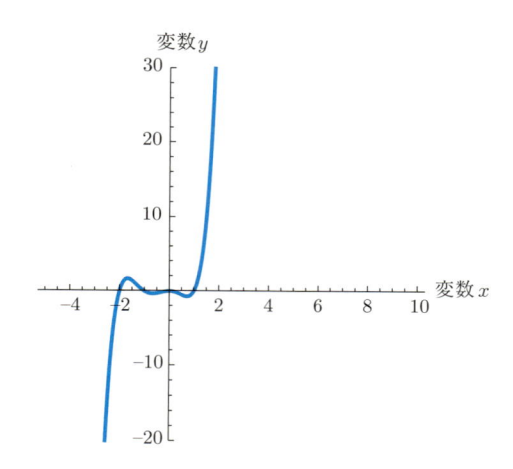

図 11 $y = (x+2) \cdot (x+1) \cdot x \cdot (x-1)$ のグラフ

(6) $y = x^2 \cdot (x+2) \cdot (x+1) \cdot (x-1)$

図 12 $y = x^2 \cdot (x+2) \cdot (x+1) \cdot (x-1)$ のグラフ

$x = 0$ において関数のグラフと x 軸は 1 点で接しています．2 つの解が重なっているようすが観察されるでしょう．このとき，$x = 0$ が重解になっていることに注意しましょう．

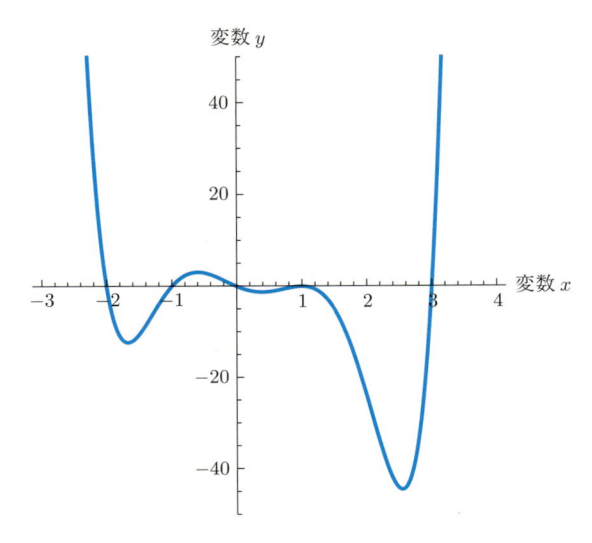

(7) $y = (x+1)\cdot(x+2)\cdot(x-1)\cdot x\cdot(x-3)\cdot(x-1)$

図 13 $y = (x+1)\cdot(x+2)\cdot(x-1)\cdot x\cdot(x-3)\cdot(x-1)$ のグラフ

ドリル 3：

ドリル 1 (2)〜(7) で与えられた以下の 6 個の関数について，グラフを描いて，極大値と極小値を○で示してみましょう．

(2) $y = x - 5$
(3) $y = (x-1)\cdot(x+1)$
(4) $y = x\cdot(x-1)\cdot(x+1)$
(5) $y = (x+2)\cdot(x+1)\cdot x\cdot(x-1)$
(6) $y = x^2(x+2)\cdot(x+1)\cdot(x-1)$
(7) $y = (x+1)\cdot(x+2)\cdot(x-1)\cdot x\cdot(x-3)\cdot(x-1)$

答え：
(2) この 1 次関数には極値はありません．$y' = 1$ で常に増加する関数です．
(3) この 2 次関数は極小値が 1 つあります．$x = 0$.
(4) この 3 次関数には，極大値と極小値が 1 個ずつあります．$x = \pm\dfrac{1}{\sqrt{3}}$.

　グラフを原点の近くで拡大すると，原点において曲線のふくらみ方が変わっていることが観察できます．$x < 0$ のとき上側に凸（とつ）であるけれども，$x > 0$ のときでは下側に凸に変わっています．このように，関数のグラフの凹凸（おうとつ）が変わる点を変曲点といいます．極大や極小，そして凹凸のようすは微分することによって正確にわかります．

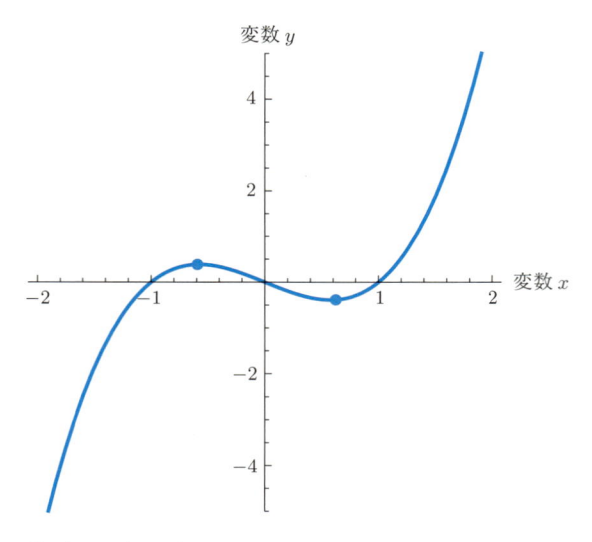

図 15　3次関数 $y = (x+1)x(x-1)$ のグラフ

(5) この 4 次関数については，極大値が 1 個，極小値が 2 個です．
(6) この 5 次関数では，極大値が 2 個，極小値が 2 個です．
(7) この 6 次関数では，極大値が 2 個，極小値が 3 個となっています．

参考文献

[1] 白田由香利:グラフィクス教材サイト, http://www-cc.gakushuin.ac.jp/~20010570/ABC/

索引

【英】
M.A., 53
P.A., 53
Q.A., 53
S.A., 53

【あ】
1次関数, 8
一様分布, 120
ウィズアウト方式, 56, 166
ウィズイン方式, 56, 62, 166
n次関数, 16, 190
n次方程式, 190
円高, 174

【か】
外貨預金, 160
外国為替, 11, 13
外国為替レート, 11
介入, 176
学資保険, 163
確率分布, 109, 117
確率変数, 109, 117
　　離散型——, 109
確率密度関数, 121
片対数グラフ, 87, 152
為替市場, 176
元金, 51
関数, 7
管理職, 183
期待値, 108
極小, 32
極小値, 32, 191
極大, 32
極大値, 32, 191
極値, 32
金利, 51
区間推定, 136
組合せ, 101, 102
グーテンベルク・リヒター則, 156
高次関数, 16
高所得者の分布, 148
根元事象, 93, 104

【さ】
3次関数, 16
試行, 93
事象, 93
指数, 43, 52
指数関数, 43
指数法則, 63
自然数, 40
自然対数, 81
自然対数の底, 81
実数, 40
実数解, 190
住宅ローン, 61, 169
順列, 101
生涯賃金, 175
生涯年収, 184
常用対数, 78, 80
将来価値, 52
真数, 73
信頼区間, 136, 139
信頼度, 137, 139
スケールの不変性, 154
スモール・ワールド現象, 45
正規分布, 119
整数, 40
接線の傾き, 31
z変換, 126
0次関数, 191
全事象, 93
全数調査, 130
相対度数, 118
相対度数確率, 119
速度（時刻tにおける）, 28

【た】
対数関数, 73
対数スケール, 84
対数方眼紙, 86
値域, 8
中心極限定理, 134
注文頻度, 148
追撃法, 60, 62, 170
積立貯金, 161, 178

底, 43
定義域, 8
底の変換公式, 78
定数関数, 191
導関数, 28, 30
統計的確率, 119
独立, 95
独立事象, 107

【な】
2項分布, 117
2次関数, 16
ネピアの数, 81

【は】
半年複利, 53, 161
万有引力, 149
微分, 29
微分係数, 29, 30
微分する, 30
標準正規分布, 125
標準偏差, 120
標本, 130
標本調査, 130
標本平均, 130, 139
部分集合, 102
ブラウン運動, 145
ブラック・ショールズ方程式, 145
分散, 120
分布曲線, 121
平均, 120
平均速度（平均変化率）, 23, 24
ベイズの定理, 110, 180
ベキ乗則, 145
ベキ分布, 145, 146
偏差値, 179
方程式, 17
母集団, 130
母平均, 130, 139

【ま】
無作為抽出, 130
無理数, 40

【や】
有理数, 40
4次関数, 16
余事象, 98

【ら】
離散型変数, 109
利息, 51
リボ払い, 56, 165
リーマンショック, 173
両対数グラフ, 152
利率, 51

月——, 51
年——, 51
累乗根, 150
連続型分布, 120
ローン借り換え, 181
ロングテール, 146

【著者紹介】

白田由香利（しろた　ゆかり）
略歴：学習院大学理学部物理学科博士前期課程終了後，東京大学大学院理学系研究科情報科学専門課程博士課程にて博士号を取得．理学博士．
　　　現在，学習院大学経済学部経営学科教授．研究分野はWEBデータの可視化と分析．グラフィクスによる数学プロセスの可視化および演繹推論による数学教育に専念している．
著書：「感じて理解する数学入門」，オライリージャパン，2012．
　　　「悩める学生のための経済・経営数学入門」，共立出版，2009．
　　　「データベースおもしろ講座」，共立出版，1993．

橋本隆子（はしもと　たかこ）
略歴：お茶の水女子大学理学部化学科卒業後，リコー入社．2005年筑波大学大学院システム情報工学研究科にて博士（工学）を取得．(株)次世代情報放送システム研究所への出向を経て，2009年4月より千葉商科大学商経学部准教授．専門分野はデータマイニング，ソーシャルメディア解析，可視化による数学教授法など．IEEE JC WIE (Women In Engineering) 会長 (2012-2013)，IEEE R10 (Asia-Pacific) WIE Coordinator(2011-2014) として女性技術者支援にも注力．
著書：「感じて理解する数学入門」，オライリージャパン，2012．

市川　収（いちかわ　おさむ）
略歴：総合研究大学院大学数物科学研究科極域科学専攻にて博士（理学）を取得．専門分野は惑星物質科学．
　　　現在，学習院大学ほか，いくつかの大学で数学，情報処理・プログラミング等の講義を担当している．

鈴木桜子（すずき　さくらこ）
略歴：九州大学理学部化学科卒業後，企業勤務，予備校講師，市民講座講師を経て，お茶の水女子大学大学院人間文化研究科複合科学専攻にて博士（理学）を取得．専門分野は確率論．
　　　現在，お茶の水女子大学，芝浦工業大学，東京海洋大学，学習院大学，関東学院大学で，数学の講義を担当している．

大学生のための 役に立つ数学
Practical Mathematics for University Students

著　者　白田由香利・橋本隆子　Ⓒ 2014
　　　　市川　収　・鈴木桜子

2014年4月25日　初　版1刷発行
2022年2月10日　初　版3刷発行

発行者　共立出版株式会社／南條光章
東京都文京区小日向 4-6-19
電話 東京(03) 3947 局 2511 番
〒112-0006／振替 00110-2-57035
URL www.kyoritsu-pub.co.jp

印刷
製本　藤原印刷

NSPA　一般社団法人
　　　自然科学書協会
　　　会員

検印廃止
NDC 410
ISBN 978-4-320-11085-4　Printed in Japan

JCOPY ＜出版者著作権管理機構委託出版物＞
本書の無断複製は著作権法上での例外を除き禁じられています．複製される場合は，そのつど事前に，出版者著作権管理機構（ＴＥＬ：03-5244-5088，ＦＡＸ：03-5244-5089，e-mail：info@jcopy.or.jp）の許諾を得てください．

◆ 色彩効果の図解と本文の簡潔な解説により数学の諸概念を一目瞭然化！

ドイツ Deutscher Taschenbuch Verlag 社の『dtv-Atlas事典シリーズ』は，見開き2ページで1つのテーマが完結するように構成されている。右ページに本文の簡潔で分り易い解説を記載し，かつ左ページにそのテーマの中心的な話題を図像化して表現し，本文と図解の相乗効果で理解をより深められるように工夫されている。これは，他の類書には見られない『dtv-Atlas 事典シリーズ』に共通する最大の特徴と言える。本書は，このシリーズの『dtv-Atlas Mathematik』と『dtv-Atlas Schulmathematik』の日本語翻訳版である。

カラー図解 数学事典

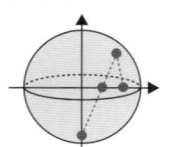

Fritz Reinhardt・Heinrich Soeder [著]
Gerd Falk [図作]
浪川幸彦・成木勇夫・長岡昇勇・林　芳樹 [訳]

数学の最も重要な分野の諸概念を網羅的に収録し，その概観を分り易く提供。数学を理解するためには，繰り返し熟考し，計算し，図を書く必要があるが，本書のカラー図解ページはその助けとなる。

【主要目次】　まえがき／記号の索引／序章／数理論理学／集合論／関係と構造／数系の構成／代数学／数論／幾何学／解析幾何学／位相空間論／代数的位相幾何学／グラフ理論／実解析学の基礎／微分法／積分法／関数解析学／微分方程式論／微分幾何学／複素関数論／組合せ論／確率論と統計学／線形計画法／参考文献／索引／著者紹介／訳者あとがき／訳者紹介

■菊判・ソフト上製本・508頁・定価6,050円（税込）■

カラー図解 学校数学事典

Fritz Reinhardt [著]
Carsten Reinhardt・Ingo Reinhardt [図作]
長岡昇勇・長岡由美子 [訳]

『カラー図解 数学事典』の姉妹編として，日本の中学・高校・大学初年級に相当するドイツ・ギムナジウム第5学年から13学年で学ぶ学校数学の基礎概念を1冊に編纂。定義は青で印刷し，定理や重要な結果は緑色で網掛けし，幾何学では彩色がより効果を上げている。

【主要目次】　まえがき／記号一覧／図表頁凡例／短縮形一覧／学校数学の単元分野／集合論の表現／数集合／方程式と不等式／対応と関数／極限値概念／微分計算と積分計算／平面幾何学／空間幾何学／解析幾何学とベクトル計算／推測統計学／論理学／公式集／参考文献／索引／著者紹介／訳者あとがき／訳者紹介

■菊判・ソフト上製本・296頁・定価4,400円（税込）■

www.kyoritsu-pub.co.jp　共立出版　（価格は変更される場合がございます）

https://www.facebook.com/kyoritsu.pub